"十四五"职业教育国家规划教材

石油加工
生产技术

第二版

郑哲奎　　廖有贵　主编

化学工业出版社

·北京·

内容简介

本书全面贯彻党的教育方针，落实立德树人根本任务，有机融入党的二十大精神，旨在提高相关专业学生利用专业知识分析问题、解决问题的能力。在内容上以石油加工流程为主线，完整地介绍了从原油入厂到加工成成品燃料油的整体加工链条，确保了学生学习石油加工知识的完整性。

本书主要内容包括：石油的化学组成、物理性质，石油产品的质量要求，炼油厂的构成和工艺流程，原油蒸馏、热加工过程、催化裂化、催化加氢、催化重整以及石油产品精制等基本原理、流程及工艺操作控制。

本书可作为高等职业教育、五年制高职、应用型本科院校及中职学校石油化工技术专业的教材，也可供相关企业技术人员参考。

图书在版编目 (CIP) 数据

石油加工生产技术 / 郑哲奎，廖有贵主编 . —2 版
. —北京：化学工业出版社，2023.7 （2024.11重印）
"十四五"职业教育国家规划教材
ISBN 978-7-122-40718-4

Ⅰ . ①石⋯ Ⅱ . ①郑⋯ ②廖⋯ Ⅲ . ①石油炼制 -
高等职业教育 - 教材 Ⅳ . ① TE62

中国版本图书馆 CIP 数据核字（2022）第 019417 号

责任编辑：提 岩 窦 臻 　　　　　　　装帧设计：王晓宇
责任校对：王 静

出版发行：化学工业出版社 (北京市东城区青年湖南街 13 号 　邮政编码 100011)
印　　装：河北延风印务有限公司
787mm×1092mm　1/16　印张 15¼　字数 374 千字　2024 年 11 月北京第 2 版第 4 次印刷

购书咨询 :010-64518888　　　　　　　　　售后服务 :010-64518899
网址 :http ∥ www.cip.com.cn

凡购买本书，如有缺损质量问题，本社销售中心负责调换。

定　　价: 46.00 元

石油加工生产技术是高职石油炼制技术和石油化工技术专业的一门专业核心课程。本书自 2019 年 3 月出版以来，得到了众多高职院校师生们的赞誉和好评。2020 年 12 月被评为"十三五"职业教育国家规划教材，2023 年 6 月被评为"十四五"职业教育国家规划教材。

为了响应国家"十四五"职业教育发展规划，紧跟高职教育教学改革步伐，打造精品，本次修订在保持第一版教材的编排体系和框架结构的基础上，根据高职教育特点，紧密结合石油加工工业生产实际，进一步精选石油化工专业学生必须掌握的石油加工生产过程中所涉及的基本理论、基本知识和基本技能，做了以下修改和完善：

（1）修订学习目标　将各章的学习目标分解为知识目标、技能目标和素质目标，既便于准确把握学习重点、难点，又可在传授知识、技能的同时融入德育元素。

（2）新增"拓展阅读"栏目　介绍了石油赤子侯祥麟、我国炼油催化应用科学的奠基人闵恩泽、第一代石油"海归"白家祉等石油化工领域的杰出人物、先进事迹，通过榜样的力量，弘扬爱国情怀，树立民族自信，厚植社会主义核心价值观；还介绍了"绿水青山就是金山银山"等发展理念，落实党的二十大报告中"推动绿色发展，促进人与自然和谐共生"的目标，培养学生在学习专业知识和技能的同时，提高道德素养，树立正确的世界观和价值观。

（3）新增数字化资源　强化知识的信息化呈现，针对重要的知识点、技能点（如主要设备、生产加工过程等），配套了动画、短视频等，以二维码的形式融入教材，便于学生理解相关内容，提高学习兴趣和学习效率。

全书以石油加工流程为主线，完整地介绍了从原油入厂到加工成成品燃料油的整体加工链条，确保了学生学习石油加工知识的完整性。主要内容包括：石油的化学组成、物理性质，石油产品的质量要求，炼油厂的构成和工艺流程，原油蒸馏、热加工过程、催化裂化、催化加氢、催化重整以及石油产品精制等基本原理、流程及工艺操作控制。通过学习，学生可以达到企业要求的准员工的专业知识水平，为将来胜任一线工作岗位奠定基础。

本书由河北石油职业技术大学郑哲奎、湖南石油化工职业技术学院廖有贵共同主编。其中，第一章、第二章由郑哲奎、廖有贵编写；第三章由郑哲奎编写；第四章由辽宁石化职业技术学院张辉、张梦露编写；第五章由廖有贵、湖南石油化工职业技术学院张洪旭编写；第六章由廖有贵、湖南石油化工职业技术学院张晓磊编写；第七章由廖有贵、湖南石油化工职业技术学院薛金召编写；第八章由郑哲奎编写；第九章由郑哲奎、天津石油职业技术学院李徐东编写。全书由郑哲奎统稿，河北石油职业技术大学张红静教授主审。

本书在编写过程中，得到了中国石化长岭炼化公司、中国石油锦州石化公司、中国石油大庆石化公司、中国石油大连石化公司、中国石化镇海炼化公司、中国石油玉门油田公司等所属炼化厂和秦皇岛博赫科技开发有限公司等企业一线专家的大力支持，在此一并致以衷心的感谢！

由于编者水平所限，书中不足之处在所难免，欢迎广大读者指正！

编者

2023 年 6 月

第一版前言

石油加工生产技术是石油化工技术专业的专业核心课程。本书适应现代学徒制教学模式的需要，旨在提高相关专业学生利用专业知识分析问题、解决问题的能力。

全书以石油加工流程为主线，完整地介绍了从原油入厂到加工成成品燃料油的整体加工链条，确保了学生学习石油加工知识的完整性。主要内容包括：石油的化学组成、物理性质，石油产品的质量要求，炼油厂的构成和工艺流程，石油蒸馏、热加工过程、催化裂化、催化加氢、催化重整以及石油产品精制等基本原理、流程及工艺操作控制。通过学习，学生可以达到企业要求的准员工的专业知识水平，为将来胜任一线工作岗位奠定基础。

本书每章前都设有"学习目标"，使学生明确本章的学习目的、内容、重点，章末附有习题，便于学生练习巩固本章所学知识。本书有配套PPT课件和各章习题答案，选用本书作为教材的老师可与化学工业出版社联系 (cipedu@163.com)，免费索取后使用。

本书由承德石油高等专科学校郑哲奎、湖南石油化工职业技术学院廖有贵共同主编。其中，第一章、第二章由郑哲奎、廖有贵编写；第三章由郑哲奎编写；第四章由辽宁石化职业技术学院张辉、张梦露编写；第五章由廖有贵、湖南石油化工职业技术学院张洪旭编写；第六章由廖有贵、湖南石油化工职业技术学院张晓磊编写；第七章由廖有贵、湖南石油化工职业技术学院薛金召编写；第八章由郑哲奎编写；第九章由郑哲奎、天津石油职业技术学院李徐东编写。全书由郑哲奎统稿。

本书在编写过程中，得到了中国石化长岭炼化公司、中国石油锦州石化公司、中国石油大庆石化公司、中国石油大连石化公司、中国石化镇海炼化公司、中国石油玉门油田公司等所属炼化厂和秦皇岛博赫科技开发有限公司等企业一线专家的大力支持，在此一并致以衷心的感谢！

由于编者水平所限，书中不足之处在所难免，欢迎广大读者指正！

编者

2018 年 10 月

目 录

第三章　延迟焦化工艺 ———————————————— 79

第四章　催化裂化工艺 ———————————————— 91

二维码资源目录

序号	编码	资源名称	资源类型	页码
1	M2-1	电脱盐系统工艺流程	动画	42
2	M2-2	常减压蒸馏加工原理	动画	43
3	M2-3	初馏系统工艺流程	动画	47
4	M2-4	常压系统加工过程	动画	48
5	M2-5	塔顶汽油加工过程	动画	48
6	M2-6	常一线加工过程	动画	48
7	M2-7	常二线加工过程	动画	49
8	M2-8	常三线加工过程	动画	49
9	M2-9	中段回流的作用	动画	49
10	M2-10	常顶循环回流的作用	动画	49
11	M2-11	减压系统工艺流程	动画	53
12	M2-12	减压系统加工过程　炉、塔	动画	53
13	M2-13	抽真空系统加工过程	动画	56
14	M2-14	电脱盐操作温度	动画	58
15	M2-15	电脱盐操作压力	动画	59
16	M2-16	脱盐罐油水界位	动画	60
17	M2-17	初馏塔底温度	动画	61
18	M2-18	初馏塔顶温度	动画	61
19	M2-19	初馏塔顶压力	动画	61
20	M2-20	初馏塔底液位	动画	62
21	M2-21	常顶罐油水界位	动画	63
22	M2-22	常压塔底温度	动画	64
23	M2-23	常压塔顶压力	动画	65
24	M2-24	常压塔底液位	动画	66
25	M2-25	减压塔顶压力	动画	67
26	M2-26	常压炉工艺流程	动画	69
27	M2-27	减压炉出口温度	动画	69
28	M2-28	生产产品就是控制馏程	动画	70
29	M2-29	初顶汽油干点	动画	70
30	M2-30	常顶汽油干点	动画	71
31	M2-31	常一线初馏点	动画	71
32	M2-32	常一线终馏点	动画	71

序号	编码	资源名称	资源类型	页码
33	M2-33	常二线初馏点	动画	73
34	M2-34	常二线终馏点	动画	73
35	M2-35	简答题 6 讲解	动画	78
36	M2-36	简答题 9 讲解	动画	78
37	M2-37	简答题 12 讲解	动画	78
38	M2-38	简答题 13 讲解	动画	78
39	M2-39	简答题 21 讲解	动画	78
40	M2-40	简答题 22 讲解	动画	78
41	M3-1	延迟焦化加工原理	动画	80
42	M3-2	反应系统工艺流程	动画	81
43	M3-3	分馏系统工艺流程	动画	83
44	M3-4	防焦措施	动画	83
45	M3-5	反应温度	动画	84
46	M3-6	循环回炼油	动画	84
47	M3-7	反应压力	动画	86
48	M3-8	反应时间	动画	86
49	M3-9	分馏塔顶压力	动画	87
50	M3-10	分馏塔顶温度	动画	87
51	M3-11	分馏塔底温度	动画	88
52	M3-12	分馏塔底液位	动画	88
53	M4-1	反应 - 再生系统工艺流程	动画	105
54	M4-2	分馏系统工艺流程	动画	108
55	M4-3	吸收 - 稳定系统工艺流程	动画	109
56	M4-4	主风及烟气能量回收系统工艺流程	动画	110
57	M4-5	反应温度	动画	111
58	M4-6	反应压力	动画	111
59	M4-7	再生温度	动画	111
60	M4-8	再生压力	动画	112
61	M4-9	分馏塔底温度、液位	动画	113
62	M4-10	分馏塔顶温度、压力	动画	114
63	M4-11	催化汽油干点	动画	115
64	M4-12	稳定汽油蒸气压	动画	115
65	M4-13	催化柴油闪点、凝点	动画	115

第一章
石油产品的性质及油品的使用要求

 学习目标

知识目标

1. 了解石油的组成及一般性质。
2. 掌握车用汽油的重要质量指标和相应的使用性能。
3. 掌握车用柴油的重要质量指标和相应的使用性能。
4. 了解喷气燃料、石蜡、石油焦、沥青的重要质量指标。

技能目标

1. 能准确查阅石油及其产品的物理性质参数。
2. 能完成石油产品性能指标测定操作，并对结果进行分析和判断。
3. 能正确选择和使用石油燃料。

素质目标

1. 了解石油对于国家振兴、社会稳定的重要意义。
2. 培养科学、认真、严谨的学习态度。
3. 树立为祖国的石油事业而自豪的荣誉感和自信心。
4. 培养为祖国的石油事业奋斗终身的责任感和使命感。

第一节　石油及其产品的组成和性质

1983 年第 11 届世界石油大会正式提出对石油、原油、天然气等名词的定义。

石油（petroleum）是指气态、液态和固态的烃类混合物，具有天然性状。

原油（crude oil）是石油的基本类型，常压下呈液态，其中也包括一些液态非烃类组分（天然的液态烃类混合物）。

天然气（natural gas）是石油的主要类型，常温常压下呈气态，在地层条件下溶解于原油中。

因此，石油这一概念实际上包括了人们习惯上所说的原油、天然气、伴生气、凝析油等。

一、石油的一般性状及化学组成

（一）石油的外观性质

从地下开采出来的、未经加工的原油通常是一种流动或半流动状的具有不同颜色和气味的黏稠液体，相对密度为 0.83 ～ 0.98。原油的颜色在阳光下呈黑色、暗绿色或暗褐色，原油在不同的光源下呈现出不同的颜色，这与原油中微量金属的类别及含量都有关系，也与其胶质、沥青质含量有关，往往胶质、沥青质含量越高，原油颜色越深。由于硫含量和硫化物的不同，许多原油有不同程度的气味。表 1-1 为我国几种原油的主要物理性质，表 1-2 为国外几种原油的主要物理性质。

表 1-1　我国几种原油的主要物理性质

项目	大庆	胜利	孤岛	辽河	华北	中原	新疆吐哈
密度（20℃）/（g/cm³）	0.8554	0.9005	0.9495	0.9204	0.8837	0.8466	0.8197
运动黏度（50℃）/（mm²/s）	20.19	83.36	333.7	109.0	57.1	10.32	2.72
凝点 /℃	30	28	2	17（倾点）	36	33	16.5
蜡含量（质量分数）/%	26.2	14.6	4.9	9.5	22.8	19.7	18.6
庚烷沥青质（质量分数）/%	0	＜1	2.9	0	＜0.1	0	0
残炭（质量分数）/%	2.9	6.4	7.4	6.8	6.7	3.8	0.90
灰分（质量分数）/%	0.0027	0.02	0.096	0.01	0.0097	—	0.014
硫含量（质量分数）/%	0.10	0.80	2.09	0.24	0.31	0.52	0.03
氮含量（质量分数）/%	0.16	0.41	0.43	0.40	0.38	0.17	0.05
镍含量 /（μg/g）	3.1	26.0	21.1	32.5	15.0	3.3	0.50
钒含量 /（μg/g）	0.04	1.6	2.0	0.6	0.7	2.4	0.03

表 1-2　国外几种原油的主要物理性质

项目	沙特（轻质）	沙特（中质）	沙特（轻重混）	伊朗（轻质）	科威特	阿联酋（穆尔班）	伊拉克	印度尼西亚（米纳斯）
密度（20℃）/（g/cm³）	0.8578	0.8680	0.8716	0.8531	0.8650	0.8239	0.8559	0.8456
运动黏度（50℃）/（mm²/s）	5.88	9.04	9.17	4.91	7.31	2.55	6.50（37.8℃）	13.4
凝点 /℃	−24	−7	−25	−11	−20	−7	−15（倾点）	34（倾点）
蜡含量（质量分数）/%	3.36	3.10	4.24	—	2.73	5.16	—	—
庚烷沥青质（质量分数）/%	1.48	1.84	3.15	0.64	1.97	0.36	1.10	0.28
残炭（质量分数）/%	4.45	5.67	5.82	4.28	5.69	1.96	4.2	2.8
硫含量（质量分数）/%	1.19	2.42	2.55	1.40	2.30	0.86	1.95	0.10
氮含量（质量分数）/%	0.09	0.12	0.09	0.12	0.14	—	0.10	0.10

（二）石油的元素组成

石油主要含碳（C）和氢（H）两种元素，占石油含量的 95% ～ 99%。由碳和氢两种元素组成的碳氢化合物称为烃。石油中还含有硫（S）、氮（N）、氧（O）元素，占石油含量的 1% ～ 4%。除以上五种元素以外，原油中还含有微量的金属元素和其他非金属元素，如钒、镍、铁、铜、砷、氯、磷、硅等，约占原油含量的百万分之几。所有的这些元素不是以单质形式存在的，而是相互以不同形式结合成烃类和非烃类化合物存在于原油中。烃类是石油炼制和化工装置加工的主要对象，烃以外的元素含量虽然不足 5%，但它们形成的烃类及非烃类化合物含量却很高，占原油总量的 25% 以上，对石油化工加工过程以及石油产品的使用性能造成很大的影响。表 1-3 为国内外部分原油的主要元素组成。

表 1-3　国内外部分原油的主要元素组成　　　　　　　　单位：%

原油	元素组成（质量分数）				
	C	H	O①	S	N
大庆	85.74	13.31	—	0.11	0.15
胜利	86.28	12.20	—	0.80	0.41
克拉玛依	86.1	13.3	0.28	0.04	0.25
孤岛	84.24	11.74	—	2.20	0.47
苏联杜依玛兹	83.9	12.3	0.74	2.67	0.33
墨西哥	84.2	11.4	0.80	3.6	—
伊朗	85.4	12.8	0.74	1.06	—
印度尼西亚	85.5	12.4	0.68	0.35	0.13

①氧含量一般用差减法求得，不准确，仅供参考。

（三）石油的烃类组成

石油主要是由烷烃、环烷烃和芳香烃这三种烃类构成，一般不含烯烃、炔烃等不饱和烃，即便初期含有此类烃，也在几亿年或几十亿年地下高温、高压环境下的变化过程中生成了性质稳定的烃类。

1. 烷烃

石油中带有直链或支链，而无任何环结构的饱和烃称为烷烃或链烃。石油中的烷烃根据石油类型的不同，含量可达 50% ～ 70% 或低至 10% ～ 15%。在一般条件下，烷烃的化学性质很不活泼，不易与其他物质发生反应，但在特殊条件下，烷烃也会发生氧化、卤化、硝化及热分解等反应。

烷烃在石油馏分中的分布情况是：

① C_1 ～ C_4 是天然气和炼厂气的主要成分；

② C_5 ～ C_{10} 存在于汽油馏分（200℃）中；

③ C_{11} ～ C_{15} 存在于煤油馏分（200 ～ 300℃）中；

④ C_{16} 以上的烷烃多以溶解状态存在于石油中，当温度降低时，有结晶析出，这种固体烃类为蜡。

2. 环烷烃

环烷烃是环状的饱和烃，其性质较稳定，是石油的主要成分之一。

石油中大量存在的环烷烃只有含五碳环的环戊烷系和含六碳环的环己烷系。我国的几种主要原油中一般环己烷系多于环戊烷系。石油中的环烷烃除单环外，还有双环及多环环烷烃，环的连接方式以并连为主。

环烷烃在石油馏分中的分布情况是：

　　① 汽油馏分中主要是单环环烷烃（重汽油馏分中有少量的双环环烷烃）；

　　② 煤油、柴油馏分中含有单环、双环及三环环烷烃，且单圷环烷烃具有更长的侧链或更多的侧链数目；

　　③ 高沸点馏分中则包括了单环、双环、三环及多于三环的环烷烃。

3. 芳香烃

　　苯系芳烃在石油中普遍存在。带侧链的苯系芳烃中，其侧链可以是烷基的，也可以是环烷基的（混烃）。在双环芳烃中以两个环并连的萘系较多，在三环的稠环芳烃中以菲系芳烃和蒽系芳烃为主。至于更多环数的芳烃多存在于减压渣油中，且多数含有不同数量的硫、氧、氮等杂原子，已属于非烃化合物。

　　芳香烃的侧链化学性质较活泼，可与一些物质发生反应，尤其易发生氧化反应而使油品变质。但是芳香环很稳定，即便在很高温度下，也只是断裂侧链。

　　芳香烃在石油馏分中的分布情况是：

　　① 汽油馏分中主要含有单环芳烃；

　　② 煤油、柴油及润滑油馏分中不仅含有单环芳烃，还含有双环及三环芳烃；

　　③ 高沸馏分及残渣油中，除含有单环、双环芳烃外，主要含有三环及多环芳烃。

4. 烯烃

　　石油中一般不含烯烃，烯烃主要存在于石油的二次加工产物中，分子结构式中含有一个双键的称为烯烃，含有两个双键的称为二烯烃，此外还有结构更为复杂的环烯烃等。在常温常压下，单烯烃 $C_2 \sim C_4$ 是气体，$C_5 \sim C_{18}$ 是液体，C_{18} 以上是固体。

　　烯烃分子中有双键，因此烯烃的化学性质很活泼，可与多种物质发生反应，在一定条件下可进行加成、氧化和聚合等各种反应。在空气中烯烃易氧化成酸性物质或胶质，特别是二烯烃和环烯烃自身更易氧化，会影响油品的安定性。

（四）石油的非烃类组成

　　石油中的非烃化合物主要指含硫、氮、氧的化合物，以及胶状、沥青状物质。这些元素的含量虽仅有 1% ～ 4%，但非烃化合物的含量都相当高，可高达 20% 以上，大部分集中在重馏分和渣油中。硫含量要远远高于氮、氧含量，而且在石油加工过程中，硫元素会生成较多易腐蚀加工设备的物质和有毒有害的气体，所以必须要将硫除去。石油加工中绝大多数精制过程在除去硫元素的同时，也脱除了氮、氧元素。

1. 含硫化合物

　　原油中的含硫量从万分之几到百分之几，差异很大。通常人们将含硫量高于 2.0% 的石油称为高硫原油，低于 0.5% 的称为低硫原油，介于 0.5% ～ 2.0% 之间的称为含硫原油。

　　（1）含硫化合物在石油馏分中的分布

　　石油馏分的沸点越高，含硫量越大。硫在煤油、柴油中间馏分中的含量较少，在石油馏分中的含量随其沸点范围的扩大而增大，大部分硫化物集中在重馏分和渣油中。

　　（2）含硫化合物的存在形态

　　硫在石油中少数以单质硫（S）和硫化氢（H_2S）形式存在，大多数以有机硫化物形式存在，如硫醇（RSH）、硫醚（RSR′）、环硫醚（ ）、二硫化物（RSSR′）、噻吩（ ）

及其同系物等。

其中，活性硫化物包括 S、H_2S、低分子硫醇（RSH）等，性质相对活泼，能与金属作用而腐蚀设备；非活性硫化物包括硫醚（RSR′）、环硫醚、二硫化物（RSSR′）、噻吩及其同系物。

（3）含硫化合物对石油加工及产品应用的影响

① 腐蚀性　硫对石油加工及产品应用的影响是多方面的，特别是对金属设备的腐蚀最为严重，含硫化合物受热分解产生 H_2S，H_2S 与水共存产生氢硫酸，它可腐蚀金属设备。H_2S 与 Fe 的反应式为：

$$Fe+H_2S\!=\!\!=\!\!=FeS+H_2\uparrow$$

若石油产品中含有硫化物，同样也会对储存设备造成腐蚀。

② 环境污染　在炼厂加工中生成的 H_2S 及低分子硫醇等恶臭有毒的气体，会危害人类身体健康，造成环境污染。

③ 影响产品的储存安定性　硫可加速油品变质，汽、柴油脱臭就是脱除其中的硫化物，以保证其安定性。

④ 影响燃料的燃烧性能　含硫化合物的存在会使燃料的抗爆性能变差，所以发动机燃料的含硫量有严格的限制。

⑤ 硫可使催化剂中毒　如硫可使铂重整催化剂中毒失活，因此重整原料要严格控制硫含量，对硫含量大于 200×10^{-6} 的原料必须进行脱硫。

2. 含氮化合物

（1）含氮化合物在石油馏分中的分布

石油中含氮量一般在万分之几至千分之几。密度大、胶质多、含硫量高的石油，一般其含氮量也高。石油馏分中氮化物的含量随其沸点范围的升高而增大，大部分氮化物以胶状、沥青状物质存在于渣油中。

（2）含氮化合物在石油馏分中的存在形态

石油中的氮化物大多数是氮原子在环状结构中的杂环化合物，主要有吡啶（ ）、喹啉

（ ）等的同系物（统称为碱性氮化物）及吡咯（ ）、吲哚（ ）等的同系物（统称为非碱性氮化物）。石油中另一类重要的非碱性氮化物是金属卟啉化合物，分子中有四个吡咯环，重金属原子与卟啉中的氮原子呈络合状态存在。

（3）含氮化合物对石油加工及产品应用的影响

石油中的氮含量虽少，但对石油加工、油品储存和使用的影响却很大。

① 影响产品的安定性。如果柴油含氮量高，时间久了会变成胶质，这是柴油安定性差的主要原因。

② 氮与微量金属作用，形成卟啉化合物。这些化合物的存在会导致催化剂中毒，所以油品中的氮化物应在精制过程中除去。

3. 含氧化合物

（1）含氧化合物在石油馏分中的分布

石油中的氧含量一般都很少，约千分之几，个别石油中氧含量可高达 2%～3%。石油

中的含氧化合物大部分集中在胶质、沥青质中。因此，胶质、沥青质含量高的重质石油馏分，其氧含量一般比较高。这里讨论的是胶质、沥青质以外的含氧化合物。

（2）含氧化合物在石油馏分中的存在形态

石油中的氧均以有机物形式存在。这些含氧化合物分为酸性氧化物和中性氧化物两类。酸性氧化物有环烷酸、脂肪酸和酚类，总称石油酸。中性氧化物有醛、酮和酯类，它们在石油中含量极少。含氧化合物中以环烷酸和酚类最重要，特别是环烷酸，约占石油酸总量的90%，而且在石油中的分布也很特殊，主要集中在中间馏分（沸程为250～350℃）中，而在低沸馏分或高沸馏分中含量都比较少。

（3）含氧化合物对石油加工及产品应用的影响

① 原油含环烷酸多时容易乳化，对加工不利，且腐蚀设备。

② 石油产品中含环烷酸，对铅、锌等有色金属有腐蚀性，对铁、铝几乎无腐蚀性。

③ 灯用煤油含环烷酸，可使灯芯堵塞、结花。

4. 胶状、沥青状物质

（1）胶状、沥青状物质在石油中的分布

在石油非烃类化合物中，很大一类是胶状、沥青状物质，它们在石油中的含量相当可观。我国各主要原油中，含胶状、沥青状物质为百分之十几至百分之四十几。

（2）胶状、沥青状物质的存在形态

胶状、沥青状物质是石油中结构最复杂、分子量最大的物质。在其组成中，除了含碳、氢外，还含有硫、氧、氮或微量元素等，结构复杂，理化性质不均匀，热稳定性差，不能从分子类型和结构上研究清楚。大多数研究是根据胶状、沥青状物质在不同溶剂中的溶解度不同及其物理性质的差异进行分类，由于研究的方法和采用的溶剂不尽相同，因此结果各有差异。

① 中性胶质　中性胶质是黏稠半液态的胶状物质，平均分子量为600～800，最大可达1000，C/H=8～9（分子比），相对密度稍大，安定性很差，受热氧化，进一步聚合成沥青质。中性胶质能很好地溶于石油馏分、苯、氯仿和二硫化碳中，不溶于乙醇。

② 沥青质　沥青质是黑色很脆的固体物质，呈中性，平均分子量约为2000或更大，C/H=10～11（分子比），杂原子较多，稠环芳烃占优势，相对密度大于1，进一步聚合成焦炭。沥青质能溶于苯、氯仿和二硫化碳中，不溶于低沸点的饱和烃（石油醚、正庚烷等）和乙醇。

③ 沥青质酸　沥青质酸的物理特性类似于胶质，与胶质不同的是具有酸性特征，相对密度大于1，在加热到某温度时，沥青质酸会变成酸酐。它能溶于碱、乙醇、氯仿和苯中，不溶于石油醚和正庚烷。

石油中胶质、沥青状物质的基本成分是中性胶质和沥青质，它们均具有很强的染色能力，是使油品颜色变深的原因。中性胶质、沥青质和高分子稠环烃类之间存在着联系，如在氧化含有高分子稠环烃类的重质石油馏分时，生成了中性胶质，而中性胶质进一步氧化，形成沥青质，沥青质进一步氧化生产焦炭。

（3）胶状、沥青状物质对石油加工及产品应用的影响

① 油品中含胶质，在使用中会产生炭渣，造成设备磨损和堵塞。

② 润滑油含胶质，会使其黏温性能变坏。

（五）石油的馏分组成

石油是一个多组分的复杂混合物，其沸点范围很宽，从常温一直到500℃以上。所以，

无论是对石油进行研究或进行加工利用，都必须对石油进行分馏。分馏就是按照组分沸点的差别将石油"切割"成若干"馏分"，例如＜200℃馏分、200～350℃馏分等，每个馏分的沸点范围简称为馏程或沸程。

馏分常冠以汽油、煤油、柴油、润滑油等石油产品的名称，但馏分并不就是石油产品，石油产品要满足油品规格的要求，馏分需经进一步加工才能成为石油产品。各种石油产品往往在馏分范围之间有一定的重叠。例如，喷气燃料与轻柴油的馏分范围间有一段重叠。为了统一称谓，一般把原油在常压蒸馏时，从开始馏出的温度（初馏点）到200℃（或180℃）之间的轻馏分称为汽油馏分（也称轻油馏分或石脑油馏分），把200（或180）～350℃之间的中间馏分称为煤柴油馏分，或称为常压瓦斯油（简称AGO）。

由于原油从350℃开始即有明显的分解现象，所以对于沸点高于350℃的馏分，需在减压下进行蒸馏，再将减压下蒸出馏分的沸点换算成常压沸点。一般将相当于常压下350～500℃的高沸点馏分称为减压馏分、润滑油馏分、减压瓦斯油（简称VGO），而减压蒸馏后残留的大于500℃的油称为减压渣油（简称VR）。同时，人们也将常压蒸馏后大于350℃的油称为常压渣油或常压重油（简称AR）。与国外原油相比，我国主要油区原油中的大于500℃减压渣油的含量较高。

从石油直接分馏得到的馏分称为直馏馏分，它们基本上保留着石油原来的性质，例如基本上不含不饱和烃。石油直馏馏分经过二次加工（如催化裂化等）后，所得的馏分与相应直馏馏分的化学组成不同，例如催化裂化产物的化学组成中就含有不饱和烃（并非一切二次加工产物都含有不饱和烃）。

国内、外部分原油直馏馏分和减压渣油的含量列于表1-4。

表1-4　国内、外部分原油直馏馏分和减压渣油的含量

原油	相对密度 d_4^{20}	汽油馏分（＜200℃，质量分数）	煤柴油馏分（200～350℃，质量分数）	减压馏分（350～500℃，质量分数）	渣油（＞500℃，质量分数）
大庆	0.8635	10.78	24.02（200～360℃）	23.95（360～500℃）	41.25
胜利	0.8898	8.71	19.21	27.25	44.83
大港	0.8942	9.55	19.7（200～360℃）	29.8（360～500℃）	40.95
伊朗	0.8551	24.92	25.74	24.61	24.73
印度尼西亚米纳斯	0.8456	13.2	26.3	27.8（350～480℃）	32.7（＞480℃）
阿曼	0.8488	20.08	34.4	8.45	37.07

二、石油及其产品的理化性质

石油及其产品的理化性质是评定产品质量和控制生产过程的重要指标，也是设计和计算石油加工工艺装置的重要数据。为了更好地掌握和使用石油及其产品，就必须了解石油及其产品的相关理化性质。石油及油品的理化性质有如下特征：

① 石油及油品的理化性质与其化学组成和分子结构密切相关。

② 石油及油品是复杂的混合物，因此其性质是宏观的综合表现，也就是说是多种化合物总体表现出来的性质，所以与单独一个化合物的性质不同。

③ 多数性质无可加性，如密度、黏度，并且测定性质时，为了便于油品之间比较和对

照，石油及油品的绝大部分性质都是采用条件性实验进行测定（严格规定仪器、方法和条件），条件改变，结果也会改变。

石油和油品性质测定方法有不同级别的统一标准，其中有国际标准（简称 ISO）、国家标准（简称 GB）、中国石油化工总公司行业标准（简称 SH）等。

（一）油品的蒸发性能

石油及其产品的蒸发性能是反映其汽化、蒸发难易程度的重要性质，可用蒸气压、馏程和平均沸点来描述。

1. 蒸气压

在一定温度下，液体与其液面上方蒸气呈平衡状态时，该蒸气所产生的压力称为饱和蒸气压，简称蒸气压。蒸气压越高，说明液体越容易汽化。

纯烃和其他纯的液体一样，其蒸气压只随液体温度而变化，温度升高，蒸气压增大。

与纯烃不同，烃类混合物的蒸气压不仅取决于温度，还取决于其组成。在一定的温度下，只有其气相、液相或整体组成一定，其蒸气压才是定值。当体系压力不高，气相近似为理想气体，与其相平衡的液相近似于理想溶液时，对于组分比较简单的烃类混合物，其总的蒸气压可用道尔顿 - 拉乌尔（Dalton-Raoult）定律求得。石油及石油馏分的组成极其复杂，尚难以测定其单体烃组成，无法用公式求取其蒸气压，可以通过查图得到。

石油馏分的蒸气压有两种表示方法：

① 真实蒸气压　该蒸气压为汽化率为零时的蒸气压，即泡点蒸气压，设计计算中常用。

② 雷德蒸气压　该蒸气压属于条件性蒸气压，是汽油质量指标，也可换算成真实蒸气压。雷德蒸气压用雷德蒸气压测定器测定，是在规定条件（38℃，气相体积与液相体积之比为 4∶1）下测定的。

2. 馏程与平均沸点

对于液态纯物质，其饱和蒸气压等于外压时的温度，称为该液体在该外压下的沸点。对于石油馏分这类组成复杂的混合物，油品沸点随汽化率增大而不断增大。因此油品的沸点应以一个温度范围表示，即沸程。在某一温度范围内蒸馏出的馏出物称为馏分，它还是一个混合物，只不过包含的组分数目少一些。温度范围窄的称为窄馏分，温度范围宽的称为宽馏分。

将 100mL 的油品放入仪器中进行蒸馏，经过加热、汽化、冷凝等过程，油品中低沸点组分易蒸发出来，随着蒸馏温度的不断提高，较多的高沸点组分也相继蒸出。蒸馏时馏出第一滴冷凝液时的气相温度称为初馏点（或初点），馏出物的体积依次达到 10%、20%、30%、…、90% 时的气相温度分别称为 10% 点（或 10% 馏出温度）、20% 点、30% 点、…、90% 点，蒸馏到最后达到的气体的最高温度称为终馏点。从初馏点到终馏点这一温度范围称为馏程，在此温度范围内蒸馏出的部分称为馏分。馏分与馏程或蒸馏温度与馏出量之间的关系称为原油或油品的馏分组成。

在生产和科研中常用的馏程测定方法有实沸点蒸馏与恩氏蒸馏，它们的不同是：前者蒸馏设备较精密，馏出时的气相温度较接近馏出物的沸点，温度与馏出物质量分数呈对应关系；后者蒸馏设备较简便，蒸馏方法简单，馏程数据容易得到，但馏程并不能代表油品的真实沸点范围。所以，实沸点蒸馏适用于原油评价及制订产品的切割方案，恩氏蒸馏常用于生产控制、产品质量标准及工艺计算，例如工业上常把馏程作为汽油、喷气燃料、柴油、灯用煤油、溶剂油等的重要质量指标。石油产品的馏程测定装置见图1-1。

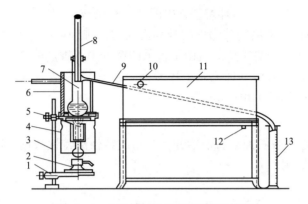

图1-1　石油产品的馏程测定装置

1—托架；2—喷灯；3—支架；4—下罩；5—石棉垫；6—上罩；7—蒸馏烧瓶；
8—温度计；9—冷凝管；10—排水支架；11—水槽；12—进水支架；13—量筒

馏程在油品评价和质量标准上用处很大，但无法直接用于工程计算，为此提出平均沸点的概念，用于设计计算及其他物性常数的确定。平均沸点有五种表示方法，分别是体积平均沸点、质量平均沸点、立方平均沸点、实分子平均沸点、中平均沸点，其计算方法和用途各不相同，但都可以通过恩氏蒸馏及平均沸点温度校正图求取。

（二）密度、特性因数、平均分子量

1. 密度

在规定温度下，单位体积内所含物质的质量称为密度，单位是克/厘米^3（g/cm^3）或千克/厘米^3（kg/cm^3）。密度是评价石油质量的主要指标，通过密度和其他性质可以判断原油的化学组成。

我国国家标准GB/T 1884—2000规定，20℃时的密度为石油和液体石油产品的标准密度，以ρ_{20}表示，其他温度下测得的密度用ρ_t表示。

油品的密度与规定温度下水的密度之比称为油品的相对密度，用d表示，无量纲。由于4℃时纯水的密度近似为1g/cm^3（398℃时水的密度为0.99997g/cm^3），常以4℃的水为比较标准。我国常用的相对密度为d_4^{20}（即20℃时油品的密度与4℃时水的密度之比），欧美各国常用的为$d_{15.6}^{15.6}$[即15.6℃（或60℉）时油品的密度与15.6℃时水的密度之比]，并常用比重指数表示液体的相对密度，也称API度，它与$d_{15.6}^{15.6}$的关系为：

$$API度 = 141.5/d_{15.6}^{15.6} - 131.5$$

与通常密度的观念相反，API度数值愈大，表示密度愈小。

API度＞32为轻质油，API度在20～32之间为中质油，API度在10～20之间为重质油，API度＜10为超重质油。

油品的密度与其组成有关。同一原油的不同馏分油，随沸点范围扩大密度增大。当沸点范围相同时，含芳香烃愈多，密度愈大，含烷烃愈多，密度愈小。

各族烃类，当分子中碳原子数相同时，密度关系为：

> 芳烃＞环烷烃＞烷烃

不同原油相同沸程的馏分的密度关系为：

> 环烷基＞中间基＞石蜡基

石油中各馏分的相对密度随其沸程的升高而增大，沸程愈高的馏分，其相对密度愈大。这是由于分子量的增大，但更重要的是由于较重的馏分中芳香烃的含量一般较高。至于减压渣油，其中含有较多的芳香烃（尤其是多环芳香烃），而且还含有较多的胶质、沥青质，所以其相对密度最大，接近甚至超过1.0。

2. 特性因数

特性因数（K）是反映石油或石油馏分化学组成特性的特性数据，对原油的分类、确定原油加工方案等十分有用。

特性因数的定义式为：

$$K=1.216T^{1/3}/d_{15.6}^{15.6}$$

式中，T 为烃类的沸点，石油或石油馏分的立方平均沸点或中平均沸点，K。

K 值的规律：

① 烷烃的 K 值最大（约为12.7），芳烃的 K 值最小（为 $10 \sim 11$），环烷烃居中（为 $11 \sim 12$）。

② 富含烷烃的石油馏分，K 值为 $12.5 \sim 13.0$；富含环烷烃的石油馏分，K 值为 $10 \sim 11$。

③ 混合物的 K 值具有可加性。

一般石油的 K 值在 $9.7 \sim 13$ 之间，如大庆原油 K 值为12.5，胜利原油 K 值为12.1。

3. 平均分子量

石油是多种化合物的复杂混合物，石油馏分的分子量是其各组分分子量的平均值，称为平均分子量（简称分子量）。

原油中所含化合物的分子量从几十到几千。其各馏分的平均分子量是随其沸程的升高而增大的。当沸程相同时，各原油相应的平均分子量还是有差别的，石蜡基原油（如大庆原油）的分子量最大，中间基原油（如胜利原油）的居中，环烷基原油（如欢喜岭）的最小。

石油馏分的平均分子量随馏分沸程的升高而增大：汽油的平均分子量为 $100 \sim 120$，煤油为 $180 \sim 200$，轻柴油为 $210 \sim 240$，低黏度润滑油为 $300 \sim 360$，高黏度润滑油为 $370 \sim 500$。

（三）油品的流动性能

石油产品的低温流动性是表示石油产品在低温下能否流动的性能，是一项标志油品使用性能的指标，在柴油、燃料油及某些润滑油（如传动油、齿轮油、内燃机油等）的规格中均有规定的限值。

石油和油品处于牛顿流体状态时，其流动性可用黏度来描述；处于低温状态时，则用多种条件性指标来评定其低温流动性。

1. 黏度

黏度表示液体流动时因分子间摩擦而产生阻力的大小。黏稠的液体比稀薄的液体流动得慢，因为黏稠液体在流动时产生的分子间摩擦力较大。黏度的大小随液体组成、温度和压力不同而异。

（1）油品黏度的表示方法

① 动力黏度（η），单位为 Pa·s，又称绝对黏度。

② 运动黏度（ν），单位为 cm²/s，又称相对黏度。

运动黏度、动力黏度之间存在如下关系：

$$\nu = \eta/\rho$$

式中，ρ 为油品密度，g/cm³。

③ 条件黏度，如恩氏黏度、赛氏黏度、雷氏黏度等，都是用特定仪器在规定条件下测定的。

恩氏黏度是条件性黏度，常用于表示油品的黏度。恩氏黏度是在规定条件下，从仪器中流出 200mL 油品的时间（s）与 20℃时流出 200mL 蒸馏水所需时间（s）的比值，以 E 来表示。

（2）黏度与化学组成的关系

黏度反映了液体内部分子间的摩擦力，它必然与分子的大小、结构有密切关系：

① 同一系列的烃类，分子量越大，其黏度也越大；

② 当碳数相同时，具有环状结构的分子的黏度大于链状结构的，分子中的环数越多，则其黏度也就越大；

③ 当烃类分子中的环数相同时，侧链越长，则其黏度越大；

④ 石油各馏分的黏度都是随其沸程的升高而增大的，这是由于其分子量增大，更重要的是由于随馏分沸程的升高，其中的环状烃增多；

⑤ 当馏分的沸程相同时，石蜡基原油的黏度最小，环烷基原油的最大，中间基原油的居中。

（3）油品的黏温性质

油品黏度随温度变化的性质称为黏温性质。黏温性质好的油品，其黏度随温度变化的幅度较小。黏温性质是润滑油的重要指标之一，为了使润滑油在温度变化的条件下能保证润滑作用，要求润滑油具有良好的黏温性质。

① 油品黏温性质的表示方法　油品黏温性质的表示方法常用的有两种，即黏度比和黏度指数（VI）。

黏度比最常用的是 50℃与 100℃运动黏度的比值，也有用 –20℃与 50℃运动黏度的比值，分别表示为 $\nu_{50℃}/\nu_{100℃}$ 和 $\nu_{-20℃}/\nu_{50℃}$。黏度比愈小，黏温性愈好。

黏度指数是世界各国表示润滑油黏温性质的通用指标，也是 ISO 标准，我国目前也采用此指标。黏度指数愈高，黏温性质愈好。此指标是选定两种原油的馏分作为标准：一种是黏温性质良好的宾夕法尼亚原油，把这种原油的所有窄馏分（称为 H 油）的黏度指数人为地规定为 100；另一种是黏温性质不好的得克萨斯海湾沿岸原油，把这种原油的所有窄馏分（称为 L 油）的黏度指数人为地规定为 0。一般油样的黏度指数介于两者之间，黏度指数越大，表明黏温性质越好。对于黏温性质很差的油品，其黏度指数可以是负值。

② 石油及石油馏分的黏温性质

a. 正构烷烃的黏温性质最好，分支程度小的异构烷烃较正构烷烃的差，分支程度越大，黏温性质越差。

b. 环状烃（环烷烃和芳香烃）的黏温性质较链状烃差。

c. 分子环数相同时，其侧链越长，黏温性质越好，侧链上有分支会使黏度指数下降。

总之，烃类中正构烷烃的黏温性质最好，带有分支长烷基侧链的少环烃类和分支程度不大的异构烷烃的黏温性质比较好，而多环短侧链的环状烃类的黏温性质很差。

（4）黏度与压力的关系

试验表明：压力在 4MPa 以下时，影响不大；压力高于 4MPa 时，呈正相关关系；压力达到 7MPa 时，黏度提高 20% ～ 25%。

2. 油品的低温性能

（1）油品的低温性能指标

燃料和润滑油通常需要在冬季、室外、高空等低温条件下使用，所以油品在低温时的流动性是评价油品使用性能的重要指标，原油和油品的低温流动性对输送也有重要意义。油品的低温流动性能包括浊点、结晶点、冰点、凝点、倾点和冷滤点等，都是在规定条件下测定的。

油品在低温下失去流动性的原因有两个：一个是对于含蜡很少或不含蜡的油品，随着温度降低，油品黏度迅速增大，当黏度增大到某一程度，油品就变成无定形的黏稠状物质而失去流动性，即所谓的"黏温凝固"；另一个原因是对含蜡油品而言，油品中的固体蜡当温度适当时可溶解于油中，随着温度的降低，油中的蜡就会逐渐结晶出来，当温度进一步下降时，结晶大量析出，并连接成网状结构的结晶骨架，蜡的结晶骨架把此温度下还处于液态的油品包在其中，使整个油品失去流动性，即所谓的"构造凝固"。

浊点是在规定条件下，清澈的液体油品由于出现蜡的微晶粒而呈雾状或浑浊时的最高温度。若油品继续冷却，直到油中出现肉眼能看得到的晶体时，此时的温度就是结晶点。油品中出现结晶后，再使其升温，使原来形成的烃类结晶消失时的最低温度称为冰点。同一油品的冰点比结晶点稍高 1 ～ 3℃。

浊点是灯用煤油的重要质量指标，而结晶点和冰点是喷气燃料的重要质量指标。

纯化合物在一定温度和压力下有固定的凝固点，而且与熔点数值相同。而油品是一种复杂的混合物，它没有固定的"凝点"。所谓油品的"凝点"，是在规定条件下测得的油品刚刚失去流动性时的最高温度，完全是条件性的。

倾点是在标准条件下，被冷却的油品能流动的最低温度。

冷滤点是在规定的压力和冷却速度下，测得 20mL 试油开始不能全部通过 363 目 $/in^2$（1in=0.0254m）的过滤网时的最高温度。冷滤点能较好地反映柴油的泵送和过滤性能，与实际使用情况有较好的对应关系，所以目前用冷滤点替代凝点指标。

（2）影响油品的低温性能的因素

① 与油品的烃类组成有关　石油产品是各种烃类的复杂混合物，其中每一种烃类的结构不同，它们的低温性能也互不相同。大分子正构烷烃和芳香烃的低温性能较差，环烷烃和烯烃的低温性能较好。在同一烃类中，低温性能随分子量的增大而变差。

② 与油品中含有的胶质、沥青质及表面活性物质的多少有关　油品中含有的胶质、沥青质这些物质能吸附在石蜡结晶中心的表面上，阻止石蜡结晶的生长，致使油品的冷滤点、倾点、凝点下降。含有环烷酸盐等表面活性物质的油品，其凝点比不含表面活性物质的油低，原因是这些表面活性物质能吸附在刚刚形成的蜡结晶颗粒上，同样阻止了蜡结晶的生长，使蜡结晶以小而分散的形式分散在油中而不能形成网状结构，必须再降低温度。因此，

当油品脱除了胶质、沥青质及表面活性物质后，其冷滤点、倾点、凝点便升高，而加入某些表面活性物质（如降凝添加剂），则可以降低油品的凝点，使油品的低温流动性能得到改善。

③ 与油品中的水分有关　水分也是影响油品低温性能的重要因素。特别是燃料中的溶解水，在低温下呈细小的冰晶析出，会堵塞发动机燃料系统的过滤器，减少供油量，严重时可造成事故。

（四）油品的燃烧性能

石油和石油产品大多是易燃易爆的，可作为重要燃料来使用。研究其燃烧性能，对于安全使用燃料和了解燃料的使用性能均非常重要，燃烧性能主要用闪点、燃点和自燃点来描述。

1. 油品的燃烧性能指标

（1）爆炸极限

油品蒸气与空气的混合气在一定的浓度范围内遇到明火就会闪火或爆炸。混合气中油气的浓度低于这一范围，油气不足，或高于这一范围，空气不足，都不能发生闪火或爆炸。因此，能产生闪火或爆炸的浓度范围就称为爆炸范围，油气的下限浓度称为爆炸下限，上限浓度称为爆炸上限。

（2）闪点

闪点是在规定条件下，加热油品所逸出的蒸气和空气组成的混合物与火焰接触发生瞬间闪火时的最低温度。

由于测定仪器和条件的不同，油品的闪点又分为闭口闪点和开口闪点两种，两者的数值是不同的。通常轻质油品测定其闭口闪点，重质油和润滑油多测定其开口闪点。

汽油的闪点相当于爆炸上限时的油品温度，而煤油、柴油和润滑油等的闪点相当于爆炸下限时的油品温度。通过油品闪点的大小，可以确定油品储存或使用时应采用的温度。从防火角度来看，敞开装油容器或倾倒油品时的温度应比油品的闪点至少低 17℃。

混合油品的闪点不具备加和性，其闪点总是低于按可加和性计算的混合油闪点。

石油馏分的沸点愈低，其闪点也愈低。汽油的闪点为 –50 ～ 30℃，煤油的闪点为 28 ～ 60℃，润滑油的闪点为 130 ～ 325℃。

（3）燃点

燃点是指油品在规定条件下加热到能被外部火源引燃，并连续燃烧不少于 5s 时的最低温度。

（4）自燃点

如果预先将油品加热到很高的温度，然后使其与空气接触，则无须引火，油品因剧烈氧化而产生火焰自行燃烧，称为油品的自燃。发生自燃的最低温度称为油品的自燃点。

2. 闪点、燃点和自燃点与油品组成的关系

闪点和燃点与烃类的蒸发性能有关，而自燃点却与其氧化性能有关。所以，油品的闪点、燃点和自燃点与其化学组成有关。

① 同族烃中，分子量增大，闪点升高，燃点升高，自燃点降低。

② 油品越轻，闪点越低，燃点越低，自燃点越高。

③ 烷烃比芳香烃易于自燃，所以烷烃的自燃点低（芳香烃比烷烃稳定），但烷烃的闪点却比黏度相同而含环烷烃和芳香烃较多的油品高。

闪点、燃点和自燃点对油品的储存、使用和安全生产都有重要意义，是油品安全保管、

输送的重要指标，油品在储运过程中要避免火源与高温。

（五）油品的其他物理性质

1. 水在油品中的溶解度

水在油品中的溶解度很小，但对油品使用性能会产生恶劣的影响，其主要原因是水在油品中的溶解度随温度升高而增大。

油品中的微量水会使油品的低温性能变差，特别是对航空汽油或喷气燃料造成的危害最为严重，并使油品储存安定性变差，导致设备腐蚀和磨蚀等。

2. 折射率

严格地讲，光在真空中的速度（2.9979×10^8 m/s）与光在物质中的速度之比称为折射率，以 n 表示。通常用的折射率数据是光在空气中的速度与被空气饱和的物质中的速度之比。

折射率的大小与光的波长，被光透过物质的化学组成，以及密度、温度和压力有关。在其他条件相同的情况下，烷烃的折射率最低，芳香烃的最高，烯烃和环烷烃的介于它们之间。对于环烷烃和芳香烃，分子中环数愈多，则折射率愈高。常用的折射率是 n_D^{20}，即温度为 20℃、常压下钠的 D 线（波长为 589.3nm）的折射率。

油品的折射率常用于测定油品的烃类族组成，炼油厂的中间控制分析也采用折射率来求残炭值。

3. 残炭和灰分

用特定的仪器，在规定的条件下，将油品在不通空气的情况下加热至高温，此时油品中的烃类即发生蒸发和分解反应，最终成为焦炭。该焦炭占试验用油的质量分数，叫作油品的残炭或残炭值。

残炭与油品的化学组成有关。生成焦炭的主要物质是沥青质、胶质和芳香烃，在芳香烃中又以稠环芳香烃的残炭最高。所以，石油的残炭在一定程度上反映了其中沥青质、胶质和稠环芳香烃的含量，这对于选择石油加工方案具有一定的参考意义。此外，因为残炭的大小能够直接表明油品在使用中积炭的倾向和结焦的多少，所以残炭还是润滑油和燃料油等重质油以及二次加工原料的质量指标。

灰分是油品煅烧后的固体残余物，其组成、含量随石油种类、性质和加工方法不同而异。油品中的灰分主要是由少量无机盐、金属化合物及机械杂质所构成。油品中的灰分会导致油品在使用中引起机械磨损、积炭、积垢和腐蚀，因而是汽轮机油和锅炉燃料等石油产品的重要质量指标。

第二节　石油产品的使用要求

一、石油产品的分类

石油产品的种类繁多，用途各异，为了与国际标准相一致，我国参照 ISO（国际标准化组织）发布的国际标准 ISO/DIS 8681，制定了 GB/T 498—2014《石油产品及润滑剂 分类方法和类别的确定》，将石油产品和有关产品的总分类分为五类，总分类列于表 1-5 中。

表 1-5 石油产品和有关产品的总分类

类别	类别含义	类别	类别含义
F	燃料	W	蜡
S	溶剂和化工原料	B	沥青
L	润滑剂、工业润滑油和有关产品		

1. 燃料

燃料包括汽油、喷气燃料、柴油等发动机燃料及灯用煤油、燃料油等。我国燃料占石油产品的 85% 左右，而其中约 60% 为各种发动机燃料，是用量最大的产品。按照 GB/T 12692.1—2010《石油产品 燃料（F 类）分类 第 1 部分：总则》将石油燃料分为五类，见表 1-6。

表 1-6 石油燃料的分类

组别	副组	组别定义
G	—	气体燃料，主要由来源于石油的甲烷和 / 或乙烷组成的气体燃料
L	—	液化石油气，主要由 C_3 和 C_4 烷烃或烯烃或其混合物组成，并且更高碳原子数的物质液体体积小于 5% 的气体燃料
D	（L）（M）（H）	馏分燃料，由原油加工或石油气分离所得的主要来源于石油的液体燃料。轻质或中质馏分燃料中不含加工过程的残渣，而重质馏分可含有在调和、贮存和 / 或运输过程中引入的、规格标准限定范围内的少量残渣。具有高挥发性和很低闪点（闭口）的轻质馏分燃料要求有特殊的危险预防措施
R	—	残渣燃料，含有来源于石油加工残渣的液体燃料。规格中应限制非来源于石油的成分
C	—	石油焦，由原油或原料油深度加工所得，主要由碳组成的来源于石油的固体燃料

新制定的产品标准，把每种产品分为优级品、一级品和合格品三个质量等级，每个等级根据使用条件的不同，还可以分为不同牌号。

2. 润滑剂

润滑剂包括润滑油和润滑脂，主要用于降低机件之间的摩擦和防止磨损，以减少能耗和延长机械寿命。其产量不多，仅占石油产品总量的 2% ～ 5%，但品种和牌号却是最多的一大类产品。

3. 石油沥青

石油沥青用于道路、建筑及防水等方面，其产品占石油产品总量的 2% ～ 3%。

4. 石油蜡

石油蜡属于石油中的固态烃类物质，是轻工、化工和食品等工业部门的原料，其产量约占石油产品总量的 1%。

5. 石油焦

石油焦可用于制作炼铝及炼钢用电极等，其产量为石油产品总量的 1% ～ 2%。

6. 溶剂和石油化工原料

约有 10% 的石油产品用作石油化工原料和溶剂，其中包括制取乙烯的原料（轻油）以及石油芳烃和各种溶剂油。

二、石油燃料的使用要求

燃料的使用要求在于满足机械工作过程的要求，主要体现在安全、环保、经济、可靠等方面。在石油燃料中，用量最大、最重要的是汽油、喷气燃料、柴油等。其用途包括：

① 点燃式发动机燃料——汽油，主要用于各种汽车、摩托车和活塞式飞机发动机等；

② 喷气发动机燃料——喷气燃料，主要用于各种民用和军用喷气发动机；

③ 压燃式发动机燃料——柴油，用于各种大马力载重汽车、坦克、拖拉机、内燃机车和船舰等。

不同使用场合对所用燃料提出了相应的质量要求。产品质量标准的制定是综合考虑产品使用要求、所加工原油的特点、加工技术水平及经济效益等因素，经一定标准化程序，对每一种产品制定出相应的质量标准（俗称规格），作为生产、使用、运销等各部门必须遵循的具有法规性的统一指标。

（一）汽油机和柴油机的工作过程

汽油和柴油的使用要求主要取决于汽油机和柴油机的工作过程，汽油机以四冲程汽油机为例，见图1-2，柴油机的原理构造见图1-3，均包括进气、压缩、燃烧膨胀做功、排气四个过程，活塞在发动机气缸中往复运动两次，曲柄连杆机构带动飞轮在发动机中运行一周。但柴油机和汽油机的工作原理有两点本质的区别：第一，汽油机中进气和压缩的介质是空气和汽油的混合气，而柴油机中进气和压缩的只是空气，而不是空气和柴油的混合气，因此柴油发动机压缩比的设计不受燃料性质的影响，可以设计得比汽油机高许多，一般柴油机的压缩比可达 13 ~ 24，汽油机的压缩比受燃料性质的限制，一般只有 6 ~ 8.5；第二，在汽油机中燃料是靠电火花点火而燃烧的，而在柴油机中燃料则是由于喷散在高温高压的热空气中自燃的。因此，汽油机称为点燃式发动机，柴油机则叫作压燃式发动机。

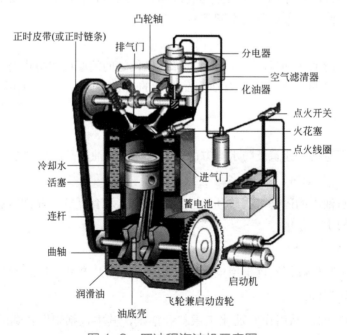

图 1-2　四冲程汽油机示意图

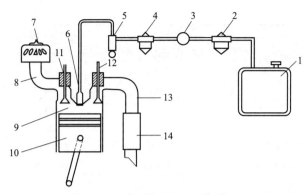

图 1-3　柴油机的原理构造图

1—油箱；2—粗滤清器；3—输油泵；4—细滤清器；5—高压油泵；6—喷油嘴；7—空气滤清器；
8—进气管；9—气缸；10—活塞；11—进气阀；12—排气阀；13—排气管；14—消声器

　　柴油发动机和汽油发动机相比，单位功率的金属耗量大，但热功效率高，耗油少，耗油率比汽油机低 30%～70%，并且使用来源多而成本低的较重馏分——柴油作为燃料，所以大功率的运输工具和一些固定式动力机械等都普遍采用柴油机。在我国除应用于拖拉机、大型载重汽车、排灌机械等外，在公路运输、铁路运输上和轮船、军舰上也越来越广泛地采用柴油发动机。

（二）车用汽油的使用要求

　　汽油是用作点燃式发动机燃料的石油轻质馏分，对汽油的使用要求主要有以下几点。
　　① 在所有的工况下，具有足够的挥发性以形成可燃混合气。
　　② 燃烧平稳，不产生爆震燃烧现象。
　　③ 储存安定性好，生成胶质的倾向小。
　　④ 对发动机没有腐蚀作用。
　　⑤ 排出的污染物少。
　　汽油按其用途分为车用汽油和航空汽油，各种汽油均按辛烷值（RON）划分牌号。车用汽油按其辛烷值分，目前划分为 89 号、92 号及 95 号三个牌号，它们分别适用于压缩比不同的各型汽油机。我国车用汽油的质量标准对比见表 1-7。
　　航空汽油分为 100 号、95 号和 75 号三个牌号。100 号及 95 号航空汽油用于有增压器的大型活塞式航空发动机，75 号航空汽油用于无增压器的小型活塞式航空发动机。

表 1-7　车用汽油（Ⅴ）标准与车用汽油（Ⅵ）标准对比（GB 17930—2016）

项目		车用汽油（Ⅴ）			车用汽油（ⅥA）			车用汽油（ⅥB）		
		89	92	95	89	92	95	89	92	95
抗爆性：										
研究法辛烷值（RON）	不小于	89	92	95	89	92	95	89	92	95
抗爆指数（RON+MON）/2	不小于	84	87	90	84	87	90	84	87	90
铅含量 /（g/L）	不大于		0.005			0.005			0.005	
馏程：										
10% 蒸发温度 /℃	不高于		70			70			70	

续表

项目		车用汽油（Ⅴ）			车用汽油（ⅥA）			车用汽油（ⅥB）		
		89	92	95	89	92	95	89	92	95
50% 蒸发温度 /℃	不高于	120			110			110		
90% 蒸发温度 /℃	不高于	190			190			190		
终馏点 /℃	不高于	205			205			205		
残留量（体积分数）/%	不大于	2			2			2		
蒸气压 /kPa	11 月 1 日～4 月 30 日	45～85			45～85			45～85		
	5 月 1 日～10 月 31 日	40～65			40～65			40～65		
胶质含量：/（mg/100mL）										
未洗胶质含量（加入清洁剂前）	不大于	30			30			30		
溶剂洗胶质含量	不大于	5			5			5		
诱导期 /min	不小于	480			480			480		
硫含量 /（mg/kg）	不大于	10			10			10		
硫醇（博士试验）		通过			通过			通过		
铜片腐蚀（50℃，3h）/ 级	不大于	1			1			1		
水溶性酸或碱		无			无			无		
机械杂质及水分		无			无			无		
苯含量（体积分数）/%	不大于	1.0			0.8			0.8		
芳烃含量（体积分数）/%	不大于	40			35			35		
烯烃含量（体积分数）/%	不大于	24			18			15		
氧含量（质量分数）/%	不大于	2.7			2.7			2.7		
甲醇含量（质量分数）/%	不大于	0.3			0.3			0.3		
锰含量 /（g/L）	不大于	0.002			0.002			0.002		
铁含量 /（g/L）	不大于	0.01			0.01			0.01		
密度（20℃）/（kg/m³）		720～775			720～775			720～775		

注：车用汽油（Ⅴ）标准 2019 年 1 月 1 日起废止，车用汽油（ⅥA）标准 2019 年 1 月 1 日起执行，车用汽油（ⅥA）标准 2023 年 1 月 1 日起废止，车用汽油（ⅥB）标准 2023 年 1 月 1 日起执行。

1. 蒸发性

车用汽油是点燃式发动机的燃料，它在进入发动机气缸之前必须在化油器中汽化并同空气形成可燃性混合气。汽油在化油器中蒸发得是否完全，同空气混合得是否均匀，与它的蒸发性有关。

（1）蒸发性能的评定指标

馏程和蒸气压是评价汽油蒸发性能的指标。

汽油的馏程可用 BSY-103 ⅡA 蒸馏测定仪（图 1-4）进行测定，得到恩氏蒸馏数据，可测出汽油的初馏点及 10% 馏出温度、50% 馏出温度、90% 馏出温度和终馏点，各点温度与汽油使用性能关系十分密切。

（2）汽油蒸发性的要求

汽油的初馏点和 10% 馏出温度反映了汽油的启动性能，我国规定车用汽油 10% 馏出温度不大于 70℃。此温度过高，说明汽油内轻组分的含量不够多，发动机不易启动。

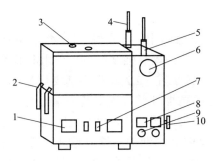

图 1-4　BSY-103 Ⅱ A 蒸馏测定仪结构
（符合国家标准 GB/T 6536）

1—温控仪表；2—冷凝管出口；3—注水孔；
4—温度计；5—蒸馏烧瓶；
6—观察窗；7—电源开关；8—电压调节；
9—电炉电压；10—电炉升降

50% 馏出温度反映了发动机的加速性和平稳性，我国车用汽油的 50% 馏出温度不大于 120℃。此温度过高，发动机不易加速，当行驶中需要加速时，汽油就会来不及完全燃烧，致使发动机不能产生应有的功率。

90% 馏出温度（不大于 190℃）和终馏点（不大于 205℃）反映了汽油在气缸中蒸发的完全程度。此温度过高，说明汽油中重组分过多，使汽油汽化燃烧不完全，这不仅增大了汽油耗量，使发动机功率下降，而且会造成燃烧室结焦和积炭，影响发动机正常工作。另外，还会稀释和冲掉气缸壁上的润滑油，增加机件的磨损。

2. 抗爆性

汽油的抗爆性表明了汽油在气缸中的燃烧性能，是汽油最重要的使用指标之一。它说明汽油能否保证在具有相当压缩比的发动机中正常工作，这与提高发动机的功率、降低汽油的消耗量等都有直接的关系。

（1）汽油机的爆震

爆震是汽油在汽油机中的一种不正常燃烧。正常情况下，发动机压缩终了时的混合气温度达 300～450℃，压力达 $7×10^5～15×10^5$ Pa，此时气体中的烃类被氧化并生成一些过氧化物，经火花塞点燃后，火焰呈球面状以 30～70m/s 的速度向四周扩散，火焰经过的区域，温度、压力均衡上升，活塞工作正常。在某些情况下，当火花塞点燃混合气后，在火焰尚未传播到的混合气中，因受高温高压影响已形成大量自燃点较低的过氧化合物，在多个部位猛烈自燃，出现许多燃烧中心，同时燃烧是以爆炸方式进行，使火焰速度高达 1500～2500 m/s，温度、压力剧增，形成冲击波，如同重锤敲击活塞和气缸各部件，发出金属撞击声，此时由于火焰瞬间经过，使得某些部位的燃料燃烧不完全，排出带黑烟废气，此即爆震现象。爆震会损坏气缸部件，缩短发动机寿命，增加耗油量。

（2）产生爆震的原因

① 主要是与汽油的化学组成和馏分有关，如果汽油中含有过多容易氧化的组分，形成的过氧化物又不易分解，自燃点低，就很容易产生爆震现象。

② 与发动机的工作条件和机械结构（主要是压缩比）、驾驶操作和气候条件等有关。

汽油机的压缩比越大，压缩过程终了时混合气的温度和压力就越高，这就大大加速了未燃混合气中过氧化物的生成和积聚，使其更容易自燃。一定压缩比的发动机必须使用辛烷值与其相匹配的汽油，方能保证在不发生爆震的情况下，产生最大功率。

汽油发动机的热功效率与其压缩比有关。压缩比是指气缸吸气末期活塞移动到下止点时最大容积 V_1 与气缸压缩末期活塞移动到上止点时最小容积 V_2 的比值，如图 1-5 所示。压缩比大，汽油机的效率和经济性就好，但要求汽油要有良好的抗爆性。

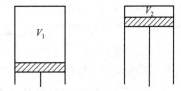

(a) 活塞运动至下止点　(b) 活塞运动至上止点

图 1-5　吸气与压缩时气缸的容积

（3）汽油抗爆性的表示方法

汽油的抗爆性用辛烷值表示。试样在燃烧相当的标准燃料中，异辛烷（2,2,4-三甲基戊烷）的体积分数即为该试样的辛烷值。这里的燃烧相当指的是爆震强度相当。在测定车用汽油的辛烷值时，人为选择了两种烃作为标准物：一种是异辛烷（2,2,4-三甲基戊烷），它的抗爆性好，规定其辛烷值为100；另一种是正庚烷，它的抗爆性差，规定其辛烷值为0。在相同的发动机工作条件下，如果某汽油试样的抗爆性与含92%异辛烷和8%正庚烷组成的标准混合物燃料的抗爆性相同，此汽油试样的辛烷值即为92。汽油的辛烷值越高，其抗爆性越好。辛烷值分马达法和研究法两种。马达法辛烷值（MON）表示重负荷、高转速（900r/min）时汽油的抗爆性；研究法辛烷值（RON）表示轻负荷、低转速（600r/min）时汽油的抗爆性。同一汽油的MON低于RON。一些国家还采用抗爆指数来表示汽油的抗爆性，抗爆指数等于MON和RON的平均值。我国车用汽油的商品牌号是以研究法辛烷值来划分的（GB 17930—2016）。

（4）汽油的抗爆性与其化学组成和馏分组成的关系

汽油由烃类组成，对分子量大致相同的不同烃类，辛烷值大小顺序为：正构烷烃＜环烷烃＜正构烯烃＜异构烷烃和异构烯烃＜芳烃。含芳香烃、异构烷烃多的轻质汽油的辛烷值高。烷烃分子的碳链上分支越多，排列越紧凑，辛烷值越高。对于烯烃，双键位置越接近碳链中间位置，辛烷值越高。同族烃类，分子量越小，沸点越低，辛烷值越高。汽油的终馏点降低，辛烷值会升高。

（5）提高汽油辛烷值的途径

① 改变汽油的化学组成，增加异构烷烃和芳香烃的含量。这是提高汽油辛烷值的根本方法。一是改进工艺，如采用催化裂化、催化重整、异构化等加工过程来实现。二是调整工艺操作条件，如降低汽油终馏点、改变反应温度及反应时间、强化异构化和芳构化反应等。

② 加入少量提高辛烷值的添加剂（即抗爆剂）。汽油抗爆剂根据其化学性质可分为不同种类，目前常见的主要有醇类、醚类、金属类、胺类、脂类和复配类。其按应用特性又可分为金属有灰型和有机无灰型。

③ 调入其他的高辛烷值组分，如含氧有机化合物醚类及醇类等。这类化合物常用的有甲醇、乙醇、叔丁醇、甲基叔丁基醚（MTBE）等，其中甲基叔丁基醚在近些年来更加引起人们的重视。MTBE不仅单独使用时具有很高的辛烷值（RON为117，MON为101），掺入其他汽油中也可使其辛烷值大大提高，而且在不改变汽油基本性能的前提下，可改善汽油的某些性质。

3. 安定性

汽油在常温和液相条件下抵抗氧化的能力称为汽油的氧化安定性，简称安定性。安定性差的汽油易颜色变深，生成黏稠胶状沉淀物。使用这类汽油时，将严重影响发动机正常工作，例如：不蒸发的胶状物会沉积在油箱、导管、滤清器、进气阀等机件上，造成堵塞，影响供油；高温下胶状物变成积炭，聚积在进气阀、气缸盖和活塞顶等部位，增大了爆震的可能性。

车用汽油安定性的评定指标有实际胶质和诱导期。

① 实际胶质   实际胶质是指100mL油品在规定条件下蒸发后残留的胶状物质的质量。实际胶质用于评定车用汽油使用时在发动机中生成胶质的倾向。汽油中的胶质主要包括两

种：一种是黏附物质或沉渣，不溶于溶剂，所以可以通过过滤的方法分离出来；另一种是可溶胶质，可以溶解在汽油中，通过蒸发的方法使其作为不挥发的物质残留下来。国家标准对车用汽油的实际胶质要求是不大于 5mg/100mL，通常实际胶质不大于 10mg/100mL 时仍可正常使用，储存的车用汽油的实际胶质通过定期测定有上升倾向时，应尽快使用。

② 诱导期 诱导期是指在精确测定的温度和压力下由试样和氧接触的时间算起，至试样开始吸入氧为止的一段时间，单位为分钟（min）。诱导期的数值反映燃料内易氧化组分（如烯烃）含量的多少。烯烃含量越多，汽油越易氧化变色，烯烃又是聚合反应的活泼反应物，所以诱导期也反映了汽油生胶的倾向。国家汽油标准烯烃含量要求在逐年下降，由最初的 ≤35%，下降到目前国 Ⅵ B 标准的 ≤15%。

航空汽油常用碘值来评定安定性，不饱和烃中的双键与碘能定量反应，因此用与 100g 油起反应的碘用量（gI）表示油中不饱和烃含量，称为碘值，单位为 gI/100g。碘值越小，汽油安定性越好，航空汽油要求碘值不大于 12gI/100g。

4. 腐蚀性

汽油的腐蚀性表征汽油对金属的腐蚀能力。汽油的主要组分是烃类，任何纯烃对金属都无腐蚀作用，但若汽油中含有一些非烃杂质，如硫及含硫化合物、水溶性酸碱、有机酸等，则会对金属有腐蚀作用。

评定汽油腐蚀性的指标有硫含量、铜片腐蚀、水溶性酸碱等。

严格控制汽油硫含量，主要是因为低分子硫醇、硫化氢和单质硫（统称为活性硫化物）具有强腐蚀作用，以及硫燃烧后生成的硫氧化物会污染大气、危害人体。

铜片腐蚀是用铜片直接测定油品中是否存在活性硫的定性方法。

汽油的水溶性酸碱主要是在加工、储存、运输过程中从外界进入的可溶于水的无机酸或碱。其中，水溶性酸是指低分子有机酸和无机酸，低分子有机酸是由汽油氧化生成，无机酸是油品酸碱精制过程中的残留物。水溶性碱是指氢氧化钠和碳酸钠等。水溶性酸碱是强腐蚀性物质，对所有金属都有腐蚀作用。自从加氢精制工艺大规模使用和常减压蒸馏装置的碱洗水洗工艺退役后，油品的水溶性酸碱指标有了极大改善。目前如果说汽油中有微量的碱性物质，主要是因为催化裂化汽油碱洗工艺有微量残留，随着催化裂化汽油的调和比例下降，水溶性碱含量会越来越低。

5. 其他指标

（1）苯含量

苯已经被世界卫生组织列为一类致癌物。苯因为分子量小而极易挥发。车用汽油中含有苯，因此应防止车用汽油在储运过程中挥发苯而使人体中毒，国 Ⅵ B 标准车用汽油对苯含量的要求是 ≤0.8%。

炼厂生产车用汽油的最后一道工艺是调和，主要是催化重整汽油和催化裂化汽油的调和。重整汽油中的苯含量相对较高，约为 8%，每个炼厂因为催化重整装置原料预处理工艺各有区别，会导致重整汽油中苯含量有所不同。重整汽油苯含量的升高，主要原因是预分馏塔和蒸发塔的塔顶馏分切割较轻所致，重整反应系统温度过高、空速过小也是苯含量升高的因素。国内炼厂相继上马的苯抽提工艺，是实现国标汽油中苯含量从最初的 2.5% 降低到国 Ⅵ B 标准 0.8% 的重要手段。因为微量的苯也可使人体的血液循环系统中毒，所以继续降低苯含量和普及苯抽提工艺是总体趋势。

（2）甲醇含量

20 世纪 90 年代，国内部分地区曾出现 M15 的甲醇汽油，甲醇的辛烷值较高，加工成本远低于汽油，因氧含量高而易完全燃烧，对减少发动机尾气排放、减轻大气污染有一定的贡献，但是甲醇与汽油容易因分层而混合不均，导致发动机会在某一时刻喷出甲醇含量超过燃料的 15%，加之甲醇的蒸发潜热要远大于汽油，消耗热量多而导致燃油的雾化不良，会造成冷启动不良、冷车运行不良等。如果甲醇喷入发动机后不能快速着火燃烧，未燃的甲醇将沿气缸壁下流，随润滑油混入润滑系统，对气缸、发动机所有需要润滑的部件造成磨损而导致发动机寿命减损。更为严重的是甲醇有较强的毒性，对人体的神经系统和血液系统危害很大，它经消化道、呼吸道或皮肤进入人体都会产生毒性反应。甲醇在人体内不易排出而发生蓄积，累计达到 10g 就能造成双目失明、肝肾衰竭，累计达到 30g 就能造成死亡。鉴于甲醇的这些危害且极易挥发，国家标准 GB 17930—2016 规定：甲醇的检出量不大于 0.3%（质量分数），并且明确规定不得人为加入甲醇。

（3）氧含量

国家标准对汽油中氧含量的限定，主要是限制汽油添加剂（主要是醚类）的添加量，目前国内使用较多的添加剂是甲基叔丁基醚（MTBE），国家标准规定汽油的氧含量不大于2.7%，相当于 MTBE 的最大添加量为 15%。因为 MTBE 热值较汽油低，会影响汽车的续航里程，且会对地下水资源造成不可逆的污染，所以随着 MTBE 工艺的逐渐淘汰和加氢工艺的成熟，国内汽油氧含量的控制指标基本都会达标。

（4）铁、锰含量

汽车尾气处理的三元催化器可以将有害气体转变为二氧化碳、水和氮气。铁、锰金属化合物附着在三元催化器的催化剂载体表面上，可使催化活性大大降低。因此关键是要减少这些金属化合物附着在载体表面的机会，这与汽油中金属的含量以及车辆使用年限有关。国家标准对车用汽油中铁、锰含量的规定是分别控制在不高于 0.01g/L、0.002g/L。

（三）车用柴油的使用要求

柴油是压燃式发动机的燃料，也是目前国内消费量最大的发动机燃料。我国柴油主要分为馏分型（轻柴油及重柴油）和残渣型两类。

轻柴油：用于高速发动机（＞1000r/min），按凝点划分牌号为 10#、5#、0#、-10#、-20#、-35# 和 -50#。

重柴油：用于中速、低速发动机（＜500r/min），按黏度进行分级。

残渣型：按黏度划分牌号，主要用于船用大功率、低转速柴油机。

绝大多数的柴油适用于汽车、拖拉机、铁路机车、坦克、工程机械等压燃式柴油发动机。柴油机的使用日益广泛，是因为柴油机有较高的压缩比，热功效率高，马力大而油耗小，加速性能良好，使用和保养容易，工作可靠耐久，且柴油馏程宽、加工成本低，闪点比汽油高，在使用和保管时危险性较小。

柴油机对燃料的使用要求具体表现在以下几个方面：

① 具有良好的雾化性能、蒸发性能和燃烧性能；

② 具有良好的燃料供给性能；

③ 对发动机部件没有腐蚀和磨损作用；

④ 具有良好的储存安定性和热安定性。

我国车用柴油的质量标准见表 1-8。

表 1-8 车用柴油（Ⅴ）标准与车用柴油（Ⅵ）标准对比（GB 19147—2016）

项目		车用柴油（Ⅴ）						车用柴油（Ⅵ）					
		5号	0号	-10号	-20号	-35号	-50号	5号	0号	-10号	-20号	-35号	-50号
氧化安定性（以总不溶物计）/（mg/100mL） 不大于		2.5						2.5					
硫含量 /（mg/kg） 不大于		10						10					
酸度（以 KOH 计）/（mg/100mL） 不大于		7						7					
10% 蒸余物残炭（质量分数）/% 不大于		0.3						0.3					
灰分（质量分数）/% 不大于		0.01						0.01					
铜片腐蚀（50℃，3h）/ 级 不大于		1						1					
水含量（体积分数）/% 不大于		痕迹						痕迹					
机械杂质		无						—					
总污染物含量 /（mg/kg）		—						24					
润滑性 校正磨痕直径（60℃）/μm 不大于		460						460					
多环芳烃含量（质量分数）/% 不大于		11						7					
运动黏度（20℃）/（mm²/s）		3.0～8.0		2.5～8.0		1.8～7.0		3.0～8.0		2.5～8.0		1.8～7.0	
凝点 /℃ 不高于		5	0	-10	-20	-35	-50	5	0	-10	-20	-35	-50
冷滤点 /℃ 不高于		8	4	-5	-14	-29	-44	8	4	-5	-14	-29	-44
闪点（闭口）/℃ 不低于		60		50		45		60		50		45	
十六烷值 不小于		51		49		47		51		49		47	
十六烷指数 不小于		46		46		43		46		46		43	
馏程 50% 回收温度 /℃ 不高于		300						300					
90% 回收温度 /℃ 不高于		355						355					
95% 回收温度 /℃ 不高于		365						365					
密度（20℃）/（kg/m³）		810～850		790～840				810～845		790～840			
脂肪酸甲酯含量（体积分数）/% 不大于		1.0						1.0					

注：车用柴油（Ⅴ）标准于 2019 年 1 月 1 日起废止，车用柴油（Ⅵ）标准于 2019 年 1 月 1 日起执行。

1. 柴油的燃烧性能

柴油的燃烧性能是用蒸发性和抗爆性表示的。

（1）蒸发性

柴油的蒸发性能用黏度、馏程和闪点来表示。

柴油雾化程度越好，雾化后液滴的直径越小，液滴数量越多，其蒸发总表面积就会显著增加，因而蒸发速度也就迅速增大。柴油的雾化性能与馏分组成相关，馏分较轻、黏度较小的组分雾化和蒸发速度快，有利于柴油机气缸中混合气的形成，使燃烧速度快，启动性好。

但馏分过轻易造成自燃点过高，不利于混合气自燃，易形成爆震。馏分较重的燃料在燃烧过程中易形成积炭，既增加燃料消耗量，又缩短发动机使用寿命。

柴油黏度过小，喷油量会受到限制，喷油射程近而角度大，燃烧过程基本在喷油嘴附近完成，不能充分利用气缸中所有的压缩空气，使功率下降和排烟增加。黏度过大，使油泵抽油效率降低，减少了供油量，喷射角度小而射程远，雾化形成的油滴平均直径大，与空气混合不均匀，燃烧不完全，形成积炭。黏度过大的柴油，其运动黏度和 10% 蒸余物残炭数值变化趋势是同步的，10% 蒸余物残炭值大，说明柴油容易在喷油嘴和气缸零件上形成积炭，导致散热不良，机件磨损加剧，缩短发动机使用寿命。

国家规定 –35#、–50# 轻柴油的闪点（闭杯）不低于 45℃，其余牌号不低于 55℃。

（2）抗爆性

柴油机在工作中也会发生类似汽油机的爆震现象，使发动机功率下降，造成机件损害，但产生爆震的原因与汽油机完全不同。汽油机的爆震是由于燃料太容易氧化，自燃点太低，而柴油机的爆震是由于燃料不易氧化，自燃点太高。因此，汽油机要求使用自燃点高的燃料，而柴油机要求使用自燃点低的燃料。

柴油的抗爆性用十六烷值来表示。柴油十六烷值是在规定操作条件下，用标准试验在单缸柴油爆震机中测定的。规定标准燃料中只含有两种成分，即正十六烷和七甲基壬烷。正十六烷具有很短的发火延长期，自燃性能好，规定其十六烷值为 100，而七甲基壬烷发火延长期较长，自燃性能较差，规定其十六烷值为 15。将这两种化合物按不同比例掺和成标准燃料，用柴油爆震机一一测定这些标准燃料的十六烷值，建立数据库。标准燃料的十六烷值按下式计算：

$$十六烷值 = 100\beta_{正十六烷} + 15\beta_{七甲基壬烷}$$

式中，β 为体积分数。

当测试的某种燃料试样的爆震强度与某一比例标准燃料的爆震强度相当时，此时对应的标准燃料的十六烷值，即为被测燃料试样的十六烷值。

汽油的辛烷值和柴油的十六烷值，都与油品的组成及分子结构有关。汽油中馏分分子结构越复杂，支链越多，辛烷值越高。而柴油中馏分分子结构越简单，支链越少，十六烷值越高，正构烷烃的十六烷值最高，然后依次为正构烯烃、环烷烃、异构烷烃、异构烯烃，稠环芳烃的十六烷值最低。辛烷值与十六烷值的变化规律相反，与燃料在发动机内燃烧特点有关：汽油机是点燃式发动机，而柴油机是压燃式发动机。国家标准规定柴油的十六烷值：5#、0#、–10# 柴油不低于 51，–20# 柴油不低于 49，–35#、–50# 柴油不低于 47。

柴油的十六烷值并不是越高越好，如果柴油的十六烷值很高（如 60 以上），由于自燃点太低，滞燃期太短，容易发生燃烧不完全，产生黑烟，使得耗油量增加，柴油机功率下降。

2. 低温流动性能

柴油的低温流动性能不仅决定着柴油机燃料供给系统能否在低温下完成供油任务，还与柴油在低温下的储存、运输等作业能否正常进行有着密切的关系。我国评定柴油低温流动性能的指标是凝点和冷滤点。凝点是在国家标准规定的条件下，试样开始失去流动性时的温度。冷滤点是在国家标准规定的条件下，当油品通过过滤器的流量每分钟不足 20mL 时的最高温度。在欧洲一些国家习惯用冷滤点来确定柴油标号，我国习惯用凝点来规定柴油牌号，如 5#、0#、–10#、–20#、–35#、–50#。我国南方部分地区的炼厂因为常年温度较高，会生产少量 10#、20# 车用柴油满足企业内部自用，因为热值较高，续航里程较长，但是要兼顾好发动机的雾化效果和 90% 蒸发温度、95% 蒸发温度不超标。

柴油在凝固之前，已经有正构烷烃结晶析出形成骨架凝固，因此在我国 –8℃ 的地区柴油发动机使用 –10# 柴油未必能正常工作，也就是说凝点并不能确切表明柴油实际使用的最低温度。冷滤点接近车用柴油发动机的使用条件，可以粗略地判断油品使用的最低温度，而凝点温度时柴油完全失去流动性，所以柴油的凝点要比冷滤点更低些。

柴油凝点、冷滤点与其化学组成密切相关。当碳原子数相同时，正构烷烃熔点最高，带长侧链的芳烃、环烷烃次之，异构烷烃则最小。所以，改善柴油低温流动性的手段之一是脱除正构烷烃（即脱蜡），但是加工成本较高，一般在需要液蜡产品时会考虑通过脱蜡工艺获得低标号柴油。

除采用脱蜡生产工艺外，还可在油品中加入降凝剂，这是一种十分经济有效的方法。柴油经冷却后，油中蜡随温度下降而析出，温度越低，析出的蜡越多，致使油全部失去流动性。含蜡油品在低温下失去流动性，是由于高熔点固体烃分子定向排列，形成针状或片状结晶，并相互黏结，构成三维网状结构，将低凝点油包于其中以致失去流动性。降凝剂主要是通过其分子上烷基侧链的共晶或吸附作用，改变蜡的生长方向和晶型，使其生成均匀松散的晶粒，从而防止导致油品凝固的三维网状结晶的形成。降凝剂种类很多，但常用的是烷基芳烃化合物、聚 α- 烯烃和聚甲基丙烯酸酯类。聚甲基丙烯酸酯类具有梳形化学结构的功能，故致其侧链烷基和蜡形成共晶，烷基芳烃的芳基吸附于石蜡表面而改变其结晶生长的方向，致油中石蜡不能形成三维网状结构而防止油品凝固。降凝剂主要是降低了油品的冷滤点，使柴油有更广泛的使用温度范围。不同的柴油对降凝剂的感受性不同，降凝的效果也会有所不同，正构烷烃含量少或正构烷烃在油品中分散性好的柴油，使用降凝剂的效果更为显著。

3. 柴油的腐蚀性、安定性

柴油中的硫化合物在燃烧后生成 SO_2 和 SO_3，与烃类燃烧生成的水蒸气一起，会在气缸壁上形成硫酸薄膜，腐蚀气缸及其他机件。SO_2 和 SO_3 还能促使气缸内生成沉积物，形成硬度更高的积炭，加大对发动机的磨损破坏。控制柴油中的硫含量，最有效的方法是加大柴油加氢装置精制反应深度，减少原料中延迟焦化柴油的比例，或减少成品柴油中直馏柴油的调和量。国六标准规定，车用柴油硫含量不高于 10mg/kg。

影响车用柴油安定性的主要原因是油品中存在不饱和烃，以及含硫、含氮化合物等不安定组分。评价安定性的指标主要有总不溶物和 10% 蒸余物残炭。总不溶物反映了柴油在受热和有溶解氧的作用下发生氧化变质的倾向。多环芳烃可以加速柴油氧化变质，其多存在于 10% 蒸余物残炭中。

水的存在会大大提高柴油的浊点和凝点。在零下十几摄氏度以下的环境中，水分呈微小冰晶体悬浮于柴油中，即使没有蜡结晶析出，也会影响柴油的低温流动性，堵塞柴油机油路滤清器的滤网，从而影响正常供油。柴油中的机械杂质主要的破坏作用是加大高压油泵、喷油嘴等机件的磨损，缩短发动机寿命。水分和机械杂质多是在储存、运输和加工过程中混入柴油的。因此，在油品罐区加大盘管加温、沉降、切水也是很有必要的，加油时应增大过滤频次和提高精细度，防止冰结晶和机械杂质进入油箱中。国六标准规定，车用柴油不得含有机械杂质，水分只允许有痕量。

三、喷气燃料

喷气燃料（旧称航空煤油或航煤），是航空飞行器喷气式发动机的燃料。喷气式发动机是在高空、低温和低气压下工作的。喷气式发动机与活塞式发动机（汽油机及柴油机）有很大区别：一是活塞式发动机的燃料供给和燃烧是周期性间断进行的，而喷气式发动机的燃料和空气同时连续进入燃烧室，燃烧过程是连续进行的；二是活塞式发动机燃料的燃烧是在密闭的空间中进行的，而喷气式发动机燃料的燃烧是在高速的气流中进行的，其燃烧速度必须大于气流速度，否则会造成火焰熄灭。喷气燃料必须具有较大的热值和密度，实现燃烧平稳、迅速、安全，且不产生积炭，不腐蚀机件。喷气燃料的使用性能有以下几点。

1. 蒸发性能

燃料的蒸气压越高，蒸发性能越强，则燃料的启动性和燃烧安全性越好，低温性能也越好。但飞机起飞爬高过程中，气压急剧降低，将会导致油箱中燃料猛烈蒸发而造成气阻，因此闪点偏低（38℃）的喷气燃料，其10%回收温度应尽量接近上限值（205℃）。通常用10%回收温度、50%回收温度和闪点来反映喷气燃料轻组分的含量。

2. 热值和密度

由于喷气式飞机飞行速度快，续航里程远，发动机功率大，要求燃料具有较大的能量以转化为推动力。如果燃料的热值低，必然导致油耗高、航程短或油箱容积过大。燃料热值与其化学组成和馏分组成有关。芳香烃体积热值最高，环烷烃次之，烷烃最低。但是芳香烃在燃烧时易生成积炭，所以必须限制它的含量。国家标准规定3#喷气燃料芳香烃含量不大于20%。

3. 积炭性能

喷气式发动机机件产生积炭是非常危险的。喷油嘴上生成积炭，会使燃料雾化变差、火焰偏烧，促使火焰筒壁生成积炭，局部过热严重，会使筒壁变形甚至破裂；电点火器电极上形成积炭，会使燃烧室点火困难。燃料的积炭性能与其组成密切相关。各族烃中，芳香烃（特别是双环芳香烃）形成积炭的倾向最大。因此，在国产喷气燃料的相关标准中规定双环芳香烃（萘系烃）含量不能大于3%。此外，馏分变重、不饱和烃含量增加、胶质含量高或含硫化合物的存在，都会使生成积炭的倾向增大。反映喷气燃料积炭倾向的质量指标有实际胶质、烟点、辉光值等。在各族烃类中，馏分最重、沸点最高的稠环芳香烃生成积炭的倾向性最大，所以喷气燃料的实际胶质高，会显著增加积炭量。我国规定，喷气燃料中实际胶质含量不得高于7mg/mL。

烟点是在规定条件下，油品在标准灯中燃烧时，不冒烟火焰的最大高度，单位是毫米（mm）。烟点越高，燃料生成积炭的倾向越小。含芳烃少的燃料烟点高，积炭可能性小，国家标准规定喷气燃料的烟点不得小于25mm。

燃料燃烧时火焰中含有的炭微粒增加了火焰辐射能力，火焰中的炭微粒越多，辐射强度越大，温度就越高而易形成积炭。辉光值表示燃料燃烧时火焰的辐射强度。辉光值越高，火焰辐射强度越小，燃烧越完全。各类烃辉光值的大小依次为：烷烃＞单环环烷烃＞双环环烷烃＞芳香烃。但因发动机动力和续航里程的需要，燃料的辉光值不可过低。国家标准规定，喷气燃料的辉光值不得小于45。

4. 低温性能

喷气燃料需要具备在低温条件下能顺利地在发动机和燃料系统中用泵输送和通过滤清器的性能，称为低温性能。黏度的大小直接影响喷气燃料的低温流动性。喷气燃料的黏度过大，雾化不完全而导致燃烧不完全，增加燃料消耗；黏度过小，将会使燃料喷射时射程过近而引起局部过热。

芳烃含量过多时，黏度过大，形成黏温凝固，燃料会失去流动性。正构烷烃含量过多，随温度下降析出结晶，形成骨架凝固也会影响燃料低温流动性。另外，水分在低温下形成冰晶也会不同程度降低燃料的低温流动性能。芳香烃，特别是苯对水的溶解度最大，环烷烃次之，烷烃最小。所以从降低结晶点的角度，也需要限制喷气燃料中芳香烃的含量。国家标准规定，芳香烃含量不能大于 20%。喷气燃料国家标准中通过冰点来控制正构烷烃的含量，通过馏程来约束黏度大组分的含量。改善喷气燃料的低温性能的方法有：热空气加热燃料和过滤器，加入防冰添加剂等。国家标准规定，喷气燃料冰点不得高于 –47℃。

5. 安定性

因国家安全需要，喷气燃料必须有相当数量的战略储备，故要求燃料要储存 2 ~ 3 年不变质，然后再更新储存。因此要求喷气燃料无论是在储存、运输，还是在使用过程中都要具备较强的抗氧化安定性。水的存在破坏力极大，它能增强燃料的腐蚀性，降低油品的低温流动性，还会破坏燃料在系统部件中所起的润滑作用，并导致微生物细菌大量繁殖而堵塞过滤器。所以喷气燃料在加工生产和调和过程中，必须要做好水分的沉降分离，并减少人为以及额外工艺引入的水分。硫化物对发动机镀银机件腐蚀很明显，国家标准对喷气燃料的银片腐蚀强度做出了严格限制规定。喷气燃料在炼油调和工艺中加入一定量的抗氧化添加剂、金属钝化剂有利于长期储存。

6. 防静电性

喷气式发动机的耗油量很大，每小时达几吨到几十吨。为节省时间，机场采用高速加油。在高速加油时，燃料与管壁、注油设备等剧烈摩擦易产生静电。所以，从安全角度考虑，喷气燃料应具有良好的防静电性和良好的导电性。由于燃料本身的电导率较低，常采用的方法是添加很少量的防静电添加剂。

7. 良好的润滑性能

喷气发动机的高压燃料油泵是以燃料本身作为润滑剂的，燃料还作为冷却剂带走摩擦产生的热量，因此要求喷气燃料具有良好的润滑性能。喷气燃料的润滑性能取决于其化学组成，烃类中以单环或多环环烷烃的润滑性能最好。直馏煤油中某些微量的极性非烃化合物，如环烷酸、酚类以及某些含硫和含氧化合物，它们具有较强的极性，容易吸附在金属表面，降低金属间的摩擦和磨损，具有良好的润滑性能。但同时这些非烃化合物也影响了喷气燃料的燃烧性和安定性等，因此常采用精制的方法将它们除去。改善喷气燃料润滑性能的途径主要是加入少量抗磨添加剂，或调入一定的直馏喷气燃料组分等。国产喷气燃料 RP-3 的主要质量指标见表 1-9。

表 1-9　国产喷气燃料 RP-3 的主要质量指标

项目		指标
组成		
总酸值（以 KOH 计）/（mg/g）	不大于	0.015
芳烃（体积分数）/%	不大于	20.0
烯烃（体积分数）/%	不大于	5.0
总硫（质量分数）/%	不大于	0.20
硫醇硫（质量分数）/%	不大于	0.0020
或博士试验		通过

续表

项目		指标
直馏组分（体积分数）/%		报告
加氢精制组分（体积分数）/%		报告
加氢裂化组分（体积分数）/%		报告
合成烃组分（体积分数）/%		报告
挥发性		
馏程：		
初馏点 /℃		报告
10% 回收温度 /℃	不高于	205
20% 回收温度 /℃		报告
50% 回收温度 /℃	不高于	232
90% 回收温度 /℃		报告
终馏点 /℃	不高于	300
残留量（体积分数）/%	不大于	1.5
损失量（体积分数）/%	不大于	1.5
闪点（闭口）/℃	不低于	38
密度（20℃）/（kg/m³）		775～830
流动性		
冰点 /℃	不高于	−47
运动黏度 /（mm²/s）		
20℃	不小于	1.25
−20℃	不大于	8.0
燃烧性		
净热值 /（MJ/kg）	不小于	42.8
烟点 /mm	不小于	25.0
或烟点最小为 20mm 时，萘系烃含量（体积分数）/%	不大于	3.0
腐蚀性		
铜片腐蚀（100℃，2h）/级	不大于	1
银片腐蚀（50℃，4h）/级	不大于	1
安定性		
热安定性（260℃，2.5h）	不大于	3.3
压力降 /kPa		
洁净性		
胶质含量 /（mg/100mL）	不大于	7
固体颗粒污染物含量 /（mg/L）	不大于	1.0
导电性		
电导率（20℃）/（pS/m）		50～600

四、润滑油

　　润滑油是以直馏减压馏分为原料，多用丁酮-苯溶剂脱蜡，再经过精制脱除杂质后调和而成。如果使用环境苛刻，还需要对润滑油基础油进行进一步的精制、加工和提纯。虽然润滑油的产量仅占原油加工量的 2% 左右，但其品种多达上千种。总体来说润滑油分为四大类：内燃机润滑油、齿轮油、液压油和工业设备用油。其中，内燃机润滑油用量最大，占润滑油总量的 70% 以上。润滑油对内燃机有润滑、冷却、密封、卸荷及减震等保护作用。内燃机润滑油的质量要求很多，主要有黏度、抗氧化安定性、清净性、黏温性与低温流动性、腐蚀性等。

1. 黏度

两个做相对运动的机件表面之间产生的摩擦现象称为干摩擦，如轴在轴承里转动、活塞与气缸内壁的摩擦都是这种情况。干摩擦会对设备造成严重的磨损，所以工作中绝不允许机械设备有干摩擦现象存在。加注润滑油后就会在摩擦面上形成相当厚的润滑油层（油膜），从而避免和减轻了机件表面的磨损和发热。润滑油的黏度太小，将会导致油膜厚度太薄而加大机件的磨损。流动着的润滑油不断地从摩擦面上流过，也能带走摩擦面上一定的热量，起到冷却作用。黏度过大的润滑油因为其流动性弱，会在一定程度上影响冷却效果。内燃机气缸壁与活塞环之间都有一定的间隙，当润滑油充满这些间隙后，起到了密封的作用，黏度较大的润滑油，其密封性能较好。润滑油的黏度与其馏分组成有关，润滑油的馏程越高，黏度就会越大。

2. 抗氧化安定性

相对运动的机件表面上涂了一层润滑油，就形成了一层保护膜，将金属表面覆盖住，能够隔绝周围的氧气或其他的腐蚀气体，使金属免受腐蚀，但是润滑油必须保证自身不变质。内燃机润滑油不仅使用环境温度高，而且是循环使用的，不断与含氧的气体接触，很容易氧化变质。不饱和烯烃和芳香烃易与氧发生反应，所以烯烃和芳香烃不是理想的组分，润滑油需要控制它们的含量以保证抗氧化安定性。

3. 清净性

发动机润滑油的氧化是无法完全避免的，这就要求润滑油能及时沉淀氧化生成的胶状物和清洗掉炭渣，或者使它们分散悬浮在油品中，通过滤清器除掉，以保持活塞环等零件清洁，使不易卡环等。国家标准中用清净性衡量润滑油的这一性能，它是在专门的仪器中测定的，从 0～6 分为 7 个等级，级数越高，清净性越差。国家标准中规定，汽油机油的清净性不大于 1.5 级，通常是靠加入清净分散添加剂来满足使用要求。

4. 黏温性与低温流动性

内燃机正常运转时的温度范围较宽，可达到 300℃高温，而在启动时温度比较低，尤其在高寒地区的冬季，室外的气温甚至低到零下几十摄氏度。如果润滑油的黏度随温度的变化太大，高温时太稀而不能保持必要厚度的油膜，将会加大机器的磨损；低温时又太稠，加之没有良好的低温流动性，润滑油便不能正常泵送，这样运动部件就不能形成正常的润滑状态而导致磨损。影响润滑油低温流动性的因素主要有两个方面：一是蜡结晶形成骨架影响流动性；二是因为温度低、黏度大、流动太慢而导致流动性差。润滑油的黏温性和低温流动性都与其自身分子结构和化学组成有关。

5. 腐蚀性

润滑油的腐蚀作用主要由油品中酸性物质导致。这些酸性物质有些是原本就存在的，有些是氧化反应的产物。发动机润滑油应对一般轴承无腐蚀，而且对于极易被腐蚀的铜、铅、镉、银、锡、青铜等耐磨材料，也应无腐蚀作用。通常用酸值、水溶性酸碱等表征润滑油腐蚀性的大小。对于润滑油，提高其抗腐蚀性的方法是加入抗氧防腐添加剂。

五、石蜡、石油焦、沥青

1. 石蜡

石蜡主要包括液蜡、石蜡、微晶蜡。液蜡一般是指 C_9～C_{16} 的正构烷烃，室温下呈液态，它是由常减压蒸馏装置常二线直馏轻柴油馏分经分子筛脱蜡工艺而得到的。石蜡又称为晶形蜡，它是从减压馏分中经过脱油、精制而得到的固态烃类，其烃类碳原子数为 $C_{17} \sim C_{35}$，平均分子量为 300～450。微晶蜡（又称地蜡）是减压渣油经丙烷脱沥青后进一步精制加工得到的产品，它的碳原子数为 $C_{36} \sim C_{60}$，平均分子量为 500～800。石蜡的应用较为广泛，如橡胶制品、电信器材、复写纸、装饰板、食品及药品的包装、化妆品等的原料中都会用到石蜡。评价石蜡的主要性能指标一般有熔点、含油量和安定性。

石蜡的熔点是指在规定的条件下，冷却已熔化的石蜡试样时，冷却曲线第一次出现停滞期的温度。各种蜡制品都要求有良好的耐温性能，即在特定温度下不熔化和不软化变形。影响石蜡熔点的主要因素是石蜡本身碳原子数的多少，碳原子数越大，其熔点越高。此外，含油量越多的石蜡，其熔点越低。含油量是指石蜡中所含低熔点烃类的量。含油量过高会影响石蜡的色度和储存的安定性，还会使它的硬度降低。因此，从常减压蒸馏装置来的减压馏分油，需用发汗法或溶剂法进行脱油来制得成型蜡的原料，以降低成品石蜡的含油量。

由于石蜡含有在精制过程中未能脱除的微量非烃化合物、不稳定的烯烃和稠环芳烃，所以在精制工艺后的成型过程中处于高温热熔状态的石蜡，与空气接触很容易发生氧化反应而变质变色，即便在常温下使用时，光照石蜡也会变黄。因此，精品石蜡应具有良好的热安定性、氧化安定性和光安定性。

2. 石油焦

石油焦是直馏减压渣油经延迟焦化而制得的黑色或暗黑色的固体，元素组成上含碳 90%～97%，含氢 1.5%～8.0%，其余为少量的硫、氮、氧和金属，广泛应用于冶金、化工等领域，作为制造石墨电极或生产化工产品的原料，也可直接用作燃料。评价石油焦产品质量的指标主要有挥发分、硫含量和灰分等。

挥发分是将石油焦试样放入 850℃ 高温炉内加热 3min 后损失质量的百分比。挥发分越大，表明石油焦硬度越小，轻组分含量越多，在煅烧时焦炭易于破碎。挥发分也侧面反映了延迟焦化工艺的加工损失程度。石油焦在生产电极的过程中，高温时会释放硫使电极晶体膨胀，低温时会吸收硫发生收缩，导致电极破裂。所以，用于生产电极的石油焦要严格控制硫含量，一般控制在 0.5% 以下。灰分对石油焦的固态性状和硬度有影响，进而也会影响到产品电极的机械强度。另外，石墨电极中灰分的存在还会影响冶金产品的纯度。

3. 沥青

石油沥青多数是直馏减压渣油经过溶剂脱除蜡油以上组分后经氧化制得，在常温下是黑色或黑褐色的黏稠液体、半固体或固体。石油沥青按用途可分为：道路沥青、建筑沥青、防水防潮沥青以及其他专用沥青等。评价沥青质量的指标主要有针入度、延度、软化点和脆点等。

石油沥青的针入度以标准针在荷重 100g、时间为 5s 及 25℃ 条件下垂直穿入沥青试样的深度来表示，单位为 0.1mm。针入度反映出沥青的黏稠程度或软硬程度。

石油沥青的延度是将熔化的沥青试样注入专用的模具中，在 25℃ 下以 5cm/min 的速度拉伸试样至断裂时的长度，其单位是厘米（cm）。延度表示沥青在应力作用下断裂前扩展和拉伸的能力。延度大，表明沥青的塑性变形性能好，不易出现裂纹，即使出现裂纹也容易自愈。

沥青的软化点和脆点可以认为是使用温度的上下限。在规定的仪器和测定条件下，将一定尺寸和质量的钢球放置在规定尺寸的金属环内的沥青试样上，在加热介质中以恒定的速度升温，随温度升高沥青试样逐渐软化，钢球在重力作用下慢慢下坠，当沥青软化到钢球下坠幅度达到 25mm 时的温度称为石油沥青的软化点，其单位是摄氏度（℃）。脆点是测定沥青在低温下引起脆性破坏的温度，脆点实质上反映出沥青由黏弹态变为弹脆体（即玻璃态）的温度。脆点越低，软化点越高，沥青使用的温度范围越广，但是沥青的软化点过高，则会因不易熔化而造成施工困难。

 拓展阅读

石油赤子——侯祥麟

　　侯祥麟（1912—2008），广东省汕头人，中国科学院院士，世界著名的石油化工科学家，我国石油化工技术的开拓者，炼油技术的奠基人，组织领导和指导支持了大量科技攻关项目，为国家填补了石油石化领域的许多重大科技空白，解决了石油石化产业发展中的一些重大问题，提出了很多事关国家科技进步和长远发展的重要建议。

　　侯祥麟先生出生于 1912 年，他是一位矢志报国的热血青年，少年风华正茂时就走上街头游行，抗议帝国主义的侵略。1931—1935 年，在燕京大学读书期间，他手捧书本，肩扛国难，为前线战士募捐。1938 年，他成为中国共产党的一员。1944 年，侯祥麟先生赴美留学，六年后，毅然舍弃优越的工作条件，回到了需要他的祖国，从此开启了与中国石油炼制行业的"不解之缘"。

　　侯祥麟先生一生中，曾经接受过两位总理的委托。第一次是在 60 多年前，受周总理委托，与其他 600 名科学家一起为我国 1956—1967 年科学技术发展进行规划。第二次是 2003 年，受温家宝总理委托，以 91 岁高龄主持启动了"中国可持续发展油气资源战略研究"，提出了到 2020 年甚至更长时间我国油气资源可持续发展的总体战略、指导原则、战略措施和政策建议。

　　1959 年，中苏关系恶化，喷气燃料进口被卡了脖子，空军机群无油可用，导弹、原子弹研制所急需的油品更是一片空白，国防安全遭受空前威胁。作为石油科学研究院副院长的侯祥麟勇挑重担，带领科研人员经历了一次次的试验、失败、再试验、再失败……无数次挫折、失败，无数次分析、总结，终于在 1961 年攻克了喷气发动机镍铬合金火焰筒烧蚀的技术难题，让中国有了自己的喷气燃料。接下来的数年间，他又为我国的第一颗原子弹、第一颗氢弹、卫星以及导弹、新型喷气飞机等尖端武器，研制出了一系列特种润滑油品。

　　20 世纪 60 年代，没有先进的炼油技术，侯祥麟先生领导开发了流化催化裂化、催化重整、延迟焦化、尿素脱蜡及有关的催化剂、添加剂等"五朵金花"炼油新技术，使中国的炼油能力在当时接近世界先进水平，四大类油品自给率皆达到 100%，结束了中国人依赖"洋油"过日子的历史。80 年代，他虽然退居二线，但作为中国石油和中国石化的高级顾问，倾注大量心血，指导培育出具有世界先进水平的石化技术新的"四朵金花"（催化裂解、常压重油催化裂化、缓和加氢裂化、裂解制乙烯）。

　　侯祥麟先生把自己的满腔忠诚和聪明才智，毫无保留地贡献给了祖国的石油石化工业。如今，"金花"俨然已成为中国石化技术的一个代名词，而侯祥麟的名字，也和这些灿烂的"金花"一起，载入中国石化技术发展的辉煌史册。

 习题

一、选择题

　　1. 从原油直接分馏得到的馏分基本上保留着石油原来的性质，例如基本上不含（　　）。

A. 环烷烃　　　　　　B. 烷烃　　　　　　　C. 芳香烃　　　　　　D. 烯烃

2. 汽油的抗爆性用（　　　）表示。

A. 蒸气压　　　　　　B. 辛烷值　　　　　　C. 十六烷值　　　　　D.90% 馏出温度

3. 柴油的抗爆性用（　　　）表示。

A. 蒸气压　　　　　　B. 辛烷值　　　　　　C. 十六烷值　　　　　D.90% 馏出温度

4.10# 柴油的凝点，要求不高于（　　　）。

A.−10℃　　　　　　B.0℃　　　　　　　　C.10℃　　　　　　　D.20℃

5. 油品的（　　　）是火灾危险出现的最低温度。

A. 闪点　　　　　　　B. 燃点　　　　　　　C. 自燃点　　　　　　D. 烟点

6. 原油中不含有（　　　）。

A. 烷烃　　　　　　　B. 烯烃　　　　　　　C. 芳香烃　　　　　　D. 环烷烃

7. 以下元素中，在原油中含量最高的是（　　　）元素。

A. 硫　　　　　　　　B. 氮　　　　　　　　C. 氧　　　　　　　　D. 锰

8. 下面的烃类中，辛烷值最低的是（　　　）。

A. 芳香烃　　　　　　B. 异构烷烃　　　　　C. 正构烯烃　　　　　D. 正构烷烃

9. 成品车用汽油中纯净物的最高沸点应（　　　）。

A. 高于 205℃　　　　B. 介于 195 ～ 205℃之间

C. 低于 195℃　　　　D. 对沸点无要求

10. 下面的烃类中，十六烷值最高的是（　　　）。

A. 芳香烃　　　　　　B. 环烷烃　　　　　　C. 正构烯烃　　　　　D. 正构烷烃

二、判断题

1. 我国车用柴油的牌号是以冷滤点来划分的。　　　　　　　　　　　　　　（　　　）

2. 石油中的砷含量不足千万分之一，它对石油加工过程几乎没什么影响。　（　　　）

3. 汽油中烷基化油调和比例增大，可能会导致产品 50% 蒸发温度降低。　（　　　）

4. 柴油降凝剂降低了柴油的凝点而改善了低温流动性。　　　　　　　　　（　　　）

5. 一个反应器中，同时产出汽油和柴油馏分，它们的抗爆性变化规律是相同的。（　　　）

6. 同一标号的车用柴油，其冷滤点要比凝点低。　　　　　　　　　　　　（　　　）

7. 车用汽油和车用柴油的腐蚀性指标要符合发动机的需要。　　　　　　　（　　　）

8. 原油的平均密度越低，其在燃料油型炼厂中的加工成本会越低。　　　　（　　　）

9. 车用汽油中烯烃含量高，不仅会使尾气排放不合格，而且还会缩短诱导期。（　　　）

10. 降凝剂不是降低了柴油的黏温凝点，而是降低了正构烷烃结晶后聚集的机会。（　　　）

三、简答题

1. 炼厂生产高辛烷值汽油的方法有哪些？

2. 炼厂是如何限定车用汽油的轻组分含量的？

3. 国内车用汽油中 MTBE 的调和量越来越少，为什么？

4. 表征车用汽油氧化安定性的指标有哪些？为什么采用这些指标？

5. 汽油、喷气燃料、柴油发动机有什么区别？

第二章
原油评价与常减压蒸馏工艺

 学习目标

知识目标

1. 了解原油的评价内容和方法，实沸点蒸馏过程，原油分类方法。
2. 理解和掌握常减压蒸馏装置的加工原理和工艺流程。
3. 掌握常减压蒸馏装置重要操作参数的影响因素的分析方法。
4. 掌握常减压蒸馏装置产品质量指标的影响因素的分析方法。

技能目标

1. 能准确、标准地绘制常减压蒸馏装置的工艺流程图。
2. 能独立完成常减压蒸馏装置仿真软件开、停工操作任务。
3. 能进行常减压蒸馏装置事故判断分析和处理。

素质目标

1. 了解学好专业知识对炼油装置安全生产的重要性。
2. 培养团队配合意识和集体荣誉感。
3. 培养不怕脏、不怕累的归零心态和工作作风。
4. 培养独立评估生产活动危险性的意识，了解遵守操作规程的重要意义。

第一节　原油的分类与评价

　　原油的分类与评价是石油炼制工业的基础研究工作之一。在实验室条件下，对原油进行一系列的分析、蒸馏等实验，以了解原油的性质、组成及类别，并估计直馏产品的产率及品质，为选择合理的石油炼制过程提供基础数据。

　　中国原油的主要特点是含蜡多，凝点高，硫含量低，钒含量极少，镍、氮含量中等。中国仅新疆油田及东部油田的个别地区生产一部分低凝原油。据有关数据，中国大庆、胜利、任丘的原油中汽油馏分较少，而渣油占 1/3 以上。含蜡原油适宜生产高质量的灯用煤油、柴油，重馏分油是良好的催化裂化原料。从大庆原油中可生产高黏度指数的润滑油基础油，但含蜡原油在生产低凝产品、优质道路沥青方面比较困难。

一、原油的分类

原油的性质因产地而异。早期人们根据石油蒸馏残渣的性状，把石油分为石蜡基、沥青基（又称环烷基）、混合基（又称中间基）三类。之后，随着对石油性质及组成的进一步认识，提出了许多以性质、组成或产品质量为基础的分类法，如以特性因数为指标的分类。但由于石油组成复杂，同一类别的石油在性质上仍可能有很大差别。因此，迄今尚未有统一的标准分类法。目前，应用比较广泛的是化学分类法和工业分类法。

（一）化学分类法

原油的化学分类是以原油的化学组成为基础，通常用与原油化学组成直接有关的参数作为分类依据，如特性因数分类、美国矿务局关键馏分特性分类。通常认为，按这两种方法分类，对原油特性可得到一个概括认识，不同原油间可进行粗略对比。

1. 特性因数分类法

按照特性因数（K 值）的大小，可以把原油分为如表 2-1 所示的三类。

表 2-1　原油特性因数分类

特性因数 K	原油类别	特点
$K > 12.1$	石蜡基原油	烷烃含量一般超过 50%，含蜡量较高，相对密度较小，凝点高，含硫、含胶质低；用这类原油生产的汽油辛烷值较低，柴油的十六烷值较高；用其生产的润滑油黏温性能好，大庆原油就是典型的石蜡基原油
K=11.5 ～ 12.1	中间基原油	性质介于石蜡基原油与环烷基原油之间
K=10.5 ～ 11.5	环烷基原油	相对密度较大，凝点低；汽油馏分中的环烷烃含量高达 50% 以上，辛烷值较高，柴油的十六烷值低；润滑油的黏温性能差；含有大量的胶质和沥青质，可以生产各种高质量的沥青，例如我国的孤岛原油

2. 关键馏分特性分类

关键馏分特性分类是以原油两个关键馏分的相对密度作为分类标准。用原油简易蒸馏装置，在常压下蒸馏取得 250 ～ 275℃ 的馏分作为第一关键馏分，残油用不带填料的蒸馏瓶，在 5.33kPa（40mmHg）减压下蒸馏取得 275 ～ 300℃（相当于常压 395 ～ 425℃）馏分作为第二关键馏分。测定以上两个关键馏分的相对密度，对照表 2-2 中的相对密度分类标准，决定两个关键馏分的类别为石蜡基、中间基或环烷基，最后按表 2-3 确定该原油所属类别。

表 2-2　关键馏分的分类指标

关键馏分	石蜡基	中间基	环烷基
第一关键馏分 （250 ～ 275℃）	$d_4^{20} < 0.8210$ 比重指数 > 40 （$K > 11.9$）	d_4^{20}=0.8210 ～ 0.8562 比重指数 =33 ～ 40 （K=11.5 ～ 11.9）	$d_4^{20} > 0.8562$ 比重指数 < 33 （$K < 11.5$）
第二关键馏分 （395 ～ 425℃）	$d_4^{20} < 0.8723$ 比重指数 > 30 （$K > 12.2$）	d_4^{20}=0.8723 ～ 0.9305 比重指数 =20 ～ 30 （K=11.5 ～ 12.2）	$d_4^{20} > 0.9305$ 比重指数 < 20 （$K < 11.5$）

表 2-3 关键馏分分类类别

序号	第一关键馏分的属性	第二关键馏分的属性	原油类别
1	石蜡基	石蜡基	石蜡基
2	石蜡基	中间基	石蜡 - 中间基
3	中间基	石蜡基	中间 - 石蜡基
4	中间基	中间基	中间基
5	中间基	环烷基	中间 - 环烷基
6	环烷基	中间基	环烷 - 中间基
7	环烷基	环烷基	环烷基

（二）工业分类法

原油工业分类又称商品分类，可作为化学分类的补充，在工业上有一定的参考价值。该分类可按相对密度、含硫量、含氮量、含蜡量、含胶质量来进行，其分类标准见表 2-4。

表 2-4 工业分类法分类标准

按相对密度分类		按含硫量分类		按含蜡量分类		按含胶量分类	
d_4^{20}	原油名称	含硫量	原油名称	含蜡量	原油名称	含胶量	原油名称
< 0.830	轻质原油	< 0.5%	低硫原油	0.5% ~ 2.5%	低蜡原油	< 5%	低胶原油
0.830 ~ 0.904	中质原油	0.5% ~ 2.0%	含硫原油	2.5% ~ 10%	含蜡原油	5% ~ 15%	含胶原油
0.904 ~ 0.966	重质原油	> 2.0%	高硫原油	> 10%	高蜡原油	> 15%	高胶原油
> 0.966	特重原油						

为了更全面地反映原油的性质，我国现阶段采用的是关键馏分分类与含硫量分类相结合的分类方法，后者作为对前者的补充。根据这种分类方法，我国几种主要油田原油的类别见表 2-5。

表 2-5 我国几种原油的分类标准

原油名称	含硫量（质量分数）/%	相对密度	特性因数	特性因数分类	第一关键馏分	第二关键馏分	关键馏分分类法	建议原油分类命名
大庆混合油	0.11	0.8615	12.5	石蜡基	0.814	0.850	石蜡基	低硫石蜡基
玉门混合油	0.18	0.8520	12.3	石蜡基	0.818	0.870	石蜡基	低硫石蜡基
克拉玛依油	0.04	0.8689	12.2 ~ 12.3	石蜡基	0.828	0.895	中间基	低硫中间基
胜利混合油	0.83	0.9144	11.8	中间基	0.823	0.881	中间基	含硫中间基
大港混合油	0.14	0.8896	11.8	中间基	0.860	0.887	环烷 - 中间基	含硫环烷 - 中间基
孤岛原油	2.03	0.9574	11.5	中间基	0.891	0.936	环烷基	含硫环烷基

二、原油的评价

在国际原油交易过程中，石油并没有绝对的好坏之分，主要分为轻质原油和重质原油，根据用途选择采用何种。所谓原油评价就是在实验室采用蒸馏等方法，对原油进行全面的分析。原油评价的目的是根据原油性质确定某一原油应如何炼制，从而制定合理的加工方案，为新炼厂设计确定生产流程提供基本数据，并为现有炼厂指出改进方向。

原油评价分为如下四种类型：原油性质分析、简单评价、常规评价和综合评价。图 2-1

是原油综合评价流程。

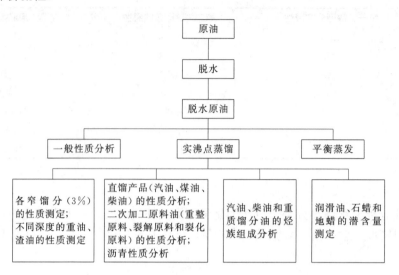

图 2-1　原油综合评价流程

1. 原油性质分析

原油脱水后，首先测定水分、盐含量。如水分含量大于 0.5%，需进行脱水。然后再测定密度、黏度、凝点、蜡含量、残炭、硫含量、氮含量、胶质含量、微量金属（铁、镍、钒、铜）含量等项目。

2. 原油的实沸点蒸馏和窄馏分性质

原油实沸点蒸馏是在实验室中，用分离精确度比工业上更好的精馏装置，对原油进行常减压蒸馏，按沸点高低将原油分割成若干窄馏分。之所以称为实沸点蒸馏（真沸点蒸馏），是因为其馏出温度和馏出物的沸点相接近，但它远不能分离出单体烃来，馏出温度也不是馏出物的沸点。其设备由蒸馏釜和相当于一定理论塔板数的（一般为 15 ～ 17 块）精馏柱组成，如图 2-2 所示，可以是每馏出 3%（质量分数）取一个馏分，也可以是每隔 10℃取一个馏分。这样收集到的馏分，沸点范围很窄（10 ～ 20℃），故称窄馏分。在收集窄馏分时，要严格控制馏出速度，并记录相应的柱顶温度，直至釜底温度达 350℃为止。此时停止加热，待釜内液体冷却至 140℃左右时，开启真空泵，使系统处于减压下［残压，约 1.33kPa（10mmHg）］继续蒸馏，并按同样方法截取窄馏分。当减压蒸馏至釜内残液温度达 350℃时停止蒸馏，冷却后放出残油。在减压蒸馏时，柱顶温度是油品在减压下的沸点温度，必须换算为常压下的沸点。

将所得的窄馏分编号、称重，并测其体积，然后测定各个窄馏分的密度、黏度、凝点、闪点、折射率等。作出以馏出百分数为横坐标，以馏出温度为纵坐标的实沸点蒸馏曲线。

表 2-6 为大庆原油实沸点蒸馏和窄馏分性质数据。

3. 原油及其窄馏分的性质曲线

由上述实验可知，每一个窄馏分是在一定的沸点范围内收集的一个较复杂的混合物，而对该窄馏分所测得的性质（如密度、黏度等）是将各馏分全部收集后进行测定的结果，它只表示该窄馏分性质的平均值。所以，在作原油的性质曲线时，就假定该平均值相当于该馏分馏出一半时的性质，所得的曲线称为中比曲线。例如表 2-6 中 6 号馏分是从馏出物占原油总收率的 16.00% 开始到 19.46% 完成的，因此，这一馏分测得的 ρ_{20}=0.8161g/cm³，黏度 υ_{20}=4.14mm²/s，就认为是相当于馏出量为 $\dfrac{16.00+19.46}{2}$=17.73% 时的数值。图 2-3 中的一些性质曲线都是中比曲线。

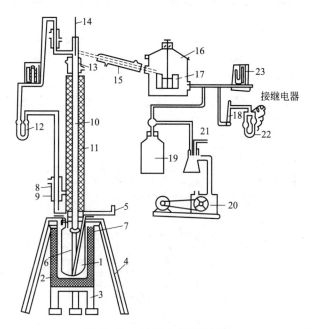

图 2-2 实沸点蒸馏装置

1—蒸馏釜；2—电炉；3—电炉架；4—蒸馏釜架；5—装油及抽油管；6—热电偶管；
7—填充物支网；8—铜管；9—冷凝器；10—蒸馏柱；11—保温层；12—压差计；
13—部分冷凝器；14—温度计；15—冷凝器；16—接收器；17—接收管；18—吸收器；
19—压力缓冲器；20—真空泵；21—放气管；22—恒压调节器；23—压力计

表 2-6 大庆原油实沸点蒸馏和窄馏分性质

馏分号	沸点范围 /℃	占原油质量分数 /%		密度（20℃）/（g/cm³）	运动黏度 /（mm²/s）			凝点 /℃	闪点（开口）/℃	折射率	
		每馏分	累计		20℃	50℃	100℃			n_D^{20}	n_D^{70}
1	初馏温度至 112℃	2.98	2.98	0.7108	—	—	—	—	—	1.3995	—
2	112～156	3.15	6.13	0.7461	0.89	0.64	—	—	—	1.4172	—
3	156～195	3.22	9.35	0.7699	1.27	0.89	—	-65	—	1.4350	—
4	195～225	3.25	12.60	0.7958	2.03	1.26	—	-41	78	1.4445	—
5	225～257	3.40	16.00	0.8092	2.81	1.63	—	-24		1.4502	—
6	257～289	3.40	19.46	0.8161	4.14	2.26	—	-9	125	1.4560	—
7	289～313	3.44	22.90	0.8173	5.93	3.01	—	4		1.4565	—
8	313～335	3.37	26.27	0.8264	8.33	3.84	1.73	13	157	1.4612	—
9	335～355	3.45	29.72	0.8348	—	4.99	2.07	22			1.4450
10	355～374	3.43	33.15	0.8363	—	6.24	2.61	29	184		1.4455
11	374～394	3.35	36.50	0.8396	—	7.70	2.86	34			1.4472

续表

馏分号	沸点范围 /℃	占原油质量分数 /%		密度（20℃）	运动黏度 /（mm²/s）			凝点	闪点	折射率	
		每馏分	累计	/（g/cm³）	20℃	50℃	100℃	/℃	（开口）/℃	n_D^{20}	n_D^{70}
12	394～415	3.55	40.05	0.8479	—	9.51	3.33	38	206	—	1.4515
13	415～435	3.39	43.44	0.8536	—	13.3	4.22	43		—	1.4560
14	435～456	3.88	47.32	0.8686	—	21.9	5.86	45	238	—	1.4641
15	456～475	4.05	51.37	0.8732	—	—	7.05	48			1.4675
16	475～500	4.52	55.89	0.8786	—	—	8.92	52	282		1.4697
17	500～525	4.15	60.04	0.8832	—	—	11.5	55	—		1.4730
渣油	＞525	38.5	98.54	0.9375	—	—	—	41[①]	—		
损失	—	1.46	100								

①软化点。

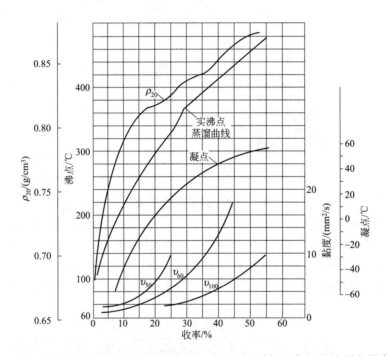

图2-3　大庆原油实沸点蒸馏曲线及各窄馏分性质（中比性质曲线）

三、原油加工方案简介

原油加工方案的确定取决于诸多因素，例如市场需要、经济效益、投资力度、原油的特性等。通常主要从原油特性的角度来讨论如何选择原油加工方案。

原油加工方案大致可分为以下三种类型。

① 燃料型　主要生产各种轻质燃料油和重油燃料油。

② 燃料 - 润滑油型　除了生产各种轻质燃料油之外，还生产润滑油产品。

③ 燃料 - 化工型　除了生产各种轻质燃料油之外，还生产化工原料及化工产品，例如某些烯烃、芳烃、聚合物的单体等。

1. 燃料型

　　燃料型方案的主要产品是燃料油，同时用一部分汽油馏分进行铂重整生产芳香烃。这种流程称为简易型流程，多用于配合钢铁厂和发电厂的生产。常压重油还可以进行热解制气，以满足石油化工综合利用的需要。原油燃料型加工方案见图2-4。

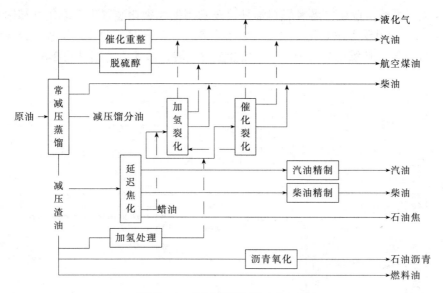

图 2-4　原油燃料型加工方案

　　胜利原油是含硫中间基原油，相对密度较大，含硫较多，胶质、沥青质含量也较多。与大庆原油相比，胜利原油汽油辛烷值较高，重整原料的芳烃潜含量较大，喷气燃料相对密度较大，结晶点较低。因此，胜利原油多采用燃料型加工方案。

2. 燃料－润滑油型

　　此类炼厂除了生产燃料油外，还生产润滑油，由于一部分原料油用来生产润滑油，因此，燃料油和石油化工原料的产率就相应地降低了，该加工方案见图2-5。

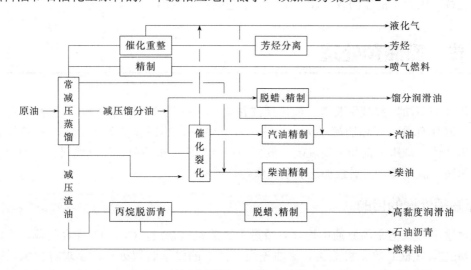

图 2-5　原油燃料－润滑油型加工方案

大庆原油是典型的低硫石蜡基原油，烷烃含量高，生产汽油的抗爆性较差，小于180℃馏分的马达辛烷值只有40左右，喷气燃料的相对密度较小，结晶点较高，只能生产2#喷气燃料。因此，大庆原油多采用燃料-润滑油型加工方案。

3. 燃料-化工型

燃料-化工型炼厂除生产各种燃料油外，还利用催化裂化装置生产液化气和铂重整装置生产苯、甲苯、二甲苯等作为化工原料，以生产各种化工产品，如合成橡胶、合成纤维、合成树脂、合成氨等，使炼厂向炼油-化工综合企业发展，该加工方案见图2-6。

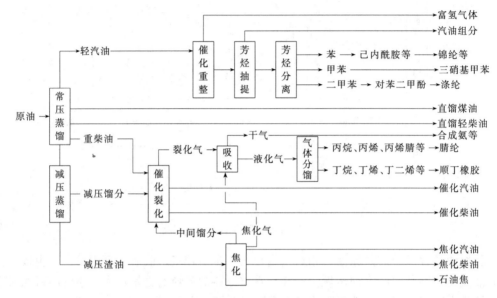

图2-6　原油燃料-化工型加工方案

随着石油炼制技术的不断发展，有些旧装置已逐渐被新装置所代替，如热裂化装置逐渐被催化裂化、加氢裂化装置代替，汽、煤、柴油的酸碱精制和润滑油的溶剂、白土精制被加氢精制代替，因此，前述的各种加工流程也不是固定不变的。

第二节　原油预处理

现代大型炼油厂常减压装置一般由原油预处理（电脱盐脱水部分）、换热网络部分、常压部分、减压部分、瓦斯脱硫部分、加热炉及其烟气余热回收部分等组成。原油经脱盐脱水、常压蒸馏、减压蒸馏和瓦斯脱硫后被分为自产瓦斯、重整料、喷气燃料、柴油馏分、蜡油馏分和减压渣油等，为后续加工装置提供合格原料。

一、原油预处理的目的

从地层中开采出来的原油中均含有数量不等的机械杂质，$C_1 \sim C_2$ 轻烃气体，水，以及 $NaCl$、$MgCl_2$、$CaCl_2$ 等无机盐类。原油先经过油田的脱水装置处理，要求将含水量降至 < 0.5%，含盐量降至 < 50mg/L。但由于油田脱盐脱水设施不完善或原油输送中混入水分，进

入炼油厂的原油仍含有不等量的盐和水分，盐类除小部分呈结晶状悬浮在原油中外，大部分溶于水中。水分大都以微粒状分散在油中，形成较稳定的油包水型乳状液。

含盐、含水对石油加工的危害主要有以下几个方面。

① 增加储运、加工设备（如油罐、油罐车或输油管线、机泵、蒸馏塔、加热炉、冷换设备等）的负荷，增加动力、热能和冷却水等的消耗。例如一座年处理量为250万吨的常减压蒸馏装置，如果原油含水量增加1%，热能耗将增加约7000MJ/h。

② 影响常减压蒸馏的正常操作。含水过多的原油，水分汽化，气相体积大增，造成蒸馏塔内压降增大，气速过大，易引发冲塔等操作事故。

③ 原油中的盐类随着水分蒸发，盐分在换热器和加热炉管壁上形成盐垢，减小传热效率，增大流动阻力，严重时导致堵塞管路，烧穿管壁，造成事故。

④ 腐蚀设备，缩短开工周期。$CaCl_2$ 和 $MgCl_2$ 能水解生成具有强腐蚀性的 HCl，特别是在低温设备部分存在水分时，形成盐酸，腐蚀更为严重。其反应为：

$$CaCl_2 + 2H_2O \Longrightarrow Ca(OH)_2 + 2HCl$$
$$MgCl_2 + 2H_2O \Longrightarrow Mg(OH)_2 + 2HCl$$

加工含硫原油时，会产生 H_2S 腐蚀设备，其生成的 FeS 附于金属表面，形成一层保护膜，保护下部金属不再被腐蚀。但如同时存在 HCl 时，HCl 能与 FeS 反应，破坏保护膜，反应生成物为 H_2S，会进一步腐蚀金属，从而极大地加剧了设备腐蚀。其反应为：

$$Fe + H_2S \Longrightarrow FeS + H_2$$
$$FeS + 2HCl \Longrightarrow FeCl_2 + H_2S$$

⑤ 盐类中的金属进入重馏分油或渣油中，会毒害催化剂，影响二次加工原料质量及产品质量。

因此原油进入炼油厂后，必须先进行脱盐脱水，控制原油脱后含盐量 ≤3mgNaCl/L，脱后含水量 ≤0.2%。

二、电脱盐脱水原理及工艺

原油中的盐大部分溶于水中，所以脱水的同时盐也被脱除。电脱盐是通过在原油中注水，使原油中的盐分溶于水中，再通过注破乳剂，破坏油水界面和油中固体盐颗粒表面的吸附膜，然后借助高压电场的作用，使水滴感应极化而带电，通过高变电场的作用，带不同电荷的水滴互相吸引，融合成较大的水滴，借助油水密度差而使油水分层，油中的盐随水一起脱去。

现代化大型炼油厂一般设置三级电脱盐，流程如图2-7所示，一级电脱盐采用高速电脱盐技术，二、三级电脱盐采用低速电脱盐技术（交直流电脱盐技术）。在一、二级脱盐效果达到工艺要求的情况下，可以不运行第三级脱盐罐。

高速电脱盐具有脱盐技术先进、脱盐效率高（单级脱盐率可达95%）、处理能力是低速电脱盐的1.75～2.0倍、单罐处理能力大、电耗低等优点。该技术的主要特点是：

① 通过专门设计的进油分配器，原油由喷嘴直接进入电脱盐罐电场内，进油方式为油相进油。

② 在高速电脱盐罐内脱除的水向下沉降，油流向上运动，油流与水滴反向运动形成的"返混"大大削弱，原油在电场及罐体内停留时间大大缩短。

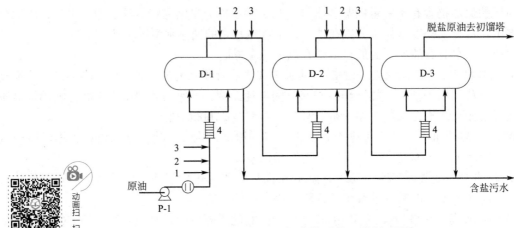

图 2-7　电脱盐系统工艺流程图

1—新鲜水；2—破乳剂；3—脱金属剂；4—静态混合器

电脱盐系统
工艺流程

③ 高速电脱盐罐体内布置三层电极板，形成两个强电场。采用不同电场强度的梯度电场，在高速电脱盐罐内自下而上设计成电场强度逐渐加强的梯度电场。使用弱电场可以减少电能消耗和因较大水滴排列造成的电场短路现象的发生。罐内上部强电场和高强电场的设置促进了微小水滴的聚集与沉降，进一步降低罐顶出口原油内水及盐的含量。

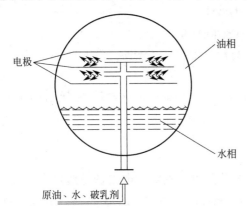

图 2-8　高效电脱盐罐电场布置与进油分配图

④ 供电电源采用交直流电源设备。交直流电脱盐设备具有脱盐脱水率高、电耗低的特点。

⑤ 改进混合系统，采用静态混合器与混合阀串联的方式，能够达到理想的混合效果。

高效电脱盐罐电场布置与进油分配如图 2-8 所示。

随着我国很多油田进入二、三次采油，提供给炼厂的原油品质逐渐变差，化学成分和油水乳状结构变得更为复杂，采用加热、高电压场和破乳剂的常规脱盐脱水方法将愈来愈难以达到炼油厂的脱盐脱水要求。电脱盐设备经常因电流负荷大而跳闸，使未达质量要求的原油流入后续生产工序。近年来，超声波破乳脱盐脱水技术得到了推广应用，虽然超声波的脱盐脱水效果不如电脱好，但由于原油性质影响不了超声波破乳的过程，所以如果在电脱前先经过超声波的预处理，这样电脱的效率也可以大幅提高，电脱的负荷亦可以减轻，对装置的长期运行是有利的。

三、脱盐脱水的影响因素

1. 原油性质

重质原油，黏度高、密度大的原油脱水比较困难。

2. 温度

原油加热升温后油的黏度减小，水和油的密度差增大，乳化液的稳定性降低，水的沉降速度增大。但温度过高（＞150℃），水和油的密度差反而减小，油的电导率随温度升高而增大，不但不会提高脱盐脱水效果，还会因电流过大而跳闸。所以，原油脱盐脱水的适宜温度为 115 ～ 150℃。

3. 压力

电脱盐罐要在一定的压力下操作，以免原油中的轻组分汽化引起油层搅动而影响沉降效果。一般的操作压力不大于 2.0MPa。

4. 注水量及注水的水质

原油在脱盐脱水过程中，还需加入一定量的软化水，因为原油中常有一些固体盐类分散在油中，需要注水将其溶解，同时适当增加原油中的含水量，可以增大水滴聚集能力，促进破乳，提高脱盐效果。注水太多时，会在电极间出现短路，破坏电场平稳操作。一、二级注水量为 3% ～ 6%。

5. 破乳剂品种及用量

破乳剂是影响脱盐率的最关键的因素之一。破乳剂是一种水包油型表面活性剂，其性质与原油中存在的乳化剂（如环烷酸等）性能相反，加入原油中，能很快聚集在油水界面上，减弱、破坏原来稳定的油包水型保护膜，便于小水滴聚集，进行沉降分离。常用的破乳剂有离子型和非离子型两种，用量一般为 10 ～ 30μg/g。

6. 电场强度

由于乳化原油在交流或直流电场中，都能由于感应使水的微滴两端带上不同极性的电荷，使微滴两端受到方向相反、大小相等的两个吸引力作用，微滴被拉长成椭圆形，但并不发生位移，而是按电场方向排列整齐。每行相邻微滴由于相邻端的电荷相反而具有相互吸引力，这种引力使外层乳化膜受到削弱而破坏，使水的微滴聚集成大水滴而沉降，从而提高脱水效率。一般电场强度，弱电场区的强度为 300 ～ 400V/cm，强电场区的强度为 700 ～ 1000V/cm。

7. 停留时间

原油在电场中停留时间为 2min 比较适宜。

第三节　原油常减压蒸馏工艺原理及流程

一、常减压蒸馏工艺原理

常减压蒸馏
加工原理

原油是极其复杂的混合物，要从原油中提炼出多种燃料和润滑油产品，基本途径不外乎是：将原油分割成为不同馏程的馏分，然后按照油品的使用要求除去这些馏分中的非理想组分，或者由化学转化形成所需要的组成，从而获得一系列产品。

基于此原因，炼油厂必须解决原油的分割和各种石油馏分在加工、精制过程中的分离问题。而蒸馏正是一种合适的手段，能够将液体混合物按组分的沸点或蒸气压的不同而分离为轻重不同的馏分。

根据原油中各组分挥发度不同（即它们之间的差异），通过加热，在塔的进料段处产生一次汽化，上升气体与塔顶打入的回流液体通过塔盘逆流接触，以其温度差和相间浓度差为推动力进行双向传热传质，经过气体的逐次冷凝和液体的渐次汽化，使不平衡的汽液两相通过密切接触而趋近平衡，从而使轻重组分得到一定程度的分离。

常减压蒸馏装置，是以加热炉和精馏塔为主体而组成的所谓管式蒸馏装置。经过预处理的原油流经一系列换热器，与温度较高的蒸馏产品及回流油换热，进入一个初馏塔，闪蒸出（或馏出）部分轻组分，塔底拔头原油继续换热后进入加热炉被加热至一定温度，进入一个精馏塔。此精馏塔在接近大气压下操作，故称为常压塔。在这里原油被分割，从塔顶出石脑油，侧线出煤油、柴油等馏分，塔底产品为常压重油，沸点一般高于350℃。为了进一步生产润滑油原料和催化原料，如果把重油继续在常压下蒸馏，则需将温度提高到400～500℃。此时，重油中的胶质、沥青质和一些对热不安定组分会发生裂解、缩合等反应，这样一是降低了产品质量，二是加剧了设备结焦。因此，必须将常压重油在减压（真空）条件下进行蒸馏。降低外压可使物质的沸点下降，故而可以进一步从常压重油中馏出重质油料，此蒸馏设备为减压塔。减压塔底产物中集中了绝大部分的胶质、沥青质和很高沸点（500℃以上）的油料，称为减压渣油，这部分渣油可以进一步加工制取高黏度润滑油、沥青、燃料和焦炭。减压蒸馏温度（减压塔进料温度）一般限制在390℃以下，现代化大型炼油厂采用减压深拔技术，把减压蒸馏温度提高到408℃，把减压切割点提高到565℃，从而提高了总拔出率。

这种配有常压和减压的精馏装置称为常减压蒸馏装置。

1. 常压蒸馏原理

常压系统的作用主要是通过精馏过程，在常压条件下，将原油中的汽、煤、柴馏分切割出来，生产合格的汽油、煤油、柴油及部分裂化原料。

常压系统的原理即为油品精馏原理。

精馏原理：一种相平衡分离过程，其重要的理论基础是汽 - 液相平衡原理，即拉乌尔定律。

$$p_A = p_A^0 X_A; \ p_B = p_B^0 X_B = p_B^0 (1-X_A)$$

式中　p_A，p_B——溶液上方组分 A，组分 B 的饱和蒸气压；

　　　p_A^0，p_B^0——纯组分 A，纯组分 B 的饱和蒸气压；

　　　X_A，X_B——溶液中组分 A，组分 B 的摩尔分数。

此定律表示在一定温度下，对于那些性质相似、分子大小又相近的组分（如甲醇、乙醇）所组成的理想溶液中，溶液上方蒸气中任意组分的分压，等于此纯组分在该温度下的饱和蒸气压乘以它在溶液中的摩尔分数。

精馏过程是在装有很多塔盘的精馏塔内进行的。塔底吹入水蒸气，塔顶有回流。经加热炉加热的原料以汽液混合物的状态进入精馏塔的汽化段，经一次汽化，使汽液分开。未汽化的重油流向塔底，通过提馏进一步蒸出其中所含的轻组分。从汽化段上升的油气与下降的液体回流在塔盘上充分接触，汽相部分中较重的组分冷凝，液相部分中较轻的组分汽化。因此，油气中易挥发组分的含量将因液体的部分汽化，使液相中易挥发组分向汽相扩散而增多；油气中难挥发组分的含量因气体的部分冷凝，使汽相中难挥发组分向液相扩散而增多。这样，同一层板上互相接触的汽液两相就趋向平衡，它们之间的关系可用拉乌尔定律说明。通过多次这样的质量、热量交换，就能达到精馏目的。

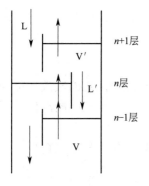

图2-9　蒸馏塔汽液平衡示意图（V与V'为汽相，L与L'为液相）

以下是一层塔盘上汽-液交换的详细过程。

如图2-9所示，当油气（V）上升至n层塔盘时，与从（n+1）层塔盘下来的回流液体（L）相遇，由于上升的油气温度高，下流的回流温度较低，因此高温的油气与低温的回流接触时放热，使其中高沸点组分冷凝。同时，低温的回流吸热，并使其中的低沸点组分汽化。这样，油气中被冷凝的高沸点组分和未被汽化的回流组成了新的回流（L'）。从n层下降为（n−1）层的回流中所含高沸点组分要比降至n层塔盘的回流中的高沸点组分含量多，而上升至（n+1）层塔盘的油气中的低沸点组分含量要比上升至n层的油气中低沸点组分含量多。

同样，离开（n+1）层塔盘的油气，还要与（n+2）层下来的回流进行热量、质量交换。原料在每一块塔盘上就得到一次微量的分离。显然，如果有极多个塔盘的话，使原料能分离出纯度很高的产品。

一个完整的精馏塔一般包括三段：上段为精馏段，中段为汽化段，下段为提馏段。

2. 减压蒸馏原理

减压系统分减压塔和塔顶抽真空系统，其作用主要是通过精馏过程，在减压条件下，进一步将常压渣油中的蜡油馏分切割出来，生产合格的裂化原料。

减压系统原理为：在某温度下，液体与在其液面上的蒸气呈平衡状态，由此蒸气所产生的压力称为饱和蒸气压，蒸气压的高低表明了液体中的分子离开液体汽化或蒸发的能力，蒸气压越高，就说明液体越容易汽化。蒸气压的高低与物质的本性，如分子量、化学结构等有关，同时也和体系的温度有关，对于有机化合物常采用安托因方程式计算：

$$\ln p_i^0 = A_i - B_i/(T+c_i)$$

式中　p_i^0——i组分的蒸气压；

　　　T——系统温度。

根据上式可以看出，蒸气压随温度的降低而降低，或者说沸点随系统压力降低而降低。石油是沸程范围很宽的复杂混合物，对我国多数原油来说，其沸点在350~500℃的馏分占总馏出物的50%左右。油品在加热条件下容易受热分解而使油品颜色变深，胶质增多，一般加热温度不宜太高，在常压蒸馏时，为保证产品质量，炉出口温度一般不超过370℃，对于350~500℃的馏分在常压条件下难以蒸出。但是在真空条件下，由于系统压力降低，油品的沸点也随之降低，因此可以在较低的温度下将沸点较高的油品蒸出，所以对原油进行常压分馏后的油品进行减压分馏，可以进一步将原油中的较重组分拔出，从而提高收率，达到深拔的目的。

大型炼油装置采用的是高效喷射式蒸汽抽真空系统。工作蒸汽经过拉阀尔型（扩缩）喷嘴时流速不断增大，压力能转换为动能。蒸汽在喷嘴出口处可达到极高的速度（1000~1400m/s），因而压力急剧下降，在喷嘴周围形成高度真空。在真空部位，塔内不凝气被吸入混合器与蒸汽混合并进行能量交换，然后一起进入扩压管。工作蒸汽减速，不凝气加速，最后两者速度一致。在扩压管后部动能又转变为压力能，混合气体的流速降低，压力升高直至能满足排出压力的要求。

　　若减压塔的残压要求小于 15mmHg（1mmHg=133.322Pa），由于一级抽真空难以满足要求，需采用三级抽真空。

3. 常减压蒸馏工艺流程

　　原油蒸馏过程中，在一个塔内分馏一次称一段汽化。原油经过加热汽化的次数，称为汽化段数，汽化段数一般取决于原油性质、产品方案和处理量等。原油蒸馏有两段汽化式、三段汽化式和四段汽化式等几种。

　　目前大型炼油厂多采用的原油蒸馏流程为三段汽化流程。三段汽化流程（燃料型）工艺如图 2-10 所示。

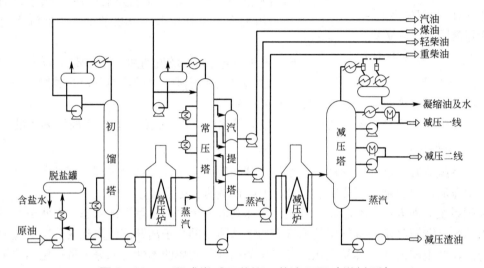

图 2-10　三段式常减压蒸馏工艺流程图（燃料型）

　　脱盐脱水后的原油经泵抽出换热至 190 ～ 225℃，进入初馏塔，从初馏塔顶拔出轻汽油馏分或铂重整原料，其中一部分打回塔顶作回流，另一部分作为重整原料出装置。初馏塔若开一侧线也不出产品，而是将抽出的侧线馏分经换热后一部分打入常压塔一、二侧线之间（在此流程图中未标出），这样可以减小常压炉和常压塔的热负荷；另一部分送回初馏塔作顶循环回流。初馏塔底的油称为拔头原油，经一系列换热器换热至 290℃ 左右后进入常压炉，加热至 359 ～（368±2）℃进入常压塔。塔顶汽油馏分经冷凝冷却后，一部分送回塔顶作回流，另一部分为汽油馏分出装置。塔侧一般有 3 ～ 5 个侧线，分别引出煤油和轻、重柴油等馏分，经汽提塔汽提后，吹出其中轻组分，再经换热回收部分热量后出装置。塔底常压重油用泵送入减压炉。

　　在常压塔顶打入冷回流以控制塔顶温度（90 ～ 130℃），以保证塔顶产品质量。为使塔内汽、液相负荷分布均匀，充分利用热能，一般在塔各侧线抽出口之间设 2 ～ 3 个中段循环回流。为尽量回收热量，降低塔顶冷凝器负荷，有的厂还增设了塔顶循环回流（图 2-10 中未标出）。

　　侧线馏分进入各自的汽提塔上部，塔底吹入过热水蒸气，被汽提出的油气和水蒸气由汽提塔顶出来，从侧线抽出板上方进入常压塔。当常压一线和二线作喷气燃料馏分时，为了严格控制喷气燃料的含水量，不用水蒸气汽提，而采用热虹吸式重沸器加热，蒸出其中轻组分。

　　常压塔底吹入过热水蒸气以吹出重油中轻组分，塔底温度为 350 ～ 360℃，经汽提后的常压重油自塔底抽出送到减压加热炉，加热至 388～（408±2）℃进减压塔。

减压塔顶不出产品，塔顶出的不凝气和水蒸气（干式减压蒸馏无水蒸气）进入大气冷凝器，经冷凝器冷却后，由蒸汽喷射抽空器抽出不凝气，维持塔内残压在 1.33～8.0kPa（10～60mmHg）。减压一线油抽出经冷却后，一部分打回塔内作塔顶循环回流以取走塔顶热量，另一部分作为产品出装置。减压塔侧开有 3～4 个侧线和对应的汽提塔，抽出轻重不同的润滑油（如各种机械油、气缸油等）或裂化原料，经汽提（裂化原料不汽提）、换热、冷却后作为产品出装置。塔侧配有 2～3 个中段循环回流。塔底渣油用泵抽出后，经与原油换热，冷却后出装置，可作为焦化、氧化沥青、丙烷脱沥青等装置的原料或作燃料用油。

二、常减压蒸馏系统工艺流程及工艺特征

（一）初馏系统

如图 2-11 所示，从脱盐系统来的脱盐原油，经过原油二段换热系统加热升温至 220℃左右进入初馏塔 T-1。T-1 是板式塔，塔顶温度控制在 120℃左右，表压一般在 0.25MPa 以下。气体从塔顶引出后进入空气冷却器 K-1，空气冷却器利用电机驱动空气冷却管线及其内部的介质，管线外部连接着较为密集的翅片，空气先冷却翅片，翅片把冷量传递给管线，进而传递给管线内的介质。空气冷却器分为干空气冷却器（简称干空冷）和湿空气冷却器（简称湿空冷），湿空冷是向翅片喷洒新鲜水，依靠水分的蒸发获得更多的冷量，虽然湿空冷的冷却力度更大，但是增加了新鲜水的消耗。

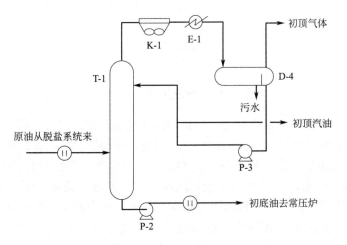

初馏系统
工艺流程

图 2-11　初馏系统工艺流程图

T-1 塔顶引出的气体经过 K-1 冷却后，会有部分的气体冷凝成为液体，增加了从 T-1 塔顶到 K-1 的压降，提供了驱动介质的动力。气液混合物从 K-1 出来进入循环水冷却器 E-1 进一步降温冷却，冷凝液的增加使混合气体的压力进一步降低，最后气液混合物进入初馏塔顶回流罐 D-4，在 D-4 罐内完成油、水、气三相的分离，污水在 D-4 罐气液混合物进口的另一方向出口端罐底的分水包排污线排出，气体从罐出口端顶部引出回收再利用（一般作为气分装置原料）。油相经过初顶回流泵 P-3 加压后，一部分作为冷回流返回 T-1 的顶部，以稳定塔顶的温度和压力，另一部分作为初顶汽油产品出装置。脱除了初顶汽油的塔底油，由初底油泵 P-2 抽出后，经过原油三段换热系统加热后进入常压系统。

（二）常压系统

1. 常压系统工艺流程

如图 2-12 所示，从 T-1 塔底来的初底原油经过原油三段换热系统加热升温后进入常压炉 F-1 加热至 360℃进入常压塔 T-2，T-2 是板式塔，进料在塔内完成馏程切割的过程，即把初底原油切割成常顶气体、常顶汽油、煤油、轻柴油、重柴油及常压渣油等馏分。

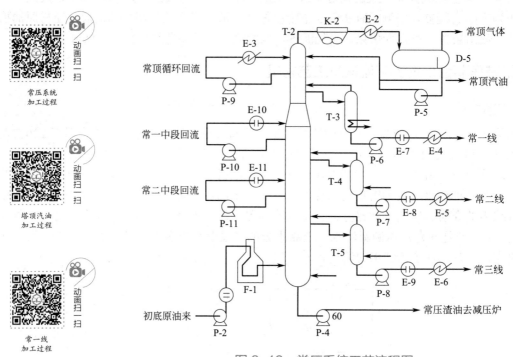

动画扫一扫　常压系统加工过程

动画扫一扫　塔顶汽油加工过程

动画扫一扫　常一线加工过程

图 2-12　常压系统工艺流程图

常顶汽油的加工过程与初顶汽油完全相同，与初顶汽油相比，常顶汽油在组成上要偏重一些。从常压塔 T-2 顶引出的气体经过空冷器 K-2、水冷器 E-2 冷却后，进入常顶回流罐 D-5，在 D-5 内完成油、水、气三相的分离过程，气相从 D-5 顶部引出作为常顶气体产品出装置，水相从 D-5 罐分水包排污线排出，油相从 D-5 罐积油间引出，经过常顶回流泵 P-5 加压后，部分作为塔顶冷回流返回塔顶，以稳定塔顶的温度和压力，部分作为常顶汽油产品出装置。

常一线从 T-2 的常一线抽出板液相抽出，自压进入常一线提轻塔 T-3 的上部，T-3 是板式塔，塔底设有再沸器，热源是装置的自产过热蒸汽，有些装置用常二中和常三线作为再沸热源。通过调节再沸力度，调整进入 T-3 轻组分的汽化量，汽化的轻组分从 T-3 顶引出返回 T-2 常一线抽出板的上方塔板，T-3 底部引出最终的常一线产品，由常一线泵 P-6 加压，经过换热器 E-7 换热及 E-4 冷却后出装置。常一线的馏程为 145～300℃，一般作为喷气燃料馏分，需要经过喷气燃料加氢装置进行精制，多生产航空 3# 喷气燃料。

常二线从 T-2 的常二线抽出板液相抽出，自压进入常二线提轻塔 T-4 的上部，T-4 是板式塔，塔底注入的自产过热蒸汽与进料形成逆向接触，通过调节过热蒸汽的注入量来改变 T-4 内油气分压，进而改变进入 T-4 轻组分的汽化量，汽化的轻组分从 T-4 顶引出返回 T-2 常二线抽出板的上方塔板，T-4 底部引出最终的常二线产品由常二线泵 P-7 加压，经过换热器 E-8

换热及 E-5 冷却后出装置。常二线的馏程为 180 ～ 365℃（95% 蒸发温度为 365℃），一般作为轻质柴油馏分，如果杂质、色度、酸度、腐蚀等指标合格或偏差不大，可以直接输入油库作为成品车用柴油的调和组分。

常二线
加工过程

常三线的提轻过程与常二线相同。常三线从 T-2 的常三线抽出板液相抽出，自压进入常三线提轻塔 T-5 的上部，T-5 是板式塔，塔底注入的自产过热蒸汽与进料形成逆向接触，通过调节过热蒸汽的注入量来改变 T-5 内油气分压，进而改变进入 T-5 轻组分的汽化量，汽化的轻组分从 T-5 顶引出返回 T-2 常三线抽出板的上方塔板，T-5 底部引出最终的常三线产品由常三线泵 P-8 加压，经过换热器 E-9 换热及 E-6 冷却后出装置。常三线馏程为 300 ～ 370℃（95% 蒸发温度为 370℃），一般作为重质柴油馏分，在质量上要比常二线轻柴油劣质些，所以要去柴油加氢装置进行精制和改质。柴油加氢改质过程是芳烃开环加氢饱和的过程，所以在加工过程中，被加工介质的终馏点会有相应程度的下降，国家标准规定车用柴油 95% 蒸发温度为不大于 365℃，所以一般常三线终馏点要比 365℃高出一定程度，重组分的量多量少，主要与组分中芳烃含量有关。如果油库中成品车用柴油的终馏点和环保性指标质量过剩，常三线也可以部分或全部直接调和柴油。

常三线
加工过程

虽然自产过热蒸汽是用常一中、减压炉对流室加热软化水生成，但是由于 3# 喷气燃料的质量要求较高，应尽量在生产加工过程中减少水、杂质的引入，所以 T-3 采用升温提轻方式。而车用柴油的质量要求容许 T-4、T-5 采用汽提提轻方式。同样，常压塔底也注入了过热蒸汽，目的是减小 T-2 内的油气分压，促进轻组分的汽化，增加轻质油品的产量。

常压塔顶设有常顶循环回流，它与冷回流相比较，在调节塔顶温度方面要比冷回流细微得多，所以在微调塔顶温度时，多采用常顶循环回流来调节。常顶循环回流从 T-2 顶部相应抽出板引出，经过常顶循环回流泵 P-9 加压及 E-3 冷却后，返回 T-2 顶部抽出板的上方塔板。

中段回流的
作用

常一中段回流（简称常一中）从 T-2 常一中抽出板引出，经过常一中泵 P-10 加压及 E-10 冷却后，返回 T-2 常一中抽出板的上方塔板。

常二中段回流（简称常二中）从 T-2 常二中抽出板引出，经过常二中泵 P-11 加压及 E-11 冷却后，返回 T-2 常二中抽出板的上方塔板。

常顶循环回流
的作用

常压塔的侧线及中段回流的抽出板位置有严格的设计，两个塔外回流中间夹着一个侧线，两个侧线之间会有一个塔外回流，中段回流返塔一般也会设计两个进口，两个进口在不同高度的塔板上，这样的设计有利于调节侧线的抽出温度，良好地实现全塔热平衡。在常压塔底部引出常压渣油，经过常底泵 P-4 加压后，去减压系统。常底渣油在组成上仍然含有汽油、煤油、柴油等轻质油馏分，装置处理量越大，初底原油在常压塔内的停留时间越短，常底渣油中轻质油含量高，将会加大后续的减压抽真空系统的负荷。

2. 常压塔工艺特征

（1）常压塔是一个复合塔和不完整塔

在原油蒸馏装置中，原油经常压蒸馏分成若干馏分，如汽油、煤油、轻柴油、重柴油和重油馏分。按照一般的多元精馏原理，要得到 N 个产品就需要 $N–1$ 个塔。

原油蒸馏所得各种产品仍然是组成复杂的混合物，分离精确度要求不高，两种产品之间

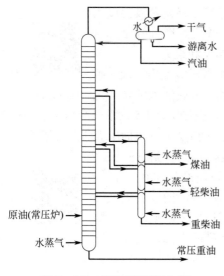

图 2-13　常压蒸馏复合塔

需要的塔板数也不多，若按多元精馏流程分离，则需要多个矮而粗的精馏塔，这种方案投资高、耗能大、占地面积多。因此，通常把几个塔结合成一个如图 2-13 所示的塔，这种塔相当于把四个简单塔叠合起来，它的精馏段由四个简单塔的精馏段组合而成，其下段相当于一个提馏段，这样的塔称为复合塔。最轻产品（汽油）在塔顶引出，最重产品（重油）在塔底引出，其间的煤油、柴油等从塔侧线引出。

（2）需设置汽提段和汽提塔

对于石油精馏塔，提馏段的底部常常不设再沸器。因为塔底温度较高，一般在 350℃ 左右，在这样的高温下，如果使用再沸器，很难找到合适的热载体，若通过加热炉加热，不仅设备复杂，同时由于温度过高也会使油品分解、结焦。但是常底重油中 350℃ 以前的轻质馏分有时高达 10%～15%，减压塔底渣油中 500℃ 以前的馏分可达 10% 左右，为了把原油中的轻组分汽化出来，在原油精馏塔中普遍采用向塔底吹入过热水蒸气的办法，以降低油气分压，使塔底重油中轻组分汽化，从而提高轻油拔出率，减轻减压炉和塔的负荷。因此，原油精馏塔的下部也称汽提段，它的精馏作用不显著，分离效果不如精馏段。

在复合塔内，汽油、煤油、柴油等产品之间只有精馏段而没有提馏段，这样侧线产品中会含有相当数量的轻馏分。这样不仅影响侧线产品的质量，而且降低了轻馏分的收率。所以通常在常压塔的旁边设置若干个侧线汽提段，这些汽提段可重叠起来，看起来像是一个塔，但相互是隔开的，侧线产品从常压塔中部抽出，送入汽提塔上部，从该塔下注入水蒸气进行汽提，汽提出的低沸点组分同水蒸气一道从汽提塔顶部引出返回主塔，侧线产品由汽提塔底部抽送出装置。

可见，常压塔不是一个完整的精馏塔，它不具备真正的提馏段。

① 汽提蒸汽的作用　由于汽提用水蒸气始终处于过热状态，即没有液相水存在，过热水蒸气的主要作用是降低油气分压，以降低它的沸点。

在气相中：

$$p=p_A+p_S$$

式中，p 为体系总压；p_A 为 A 油蒸气的分压；p_S 为水蒸气的分压。

在液相中只有 A，相平衡时：$p_A=p_A^\circ$　式中，p_A° 是纯 A 的饱和蒸气压。

当体系总压一定时，如果没有水蒸气存在，则液体 A 要在 $p_A^\circ=p_A$ 时才能沸腾。当有水蒸气存在时，只要 $p_A^\circ=p_A=p-p_S$ 就能沸腾。显然，过热水蒸气的存在，使 A 的沸点下降。

因此，由塔底通入少量的过热水蒸气，以降低油气分压，有利于轻组分的汽化，塔底吹入水蒸气的质量分数一般为 2%～4%。侧线汽提的目的是使混入产品中的较轻组分汽化再返回常压塔，既保证了轻质产品的收率，又保证了该产品的质量。但是水蒸气在塔内存在也有其局限性，因此，往往常压塔侧线采用再沸器提馏的方式。

② 常压塔侧线采用再沸器提馏的方式的原因是：

　　a. 用水蒸气汽提使产品中溶解微量水分，影响低冰点的喷气燃料的质量；

　　b. 水蒸气体积相当于同质量油品蒸气体积的十几倍，这样就会增加塔的汽相负荷而降低塔的处理能力；

　　c. 水的冷凝潜热很大，采用再沸器提馏有利于降低塔顶冷凝冷却器的负荷；

　　d. 采用再沸器有利于降低含油污水排放量。

（3）原料入塔要有适当的过汽化度

　　为了不向塔内通入过多的水蒸气，同时又要防止塔底产品带走过多的轻组分，这就需要原油在入塔前，将在精馏段取出的产品都汽化成汽相，并能在精馏段分离。为保证最低侧线产品质量，就要使精馏段最低侧线以下的几层塔板上有一定的液相回流，这样原油入塔的汽化率应该比塔精馏段各产品的总收率略高一些。高出的这部分称为过汽化量，过汽化量占进料的百分数称为过汽化度（也称过汽化率）。原油精馏塔的过汽化度一般推荐：常压塔为进料的 2%～4%（质量分数），减压塔为 3%～6%（质量分数）。

　　如果原油进塔汽化率低于塔顶和侧线产品总收率，则轻质油收率降低。过高的过汽化率也不适宜，因为原油在加热炉出口的温度是油品不发生严重分解的最高温度，通常为 360～370℃，在保证侧线产品质量的前提下，过汽化率应尽量低一些。

（4）基本固定的供热量和多种回流方式取走过剩的热量

　　① 基本固定的供热量和小范围调节的回流比　全塔热量来自于原油加热炉，而没有塔底再沸器，所以供热量是基本固定的。常压塔的回流比是由全塔热平衡决定的，变化的余地不大，在原油精馏塔中，除了采用塔顶回流，通常还设置 1～2 个中段循环回流。

　　② 原油蒸馏塔的回流方式　原油蒸馏塔的进料有一定的过汽化度，也就是说，即使塔底没有再沸器加热，全塔的热量是过剩的，为了达到全塔热平衡，需要各种回流液取走过剩的热量。

　　原油蒸馏塔的回流方式有塔顶冷回流、塔顶热回流（饱和液体回流）、塔顶循环回流、中段循环回流、塔底循环回流等方式。

　　各种回流的作用是：保证精馏塔具有精馏的作用；取走塔内剩余热量；控制和调节塔内各点温度；保证塔内汽液相负荷分布均匀；保证各产品质量。

　　常压塔的回流方式一般有塔顶冷回流、塔顶热回流、塔顶循环回流、1～2 个中段循环回流等方式。

　　a. 塔顶冷回流　塔顶油气经冷凝冷却后，成为过冷液体，其中一部分打回塔内作回流，称为塔顶冷回流。塔顶冷回流是控制塔顶温度、保证产品质量的重要手段。当只采用塔顶冷回流时，冷回流的取热量应等于全塔总剩余热量。塔顶热回流一定时，冷回流温度越低，需要的冷回流量就越少，但冷回流的温度受冷却介质温度限制。当用水作冷却介质时，常用的汽油冷回流温度一般为 30～45℃。

　　b. 塔顶热回流　在塔顶装有部分冷凝器，将塔顶汽相馏分冷凝到露点温度后，用饱和液体作回流称为热回流。它只吸收汽化潜热，所以取走同样的热量，热回流量比冷回流量大。塔内各板上的液相回流都是热回流，又称内回流。热回流也能有效地控制塔顶温度，调节产品质量，但由于分凝器安装困难、易腐蚀、不易检修等，所以炼油厂很少采用，常用于小型化工生产上。

　　c. 循环回流　循环回流是将从塔内抽出的液相冷却到某个温度后再送回塔中，物流在整个循环过程中不发生相态变化，只在塔内、外循环流动，借助于换热器取走回流热。循环回流分塔顶循环回流、中段循环回流、塔底循环回流三种。

（a）塔顶循环回流　塔顶循环回流主要应用于以下情况：塔顶回流热量大，考虑回收这部分热量，以降低装置能耗；塔顶馏出物中含有较多的不凝气，使塔顶冷凝冷却器的传热系数降低；要求尽量降低塔顶馏出线及冷却系统的流动压力降，以保证塔顶压力不致过高，或保证塔内有尽可能高的真空度。但采用塔顶循环回流，降低了塔的分离能力，在保证分馏精确度的情况下，需要适当增加塔板数，同时也增加了动力（回流泵）消耗。塔顶循环回流如图2-14所示。

在某些情况下，也可以同时采用塔顶冷回流和塔顶循环回流两种形式的回流方案。

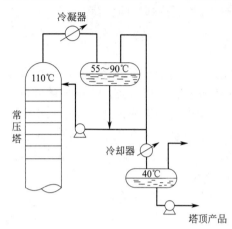

图2-14　塔顶循环回流

（b）中段循环回流　循环回流如果设在精馏塔的中部，就称为中段循环回流。它的主要作用是均匀塔内汽、液相负荷，缩小塔径。同时，由于石油精馏塔沿塔高的温度梯度较大，从塔的中部取走的回流热的温位明显比从塔顶取走的回流热的温位高，有利于热量的回收利用，减少燃料消耗和冷却水用量。

采用中段循环回流也有不利之处：中段循环回流上方塔板上的回流比相应降低，塔板效率有所下降（一块板的精馏作用与三块换热板的精馏作用相当）；中段循环回流的出入口之间要增设换热塔板，使塔板数和塔高均增加；相应地需增设泵和换热器，使工艺流程变得复杂等。基于上述原因，对于有三四个侧线的精馏塔设两个中段回流比较适宜，对只有一、两个侧线的精馏塔设一个中段回流比较适宜。

（c）塔底循环回流　循环回流如果设在精馏塔的底部，就称为塔底循环回流。塔底循环回流适用于过热蒸汽进料，同时含有固体杂质（如催化裂化分馏塔、延迟焦化分馏塔）的情况，塔底设置洗涤段，通过循环回流取走大量过剩的热量，使部分过热蒸汽冷凝成液体。同时，洗涤下来的固体杂质（催化剂粉尘、焦炭等）由塔底抽出液带出塔外，通过过滤器除去。

（5）恒摩尔回流的假设完全不成立

在普通的二元和多元精馏塔的设计计算中，为了简化计算，对性质及沸点相近的组分所组成的体系做出了恒摩尔回流的近似假设，即在塔内的气、液相的摩尔流量不随塔高而变化。这个近似假设对原油常压精馏塔是完全不能适用的。石油是复杂混合物，各组分的性质可以有很大的差别，它们的摩尔汽化潜热可以相差很大，沸点之间的差别甚至可达几百摄氏度。

（6）塔内汽液负荷分布不均匀

石油蒸馏塔的塔顶和各侧线产品的摩尔汽化潜热相差很大，馏出温度相差200℃以上，原适用于理想物系的恒摩尔流假设不再成立，汽、液相负荷沿塔高（自下而上）逐渐增大。

自下而上汽、液相负荷增大的原因是：越往塔顶温度越低，塔内需要取走的热量越多，需要的回流量也就越大，同时各侧线产品进塔时是温度较高的汽相，而在塔侧抽出时是温度较低的液相，要放出大量冷凝热，这些热量逐渐转移到塔顶，而塔上部油品密度小，它的汽化潜热也小。因此，内回流量逐渐增大，以取走大量冷凝热。

在产品蒸气、水蒸气量不变情况下，蒸气量随回流量增加而增加。同时由于塔上部油品的分子量又小，所以越往塔顶，蒸气体积就越大。塔顶打入的冷回流是过冷液体，入塔后先要吸收显热，使温度升至泡点温度，然后再吸收汽化潜热变成蒸气。而第一层塔板往下的内回流（即热回流）为饱和液相，在汽化时只吸收汽化潜热，所以在取走总热量大致相等的情况下，供给的冷回流量要比热回流量小。因此，第一层塔板之下的液相负荷最大，汽化后相应的蒸气量也最大。

由于无中段循环回流时，汽液相负荷沿塔高分布不均匀，塔的处理量受到最大蒸气负荷的限制。当采用了中段循环回流后，汽液相负荷分布趋向于均匀。由于采用了中段回流，从塔中部取走了一部分热量，减少了抽出板上方的回流热，则需要的液相回流就少了，相应汽相负荷也减少了，此时沿塔高负荷就变得比较均匀。

（三）减压系统

1. 减压塔工艺流程

如图 2-15 所示，从常压塔底来的渣油，经过常底泵加压后，进入减压炉加热升温至 390℃ 左右进入减压塔，通过加热和降压两种手段，使常底渣油进行汽化冷凝分馏，从塔顶到塔底产品依次为减顶油气、减一线、减二线、减三线、减四线、减五线和减压渣油。塔内的低压（塔顶压力一般不大于 3kPa）是由塔顶的抽真空系统完成。与常压塔不同的是，减压塔是填料塔，不设塔板和浮阀，塔内从底到顶全部是填料和格栅，这样的设计是为了减小塔内的压力降，促成塔内的压力降低，以促进重油汽化。

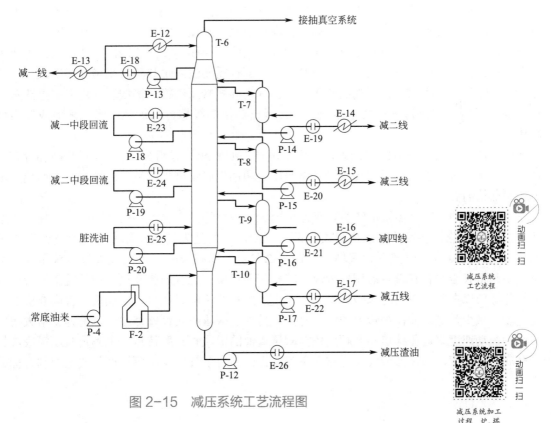

图 2-15　减压系统工艺流程图

减压塔顶没有冷回流，将减顶循环回流和减一线合二为一，减一线既出产品，又担负着调节减压塔顶温度和压力的任务。在组成上减一线接近于常三线，其馏程为 300～370℃（95% 蒸发温度为 370℃），但是平均密度上减一线要比常三线大一些，也是作为重柴油产品或是去柴油加氢装置精制和改质，或是直接去油库调和成品车用柴油。因为是填料塔，其内部构造没有承载液体的塔板，所以每个大塔抽出线高度都设有集油箱，减一线由塔内本侧线集油箱自压入减一线泵，加压并与 E-18 换热后分两路，一路经 E-12 冷却后返回大塔抽出线的上方，以稳定塔顶的温度和压力，另一路经 E-13 冷却后作为重柴油产品出装置。

减压二、三、四、五线的加工过程与常二、三线相同，也是通过汽提过程将本侧线大塔抽出液中轻组分汽化返塔来提浓本侧线。减压二、三、四、五线均从本侧线的集油箱自压进入本侧线的汽提塔，与汽提塔底部注入的过热蒸汽形成逆向接触，通过调节过热蒸汽流量来改变汽提塔内油气分压，从而调节塔内轻组分的汽化量，汽化的轻组分返回大塔集油箱的上方。留存下来未汽化的较重组分从汽提塔底引出进入本侧线泵，加压后经过换热和冷却出装置。因为常减压蒸馏装置的减压侧线产品只是润滑油基础油的原料，所以在控制指标上较为宽松，主要控制闪点、比色和馏程宽度等指标，减压馏分油还要经过溶剂脱蜡和加氢工艺，才能生产出润滑油基础油产品去到润滑油厂进行分类调和与加工。

为了调节各个减压侧线的产品质量和实现大塔良好的热平衡，减压侧线和塔外回流在大塔中的位置也是交错衔接的，即两个侧线之间必有塔外回流，两个塔外回流之间必有侧线抽出。减压侧线的数量由产品需要而定，也可以增设减六线，同时再增加一个塔外回流即可。一般减压侧线越多，需要减压炉温度越高，所以对减顶真空度的要求很高，避免塔内物料发生化学反应。随着原油密度越来越大的变化趋势，往往需要深拔减压侧线产品，主要表现在达成最低侧线的产量最大，因此在减压塔底部也需要注入过热蒸汽来增加塔底液体的汽化量。侧线和大塔底部均设汽提的减压塔工艺称为湿式减压蒸馏，侧线和大塔未用过热蒸汽汽提的减压塔工艺称为干式减压蒸馏。干式减压蒸馏侧线靠再沸加热升温，来促成轻组分汽化。

脏洗油一般设置在最低侧线处，是为了洗掉最低侧线的重组分，使其回归减底渣油中。在常减压蒸馏装置中，减压侧线主要是参照比色和馏程确定塔外回流量的增减，进而调节本侧线集油箱的温度。

由于润滑油的产品需求量较少，因此国内大多数炼厂没有生产润滑油基础油的任务，这些炼厂常减压蒸馏装置的减压塔只设置两个侧线，主要是为催化裂化和加氢裂化装置提供原料，这样的减压塔内部不设置填料，在内部只是排布些分布器，能最大拔出减压馏分即可。由于常底渣油含有较多的稠环芳烃、胶质和沥青质，这些烃类及化合物易发生缩合反应而结焦，所以在常底渣油进入减压炉之前，进炉炉管要注汽或注水，以加快炉管内介质的流动速度，减少常底渣油在炉管内的停留时间。另外，减压塔底设置缩颈，也是为了增大塔底渣油的流动速度来避免结焦和裂解。依据减压渣油的组成和黏度特点，来确定减压塔底液位到减底泵的高度，来保证减底泵正常上量和运行。国内某炼厂减压侧线产品质量控制指标见表 2-7。

表 2-7　国内某炼厂减压侧线产品质量控制指标（润滑油方案）

项目	单位	指标	项目	单位	指标
减二线			减四线		
黏度 V40	mm²/s	19～25	2% 蒸发温度	℃	不小于 450
闪点	℃	不小于 180	70% 蒸发温度	℃	不大于 520
比色	号	不大于 2.5	闪点	℃	不小于 210
			比色	号	不大于 6.5
			馏程宽度	℃	70
减三线			减五线		
密度	kg/m³	分析	密度	kg/m³	分析
2% 蒸发温度	℃	不小于 420	2% 蒸发温度	℃	不小于 460
97% 蒸发温度	℃	不大于 505	50% 蒸发温度	℃	不大于 530
闪点	℃	不小于 200	闪点	℃	不小于 225
比色	号	不大于 4.0	比色	号	不小于 8.0
馏程宽度	℃	85	馏程宽度	℃	不小于 70

2. 减压塔抽真空原理

在减压抽真空系统中，减顶气体的动力来源是抽真空器，抽真空器工作原理如图 2-16 所示。高压蒸汽引入到喷射泵的进口，在混合室缩径喷出，在喷口的侧面形成很高的负压，由此负压把不凝气从侧面吸入，与高压蒸汽一同喷射到扩张室。形成的真空度高低与扩张室的扩径速度和高压蒸汽的品质有关，要求蒸汽呈过热态，压力大而稳定，一般在 1.0MPa、300℃以上。因为一级抽真空器的负荷较大，所以一级抽真空器要比二级抽真空器大。在干式减压蒸馏系统中，有些装置不用蒸汽抽真空，而是用真空泵，它的特点是负荷较小，依靠电力驱动，所以较为稳定。

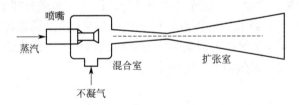

图 2-16　抽真空器工作原理示意图

减压抽真空系统工艺流程如图 2-17 所示。从减压塔顶来的油气，先进入预冷器（E-26）壳层进行冷却，部分气体冷凝后，自压流入减压塔顶罐（简称减顶罐）。气相部分被一级抽空器吸入，喷射到中间冷却器（E-27）壳层中冷却，又有部分的气体冷凝后自压进入减顶罐，中冷器中的气相部分由二级抽空器吸入，喷射进入后冷器（E-28）壳层，在后冷器大部分的气体冷凝自压进入到减顶罐，少许的不凝气压力很低，与减顶罐顶部排出的不凝气合并后低压回收。从 E-26、E-27、E-28 中自压流出的液体流进减顶罐的水封液面以下，在减顶罐中完成水、油、气三相的分离，减顶罐顶部引出不凝气与 E-28 顶部排出的不凝气汇合。减顶罐分水包底部引出污水排入地井。减顶油由减顶油泵 P-21 从减顶罐的积油间采出。

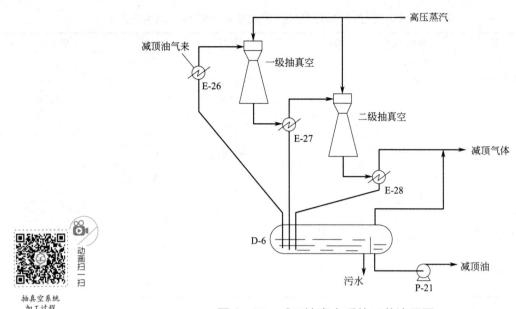

图 2-17 减压抽真空系统工艺流程图

有些炼厂的减顶气体量过小而直接排入大气，或者依生产需要而间断地排入大气，为了防止减顶油倒吸返回减压塔，需要预冷器 E-26 到减顶罐的大气退管线高度不小于 10.34m，且大气退管线末端必须要深入减顶罐液面以下，这样设计的目的是防止外界空气倒吸进入减压塔内而引起严重事故。另外，装置在每次计划停工检修装置时，应重点对大气退管线管壁进行测厚，以保证下一周期装置生产的安全运行。

减顶油从减顶罐的积油间引出经减顶泵 P-21 加压后或是与常二、三线和减一线合并混出柴油，或是打入原油泵 P-1 进口回炼。减顶油虽然产量很小但馏程较宽，约为室温至 370℃，包含气体、汽油、煤油、柴油等轻质油馏分，因为主要成分在 180℃以上，所以减顶油主要用来加工柴油。但是减顶油的闪点较低（闪点为室温），国家标准规定车用柴油的闪点不小于 45 ~ 60℃，所以在保证车用柴油闪点合格的前提下，最大限度地增加减顶油调和柴油的比例是常减压蒸馏装置效益的影响因素之一。

3. 减压塔工艺特征

（1）减压塔的类型

减压蒸馏的核心设备是减压精馏塔和它的抽真空系统，根据生产任务不同，减压塔分为润滑油型和燃料型两种，见图 2-18 和图 2-19。

润滑油型减压塔提供润滑油原料，要求馏分的馏程较窄、黏度合适、残炭值低、色度好。燃料型减压塔提供催化裂化和加氢裂化原料，要求残炭值低、金属含量低，对馏分组成的要求并不严格。

无论哪种类型的减压塔，都要求有尽可能高的拔出率。减压塔常采用全填料微湿式减压蒸馏工艺，减压塔共有 5 段规整填料，分别为减一中段、柴油分馏段、减二中段、减三中段和洗涤段，进料设有汽液分配器。

（2）减压塔的一般工艺特征

① 采用全填料减压塔技术　全填料减压塔技术包括高效规整填料及高效液体分配器和

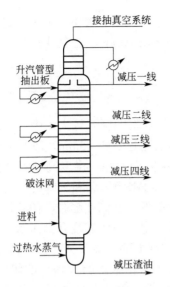

图 2-18 润滑油型减压分馏塔

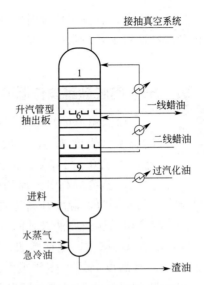

图 2-19 燃料型减压分馏塔

液体收集器等内件。在塔顶真空度一定的情况下减压塔中采用规整填料可以有效地降低全塔压降，从而降低减压塔闪蒸段的压力，达到提高拔出率的目的，实现减压深拔。国内已有若干套大型减压装置减压塔采用全填料，技术相对成熟。

② 减压塔底注入适量蒸汽　减压塔底注入适量蒸汽，采用微湿式带汽提操作，提高炉出口汽化量，提高产品质量。

③ 减压炉管注入适量蒸汽　减压炉管注入适量蒸汽可以降低油气分压，提高加热炉管内介质流速，在一定程度上还可以避免炉管结焦及油品裂解。

④ 设置净洗段　良好的净洗段，可有效降低减压渣油中蜡油含量和蜡油重组分含量。

⑤ 进料口设置进料分配器，使上升气体均匀分布，减少雾沫夹带　影响深拔蜡油质量的关键在于减少雾沫夹带，因此需要在减压塔进口设置雾沫夹带量小、气体分布均匀的进料分配器。

⑥ 塔底设置急冷油控制塔底温度，防止塔底油大量裂化。

⑦ 缩短渣油在减压塔内的停留时间　减压塔底部通常采用缩径，以缩短渣油在塔内的停留时间，可采用低速转油线、减压炉管逐级扩径、炉管吸收转油线热胀量技术。采用低速转油线、炉管吸收转油线热胀量技术，做到减压炉与减压塔间转油线距离最短，减少转油线压降和温降。

基于上述工艺特征，减压塔塔径比常压塔大，塔高度较常压塔矮。此外，减压塔的裙座较高，塔底液面与塔底油抽出泵入口之间的位差在10m左右，为塔底热油泵提供了足够的灌注头。

第四节　常减压蒸馏工艺主要操控点

在现场生产过程中，DCS 系统会每间隔一两秒钟追踪现场装置的温度、压力、流量、液位等参数，主控制室主、副操岗位及时掌握参数动态，分析判断装置生产的变化趋势，并且及时做出调节，使这些工艺参数控制在工艺卡片允许的波动范围内，才能生产出合格的装置产品。

动画扫一扫

电脱盐
操作温度

一、电脱盐罐操作温度

原油温度的高低对于电脱盐罐脱盐效率的影响较大，因此应避免脱盐罐温度大幅度波动，一般变化温度不应超过 2℃/15min，脱盐的最佳温度通常为 120～140℃。原油在电脱盐罐内为液相，温度高一点会提高脱盐效果，温度提高时，原油的黏度降低，对水滴运动和沉降的应力减小，水滴运动速度增大。与此同时，温度升高时油水界面张力降低，水滴热膨胀，使乳化膜强度减弱，所以较高的温度可以加快原油破乳的速度。但是原油电导率随温度升高而增大，当温度高于 140℃后电导率急剧增大，电耗增加。当温度高于 140℃后，氯化镁和氯化钙开始水解，也不利于脱盐。而且温度高过一定程度后，会出现水在油相中溶解度增加的倾向。另外，温度过高，也会导致部分烃类汽化而使电脱盐操作不正常，因此要严格控制电脱盐的温度范围。

从原油进装置到电脱盐罐，这一段原油的换热流程称为原油的一段换热系统；从电脱盐罐到初馏塔之间原油的换热流程称为原油的二段换热系统；从初馏塔到常压炉之间初底原油的换热流程，称为原油的三段换热系统。如图 2-20 所示，原油的一段换热系统终温，决定于此段流程中换热器热流的流量及温降程度（ΔT），如果热流的温降和流量大，那么冷流原油的受热量就大，原油一段换热系统终温将会升高。原油一段换热系统的热源有：减底渣油、常底渣油、常压侧线油、常压中段回流、减压侧线回流、减压中段回流等，按温位从低到高排序流程。每个换热器都有各自的正线和副线，在不改变流量的前提下，热流通过调节副线流量来控制供热量，而冷流（原油）的副线基本不启用，因为原油中的胶质、沥青质和盐含量较高，黏度较大，启用副线易造成管线结垢，经常启用副线也会造成副线阀门关闭不严。

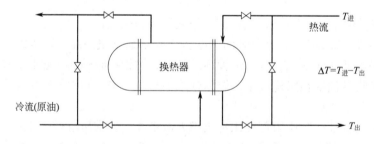

图 2-20　换热器冷热流正副线示意图

如图 2-21 所示，电脱盐罐的操作温度除了与一段原油换热系统有关外，还与进装置原油的初始温度变化有关。原油进装置的温度由原油调和罐区决定，如果原油温度偏低，可直接联系原油调和装置进行调节，以达到工艺生产的要求。原油在调和罐区经过比例调和后，会静止 4h 后进行多次初步的切水任务，排除一部分盐分。为了较为有效地脱除水分，会在调和后的原油罐底进行蒸汽盘管加热，加热的时间越长，罐内原油温度越高，油水分离越容易，切水脱盐效果越好。所以原油在调和罐区停留的时间增加一天，原油温度都会有相应程度的升高，严格来讲，应该随着原油在罐区停留时间的长短不同，及时调整罐底盘管通入蒸汽的流量。

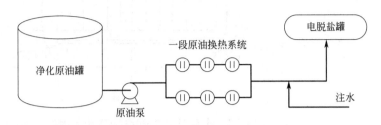

图 2-21　电脱盐罐温度控制显示图

常减压蒸馏装置有三种水：新鲜水、软化水、循环水。循环水用在冷却器中，水质最差也最廉价。软化水最洁净，价格也最高，用于加热产生自用过热蒸汽，然后作为侧线汽提塔和大塔塔底的汽提蒸汽，有些炼厂加热炉为防止炉管结焦，会用软化水注入进炉前的管线中。新鲜水水质和价格居中，电脱盐罐的注水采用的是新鲜水，温度较低。如图 2-22 所示，在电脱盐的系统中，注水量一般会达到原油加工量的 5% ～ 10%，这么大的流量，其温度也会对电脱盐罐的操作温度造成很大的影响。所以，一般

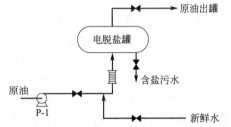

图 2-22　脱盐罐压力示意图

要对所注的新鲜水尽量用低温位热源预热，避免造成电脱盐罐内原油温度的下降。

二、电脱盐罐压力

电脱盐罐内保持一定压力是为了控制原油避免汽化蒸发，如果产生蒸气将导致电脱盐罐操作不正常，严重时引起爆炸。因此脱盐罐内压力必须维持到高于操作温度下原油和水的饱和蒸气压。一般电脱盐罐内压力控制在 1.6MPa 以上。如果有三级罐串联，则二级罐要高于1.7MPa，一级罐要高于 1.8MPa，驱动原油需要罐间保持一定的压差。另外，罐间的静态混合器混合强度也需要消耗一定的压差。以一级罐为例，因为破乳剂和脱金属剂的注入量太小，对于罐内压力的影响可以忽略不计。脱盐罐的注水量与罐底排出的污水量应保持平衡状态，况且注水排水流量约为原油的 5%，所以它们对脱盐罐的压力影响也较小。所以，罐内的压力只与进出罐原油流量变化和静态混合器混合强度有关。进罐原油流量由原油泵出口阀门控制，出罐原油量由罐顶出口处的阀门开度来控制。

三、电脱盐罐水的界位

电脱盐罐的水位在原油进口分布器的下方，油水界位要经常检查，高的水位不但缩短原油在弱电场中的停留时间，对脱盐不利，而且水位过高会导致电场短路跳闸。界位过低，会造成脱水带油。一般油水界位控制在 25% ～ 35% 的范围内，采用较低的水位是为了防止电脱盐罐跳闸。电场对于脱盐罐脱水的作用很大，若因为跳闸造成电场消失，油水分离不利造成含水原油进入后续的初馏塔，将会造成初馏塔冲塔事故，不但初馏塔顶汽油变黑，整体装置的操作都会紊乱。电脱盐罐的内部结构及水位显示如图 2-23 所示。

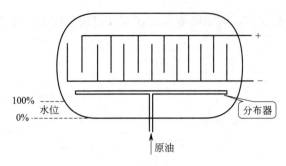

图 2-23　电脱盐罐内部结构及油水界位示意图

电脱盐罐的进水与出水达到平衡时，水位将保持不变。进水来源有二：其一为原油中自带的饱和盐水；其二是原油在进入电脱盐罐前的注水。出水也包括两部分：其一是脱盐原油中所携带的微量水分，在正常电脱盐工况下，这部分水分所占比例不大，可以忽略不计；其二是在电脱盐罐底部的排放水。进水与出水是否达到平衡，都是通过水位的显示表现出来，进水和出水无论哪一方出现流量波动，都将破坏油水界位的稳定。

电脱盐的注水量一般占原油加工量的 5%～10%，为了减小脱盐原油对初馏塔及后续工序设备的腐蚀强度，注水量应根据净化原油中的盐含量的变化而作出相应的调整，所以注水量的多少，遵循的原则是要尽量洗掉原油中的盐分，而不是平衡脱盐罐的水位。因此当注水量发生变化时，一定要及时调整脱盐罐底部的排水量，使水位保持稳定不变。脱盐罐的总注水量，依据原油中盐含量的变化而作出相应的调整。每级电脱盐罐的注水量也不相同，一般一级罐和二级罐注水量偏多，一级罐出口的原油盐分脱除率约为 95%，二级罐出口的原油盐分脱除率可达到 99% 以上，所以为了降低耗水量，一般炼厂均设计采用三级罐排水回注一级罐的工艺。

四、初馏塔顶温度

保持初馏塔顶压力不变，塔顶温度变化影响着初顶产品（初顶汽油）的终馏点，如果塔顶温度过高，则初馏塔内本不该汽化的馏分汽化，并从塔顶馏出，致使初顶汽油终馏点偏高。相反，保持初馏塔顶压力不变，如果塔顶温度过低，则本应该汽化并从塔顶馏出的组分没有汽化而从塔底引出，致使初顶汽油终馏点偏低。一般初馏塔塔顶温度控制在 115～120℃ 范围内。

初馏塔底部的进料是初馏塔热量的唯一来源，其温度约为 220℃，因为其流量大，所以温度即使有微小的波动，都会引起初馏塔顶温度很大的变化。初馏塔进料温度主要与原油二段换热系统中各个换热器的换热效果有关，这些换热器的热流正副线流量、温度变化直接影响着原油二段换热终温，即初馏塔进料温度。

初馏塔顶压力升高，一方面因为减小了进料口到塔顶的压降而降低塔内部的上升气速，另一方面因提高了塔内的油气分压，相当于提高各个组分的沸点，这样，高温的较重组分就无法汽化上升到达塔顶而使塔顶温度下降（热量的载体是上升的油气）。

如图 2-24 所示，初馏塔顶油气出塔温度在 120℃ 左右，从塔顶引出后，经过空气冷却器和循环水冷却器冷却至 40℃ 进入初顶罐，实现油、水、气三相分离后，油相经过初顶汽油泵驱动部分返回至塔顶。因此，通过塔顶冷回流的温度和流量可以降低塔顶的温度，增大冷回流流量和降低冷回流温度，均可以降低塔顶温度。

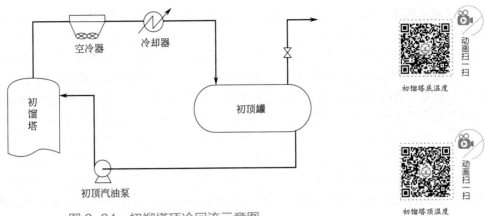

图 2-24　初馏塔顶冷回流示意图

循环水冷却器的工作原理与换热器相同，热流、冷流也均有正线和副线。但一般冷却器冷热流全部都走正线，依据冷流中冷却循环水的温度和流量来调节冷却效果，即如果降低冷却循环水的温度，或增加冷却循环水的流量，则冷却力度加强，塔顶冷回流温度将降低。由于循环水是由装置外供，来水的温度是固定的，所以在调节冷却器冷却力度时，主要靠调节冷却水流量来实现。

五、初馏塔顶压力

保持初馏塔顶温度不变，塔顶压力变化影响着初顶产品（初顶汽油）的终馏点，如果塔顶压力过低，则初馏塔内本不该汽化的馏分汽化，并从塔顶馏出，致使初顶汽油终馏点偏高。相反，如果塔顶压力过高，在塔顶本应该汽化并从塔顶应该馏出的组分没有汽化，而从塔底引出，致使初顶汽油终馏点偏低。一般初馏塔顶压力（表压）控制在 0.20～0.25MPa 的范围内。

初顶温度的升高，会造成塔顶轻组分的汽化率增大，因此塔顶的气相负荷变大，塔顶压力随之升高。初馏塔顶冷回流温度一般在 40℃ 左右，返塔后大部分会汽化，如果其返塔冷回流流量增大，将会造成塔顶气相负荷增大，压力随之升高。同理，塔顶冷回流中含水量增大，水分进入塔内后汽化，塔顶气相负荷增大，压力随之升高。

常减压蒸馏装置的产品中，直馏汽油和减压渣油中硫含量较多，直馏汽油和减压渣油接触的设备都易发生硫腐蚀，严重时会造成砂眼，发生泄漏，影响装置生产周期。尤其是塔顶挥发线处，易形成露点腐蚀，硫酸盐的浓度较高，腐蚀力度较大。为了减缓硫对塔顶挥发线的腐蚀，一般会向塔顶注入缓蚀剂，缓蚀剂与水混合形成一定浓度，再用柱塞泵提供扬程并按规定的计量注入初馏塔和常压塔的塔顶，在挥发线处形成一层保护膜，这样就增加了塔顶的水含量，这部分水全部进入到塔顶回流罐中，并从罐底引出排入地井。但是一定要做好塔顶回流罐的油水分离工作，避免塔顶冷回流中携带水分，造成塔顶操作波动。

如图 2-24 所示，初馏塔顶油气先经过空气冷却器冷却，气相有很大部分会变成液相，这样，会造成相变部位的压力降低，这样就形成了塔顶到空冷相变部位的压降，驱使气相从塔顶向空冷相变部位流动。如果空冷冷却力度加大，会增大这种压降，使气相从塔顶到空冷相变部位的流动速度加大，进而降低了塔顶的压力。在现场生产中，将调节初顶空冷冷却力度作为调节初馏塔顶压力的主要手段。

气相从初馏塔顶到初顶罐，形成了封闭的空间，在这个空间里，唯有初顶罐顶部的气体外排阀门是泄压口，此阀门后续连接的是炼厂低压燃料气管网，管网内压力远低于初顶罐内压力，如果此阀门开度增大，将有更多的气体外排，初顶罐的压力将下降，这样等于加大了气相从塔顶到初顶罐的压降，增大了气相从塔顶到初顶罐的流速，进而降低了塔顶压力。

电脱盐系统虽然会把原油中的含水量降至微小范围内，但无法实现将水分彻底脱除，这是因为装置要完成一定的原油加工量。脱出原油中的水分进入到初馏塔后会汽化并集中在塔顶部位。因此初馏塔进料含水量的变化也会影响塔顶压力，进料含水量增大，则塔顶的水蒸气负荷会增大，气相总负荷将增大，塔顶压力将升高。在实际的操作中，不必担心初馏塔进料中含有水分，只要这些水分含量稳定在允许的范围内，便不会造成塔顶压力的较大波动而影响装置的平稳运行。稳定初馏塔进料中的水含量的前提条件是平稳电脱盐系统的操作。

六、初馏塔底液位

如图 2-25 所示，初馏塔底液位发生变化时，会使初馏塔底泵出口流量发生波动，如果常压炉没有及时调整火嘴的发热量，即没有及时改变燃料油火嘴和燃料气火嘴的开度，将会导致常压炉出口温度产生波动，即常压塔进料温度发生变化，这样会影响常压塔的正常操作，严重时会使常压侧线产品质量不合格。所以，初馏塔底液位稳定是常压系统实现平稳运行的前提条件。一般地，初馏塔底液位控制在 50%±10% 的范围内。

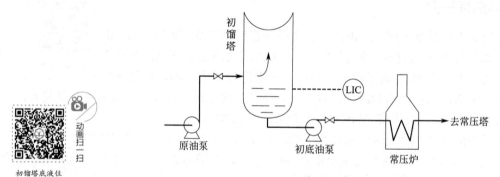

图 2-25　初馏塔底液位相关流程图

如图 2-25 所示，对于初馏塔底液位来讲，初馏塔底进料有一，即原油泵的出口流量；出料有二，一为初底泵外排流量；另一为初馏塔内塔底进料的汽化上升量，所以初馏塔底物料是否平衡，只要考虑这三点即可。

初馏塔底进料量主要由原油泵出口流量控制，进料量增大，则初底液面将升高。原油泵的泵送流量不可以随意调节，它关系到常减压蒸馏装置的加工量，根据年初炼厂制定的常减压蒸馏装置的加工任务，厂技术部门将会计算出装置详细到每天的原油加工量，并要求每天平稳完成加工任务。另外，原油泵的出口流量发生变化，将会造成装置后续工艺参数的整体变动，影响装置的平稳运行，一切安全事故和质量事故均是由操作波动引起的。

初底泵出口流量增大，则初馏塔底液面将降低。初馏塔底泵出口流量，即为常压炉进料流量，也即为常压塔底的进料流量。初馏塔底泵出口流量发生变化，如果没有及时相应地调整常压炉燃料油和燃料气的火嘴开度，将会导致常压炉出口温度发生变化，加之常压塔底进料量发生波动，将会造成常压塔的操作波动，严重时会影响常压塔塔顶及侧线产品的质量。

因此在调节初底泵出口流量的同时，一定要考虑后续受影响的工艺参数，预见性判断这些工艺参数的变化趋势，及时调整。

初馏塔底汽化率，主要指的是初顶气体和出装置的初顶汽油产率之和占塔底进料的百分比。初馏塔底的汽化率降低，即初顶气体和初顶汽油的产率下降，说明本应该作为初顶产品的组分液相回流至塔底，则初底液面将升高。

保持初馏塔底温度、塔顶温度和压力不变，如果进料密度变小，进料中轻组分的比例增大，则初顶产品产量将会增加，汽化率将升高。初馏塔进料性质即净化原油的性质，也即采油厂或产油矿区的原油性质，一般在短期内各个原油的性质及组成不会发生较大变化，如果炼厂原油调和装置按照规定比例调和原油，一般不会使初馏塔进料性质发生较大波动，所以在调节初馏塔底汽化率时，不会考虑进料性质的影响因素。烃类组分的相变与温度有关，进料温度升高会促进液相组分的汽化，温度升高，则汽化率将升高。初馏塔底进料温度，即为原油二段换热终温，从电脱盐罐出口至初馏塔底进料之间这一段的原油换热系统称为原油的二段系统，系统内换热器的热源，为常压塔侧线、常底渣油、减压塔侧线、减底渣油，这些热流在换热器的流量及温降变化，均可导致初馏塔底进料温度发生变化。初馏塔顶压力也会影响油分的汽化效果，塔顶压力降低，降低了烃类的沸点，促进了较轻烃类组分的汽化。一般通过对空气冷却器的冷却力度和初顶回流罐顶气相外排阀门开度的调节，来控制初馏塔顶压力。

七、初顶中间罐水位控制

塔顶冷回流带水是初馏塔以及其他蒸馏塔操作较为棘手的问题之一，由于水汽化潜热较大，回流带水返塔后不但吸收大量的热量，而且汽化后，体积增加多倍，将引起操作波动，威胁生产安全，发现不及时或处理不当，就会造成冲塔，当塔顶压力超过安全阀定压值0.255MPa时，促使安全阀启跳，造成事故。为了避免塔顶回流带水，必须要稳定初顶中间罐的水位，一般控制在50%±10%范围内。塔顶回流罐结构见图2-26。

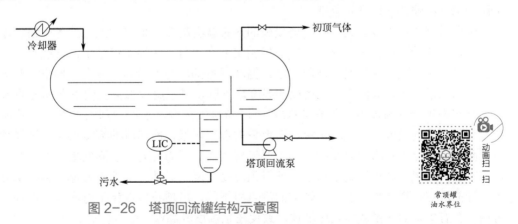

图2-26 塔顶回流罐结构示意图

如果进料中含水量波动不大，基本不会影响到初顶罐中水位的稳定。当初馏塔底进料中含水量突然变大，单位时间内进入到初顶罐中的水量会增加，其水位将升高。这时应及时加大排水量，以避免回流带水。初馏塔进料含水量与电脱盐系统的操作有关，只要电脱盐罐主要操作参数，如压力、温度、注水量、排水量、电压、破乳剂注入量、原油泵出口流量等参数稳定后，唯一能造成初馏塔底进料含水量变化的只有原油调和工艺的操作状况。一般认为净化原油的温度及含水量的变化过大波动，会导致电脱盐系统的操作紊乱，进而影响到初馏塔的平稳运行。

根据物料平衡的原理，初顶罐的排水量等于罐进料中的水含量，即可稳定初顶罐的水位平衡。初顶罐的排水量，要考虑塔顶注缓蚀剂液中的水含量，而且根据装置的运行时段及塔顶挥发线腐蚀程度，会相应加大缓蚀剂的注入强度，或者为了稀释塔顶酸液的浓度。有些炼厂常减压蒸馏装置会配置另外加注塔顶新鲜水的工艺，这样相当于加大了初顶罐的进水量，此时应及时调节排水量，以稳定初顶罐的水位。

一定的初顶油气的冷后温度，对应着一定的初顶罐中的油水分离效果。如果冷后温度升高，汽油馏分和水的分离效果将下降，因为水和汽油馏分的分子能量大，运动加强，相互渗透和混合，部分水分子会运动到油相中与汽油一同翻过隔油墙到积油间而造成水位的下降，此部分水随着汽油部分回流至塔顶，会造成塔顶压力的升高，进而降低了塔内的上升气速，单位时间内水蒸气冷却进入到初顶罐的量会减少，初顶罐中的水位将会进一步下降，造成恶性循环。

动画扫一扫

常压塔底温度

八、常压塔顶温度

保持常压塔顶压力不变，塔顶温度变化影响着常顶产品（常顶汽油）的终馏点，如果塔顶温度升高，则常压塔内本不该汽化的馏分汽化，并从塔顶馏出，致使常顶汽油终馏点偏高，且常一线产品的初馏点也跟着升高。相反，如果塔顶温度降低，则本应该汽化并从常压塔顶馏出的组分没有汽化，而是从常一线抽出口馏出，这样导致常顶汽油终馏点偏低和常一线初馏点偏低。一般常压塔顶温度控制在120℃附近，常顶汽油比初顶汽油的产率低。

经过常压炉加热后来的进料所提供的热量，是常压塔唯一的热源，进料的温度直接影响到整个大塔的温度。进料温度降低，则大塔各个温位均会下降。另外，进料温度也与原油的三段换热系统的终温变化有关，在原油三段换热系统中，冷热流流量及温度、热流正副线流量比例都会影响常压塔进料温度。

常压塔侧线抽出量越大，则大塔损失的热量就会越多，抽出线上方的各个塔板温度就会下降。常一线抽出量变大，有些较轻的气相组分会在常一线抽出口馏出，这些组分没有把热量携带到塔顶，致使塔顶温度下降。塔顶循环回流抽出与返塔温差越大，抽出量越大，则塔顶损失的热量越多，其回流附近塔板的温度均下降，塔顶温度也会受到不同程度的影响。

常压塔顶冷回流温度一般在40℃左右，当常顶空冷、水冷冷却力度发生变化时，势必会改变常顶罐的温度，如果塔顶冷回流返塔的温度降低，冷回流的流量加大，则塔顶的温度将下降。塔顶压力对塔顶温度的影响主要表现为塔顶压力升高，会降低塔内部上升气速，这样，高温的重组分就无法到达塔顶而使塔顶温度下降。另外，塔顶压力也会影响部分轻组分中纯烃的沸点，塔顶压力偏低，烃类的沸点将下降，塔顶整体汽化率将增大，塔顶气体产率将增大，有更多的热量载体到达塔顶，致使塔顶温度升高。

九、常压塔顶压力

保持常压塔顶温度不变，塔顶压力变化影响着常顶产品（常顶汽油）的终馏点，如果塔顶压力升高，在塔顶本应该汽化并且挥发的组分没有汽化，致使常顶汽油终馏点和常一线初馏点偏低。一般常压塔顶压力（表压）控制在 0.01 ～ 0.06MPa 的范围内。

塔顶温度升高，会有更多的组分汽化而冲至塔顶，塔顶的气相负荷变大，塔顶压力将升高。无论是大塔塔底注汽，还是侧线汽提塔注汽，所有的水蒸气将全部上升至常压塔顶。如果注汽量增大，则塔顶气相负荷变大，塔顶压力将会上升。但是，影响塔顶气相负荷的主要组分是油气，蒸汽只占很小一部分比例，一般在使用塔底注汽和侧线汽提塔注汽工艺手段时，主要是为了汽提侧线及塔底烃类的轻组分，增加油品产量，调节油品闪点，而不是为了调节大塔顶部的压力。

进料性质稳定时，塔顶的气相负荷将会稳定。如果进料变轻，会有更多的轻组分汽化上升至塔顶，使塔顶的气相负荷变大，塔顶压力升高。进料变轻的原因，一般归结为初馏塔的拔出率，初馏塔的拔出率减小，本应该在初馏塔汽化挥发的组分在常压塔顶汽化馏出，这样相当于增加了常压塔的负荷，造成常压塔顶的压力上升。

如图 2-27 所示，常压塔顶油气先经过空气冷却器冷却，塔顶挥发出来的气相有很大部分会变成液相，这样会造成相变部位的真空，形成了从塔顶到空冷相变部位的压降，驱使气相从塔顶向空冷相变部位流动。如果空冷冷却力度加大，会增大这种压降，使气相从塔顶到空冷相变部位的流动速度加大，进而降低了塔顶的压力。在现场生产中，调节常顶空冷冷却力度作为调节常压塔顶压力的主要手段。

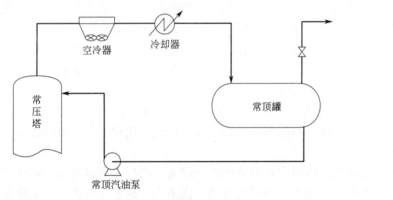

动画扫一扫

常压塔顶压力

图 2-27　常顶冷回流流程示意图

塔顶回流返塔后，由于沸点低于塔顶温度，所以回流中大部分组分会汽化，如果回流量增大，造成塔顶气相负荷变大，压力随之升高。同理，塔顶回流中含水量增大，水分进入塔内后汽化，塔顶气相负荷变大，压力随之升高。

气相从常压塔顶到常顶罐，形成了封闭的空间，在这个空间里，唯有常顶罐顶部的气体外排阀门是泄压口，此阀门后续连接的是炼厂低压燃料气管网，管网压力低于常顶罐内压力，如果此阀门开度增大，将有更多的气体外排，常顶罐的压力将下降，这样等于加大了气相从塔顶到常顶罐的压降，增大了气相从塔顶到常顶罐的流速，进而降低了塔顶压力。

十、常压塔底液面

如图 2-28 所示，常压塔底液位发生变化，会使常压塔底泵出口流量发生波动，如果减压炉没有及时调整火嘴的发热量，会导致减压炉出口温度波动，即减压塔进料温度发生变化，这样会导致减压塔操作波动，严重时会使减压侧线产品质量指标不合格。所以，常压塔底液位稳定是减压系统平稳操作的前提条件，一般常压塔底液位控制在 50%±10% 的范围内。

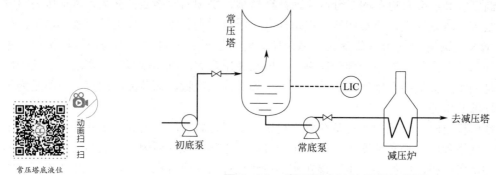

图 2-28　常压塔底液位相关流程图

如图 2-28 所示，常压塔底进料有一，即初馏塔底泵出口流量。而出料有二：其一为常底泵出口流量，其二为常压塔内部的汽化上升量。所以，常压塔底物料是否平衡，只要考虑这三点即可。

常压塔底进料量主要由初底油泵出口流量控制，进料量增大，则常压塔底液面将升高。但是，如果改变了初底泵出口的流量，会引起初馏塔底液位的变化，就需要调节原油泵出口流量，这是不可取的，所以一般不会利用调节初馏塔底泵出口流量来平衡常压塔底液位。

常底泵出口流量增大，则常压塔底液面将降低。但是在调节常底泵出口流量的同时，也要考虑减压系统的操作平稳性，要提前做好减压炉的相关调节工作，如燃料油火嘴和燃料气火嘴的开度、炉膛负压等，以保证减压塔进料的温度稳定，进而稳定整个减压塔的操作。

常压塔的汽化率主要是指常顶气体、常顶汽油、常一线、常二线、常三线产品的产率总和。常压塔的汽化率降低，说明本应该汽化并从侧线馏出的组分没有馏出而是留存在塔底，使得常底液面升高。由于塔底进料的温度较高，所以塔底汽化程度是常压塔底液位的重要影响因素。

保持常压塔底温度不变，进料中轻组分的比例增大，则汽化率将增大。保持常压塔底温度、塔顶温度和压力不变，如果进料中轻组分的比例增大，则常压塔产品总量将会增大，汽化率将增大。常底进料轻组分的含量增大，说明本应该在初馏塔汽化馏出的组分没有馏出，而是随初底原油一同进入了常压塔，这些组分便会在常压塔顶馏出。

进料温度会促进油分的汽化，温度升高，则汽化率将增大。常压塔底进料温度与常压炉的加热程度和原油三段换热系统终温有关，此系统换热器的热流为减压侧线、常渣及减压渣油，热流的流量、正副线的比例，都会对原油三段换热终温造成影响。另外，塔顶压力也会影响油分的汽化效果，塔顶压力越低，各个组分的沸点也相应降低，则塔内进料整体汽化率将增大。

常压塔底注汽，是为了降低常压塔内部油气分压，促进油分的汽化力度的加强，增大侧线产品的产率。如果加大注汽量，会降低塔顶的油气分压，降低组分的沸点，使汽化的油分增多，汽化率上升。塔底注汽主要改变的是常三线的产量。

十一、减压塔顶压力

减压塔是在较低的温度和压力下进行物料切割的，温度较低是为了避免发生烃类的化学反应。

抽真空蒸汽压力越高，在混合室侧面形成的真空度越高，形成的从减压塔顶到一级抽真空器混合室的压降就会越大，促使减压塔顶向一级抽真空器混合室的气流流速增大，减压塔顶的压力就会降低。

减压塔顶压力

减压塔底注汽量和减压侧线注汽量增大，上升到塔顶的水蒸气就会越多，塔顶的气相负荷将会增大，塔顶的压力就会升高。另外，减压塔内水蒸气的分压越大，则油气分压减小，会促使油相汽化率增大，汽化上升的气体总量增加。

减压炉出口温度不宜过高，以不发生裂解反应为限，但是这个度很难把握。如果减压炉出口温度过高，炉管内的常渣进入减压塔后，将会有更多的轻组分汽化上升至塔顶，使塔顶压力升高。常压拔出率指的是常顶气体、常顶汽油、常一线、常二线及常三线的产率总和。常压拔出率越高，说明常压汽化产出的产品就越多，常渣就会少而重，进入减压塔后，组分的汽化率将会下降，塔顶的气相负荷变小，塔顶压力降低。

减压塔顶温度越高，达到沸点而汽化的组分就越多，本不应汽化的轻组分汽化上升至塔顶，致使塔顶气相负荷变大，塔顶压力升高。

减底液面越高，淹没的格栅和填料越多，提馏的效果就越差，被淹没在液相中的轻组分就会增多，本应汽化上升至塔顶的轻组分减少，塔顶气相负荷变小，塔顶压力降低。虽然减压塔底液位是减顶压力的影响因素，但它的影响程度较小，除非减底液位淹没接近到减五线高度时，塔底液位高度对塔顶压力的影响开始变得突出。

抽真空系统前冷、中冷、后冷却器的冷却水温度越低，流量越大，冷却效果就越好，从塔顶引出的气相在冷却器内冷却为液相的比例增大，抽真空器的负荷就会变小，抽真空器的工作效能增大，使从减压塔顶到抽真空器的压降增大，气流流速增大，减压塔顶气相负荷减弱变快，塔顶压力降低。

十二、减压塔顶温度

减压塔顶温度对于减顶油和减一线油馏程的影响很大。减顶油的馏程较宽，一般为室温至 370℃，闪点为室温，如果不影响柴油的闪点，则可以作为轻柴油的调和组分输往油库。但如果闪点不允许，或者减顶油产率过大，则需打入原油泵进口进行回炼。减一线油的馏程为 300 ～ 370℃，常与常二线、常三线混合生产轻柴油馏分。其他条件不变，减压塔顶温度过高，本不该汽化的组分汽化上升至塔顶，以减顶油馏分馏出，这样就较少了轻柴油的产率，降低装置效益。减压塔顶温度一般控制在 50 ～ 70℃ 的范围内，减顶温度各个炼厂有所不同，依据塔顶压力和侧线产品要求而定，但必须使水成为气态。

经过减压炉加热后来的进料，其提供的热量是减压塔唯一的热源，进料的温度直接影响到整个大塔的温度。进料温度低，则大塔各个温位均会下降。侧线抽出量越大，则大塔损失的热量就会越多，抽出线上方的各个温位均会下降。减一线回流、减一中段回流、减二中段回流抽出与返塔温差越大，流量越大，则大塔损失的热量越多，其回流上方的各个温位均下降。

减压塔顶压力对塔顶温度的影响主要表现为塔顶压力升高，一是会降低塔内部上升气速，二是使部分组分的沸点升高无法汽化，这样高温的重组分就无法到达塔顶，造成塔顶温度的降低（热量的载体是上升的油气）。

十三、减压塔底液位

减压塔底液位会不同程度地影响减压塔内汽化率，如果减底液位超高至减五线附近，将会加大影响减压塔内的汽化率，一般控制塔底液位高度为 40% ～ 60%。

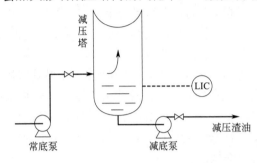

图 2-29　减压塔底液位相关流程图

如图 2-29 所示，减压塔底进料有一，即常底泵出口流量。而出料有二：其一为减底泵外排量，其二为减压塔内部的汽化上升量，总收率即减顶气、减顶油、减一线、减二线、减三线、减四线、减五线收率的总和。所以，减压塔底物料是否平衡，只要考虑这三点即可。

减压塔底进料量主要由常底泵出口流量调节，进料量增大，则减压塔底液面将升高。常底泵出口流量应根据常压塔底液位的变化而变化，

其主要目的是维护常压系统的操作稳定，所以常压塔底泵的出口流量不可作为减压塔底液位的调节手段。减底泵出口流量增大，则减压塔底液面将降低。减压塔底泵出口流量的大小除了对于原油一段、二段、三段换热系统的换热终温有一定的影响外，对本装置的平稳操作没有影响，因此一般把调节减压塔底泵出口流量作为调节减压塔底液位平衡的首选手段。但是，为了兼顾后续装置的平稳运行，在调节减压渣油出装置流量时，要及时通知下游装置做好应对准备，尤其是当下游装置没有原料罐和减压渣油直接进入下游装置的缓冲罐加工时，应提前通知下游装置主控室，做好变量操作的前提准备。

减压塔底的汽化率升高，则减底液面将下降。减压塔内的汽化率主要与减压塔底进料性质、进料温度、塔顶压力及塔底注汽量有关。保持减压塔底温度不变，如果常压塔拔出率降低，说明本应该在常压塔内汽化并从常压侧线馏出的组分进入到减压塔内汽化，这样就增大了减压塔负荷，减压塔内的汽化率增大。塔顶压力也会影响油分的汽化效果，塔顶压力越低，则汽化率就会越大。在保持减压塔顶压力不变的前提下，进料温度的升高会促进油分的汽化，而使塔内汽化率增大。减压塔底注汽，是为了降低减压塔内部油气分压，促进油分的汽化。如果加大注汽量，将会降低塔顶的油气分压，降低油分的沸点，则汽化的油分增多，汽化率增大。

如果减压炉温度超高，会导致炉管内的常渣发生裂解反应而生成轻组分，进入减压塔的较轻组分的比例增大，汽化率增大，会导致减压塔底液位下降。但是，在烃类发生裂解反应的同时，也会发生稠环芳烃的缩合反应，生成碳氢比更高的焦炭，聚集在高温部分，腐蚀设备而缩短装置的生产周期，因此减压操作的重点是避免发生炉温的超高现象。如果想要提高减压拔出率，应尽可能地提高减压塔顶的真空度。

十四、常压加热炉出口温度

常压炉出口温度是常减压蒸馏装置的重要操作工艺参数，也是装置实现平稳操作较为重要的控制点，常压炉出口温度波动，将会导致常压塔操作的紊乱，严重时会导致常压塔侧线产品质量不合格。常压炉结构示意图见图 2-30。

保持其他工况条件不变，加热炉提供的热量一定，加热炉进料温度升高，则炉出口的温

度就会上升。常压炉进料温度取决于原油三段换热效果，即换热器热流正线的流量及温度、冷流的正线流量。一般冷流原油不会走副线，因为流量减少而使正副线管线都结垢，慢慢会导致管线堵塞。所以，在调节原油三段换热终温时，一般都是调节热流的副线流量。

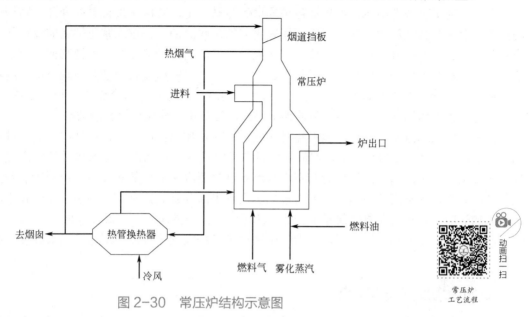

图 2-30　常压炉结构示意图

保持其他工况条件不变，加热炉提供的热量一定，进料量越少，则炉出口的温度就会越高。常压炉的进料量由初底泵出口阀门开度来调节。但是，一旦装置的处理量趋于稳定后，基本不把调节加热炉的进料量作为调节炉温的手段，因为进料量变化后，后续的系统参数都会相应发生变化，比如常压炉后的常压塔底液面、减压炉出口温度、减压塔底液面等。

单位时间内，燃料气用量越大，则炉出口温度越高。燃料气用量的决定因素是燃料气的压力，压力越大，阀门开度不变，则气体流量就会越大。因为常减压蒸馏装置是原油加工的龙头装置，处理量较大，单靠燃料气加热，可能达不到工艺生产要求的炉出口温度，一般炼厂的常减压蒸馏装置的加热炉都要设燃料油火嘴。常减压蒸馏装置所用的燃料油就是减压渣油，其压力的调节可通过调节减压渣油换热器燃料油分支流程阀门开度来完成。单位时间内，燃料油用量越大，则炉出口温度越高。燃料油用量的决定因素是燃料油的压力，压力越大，阀门开度不变，则燃料油流量就会越大。

保持加热炉烟气有足够的氧含量，是燃料在加热炉中能够完全燃烧的前提，也是燃料放出最大能量的前提。所以在一定范围内，烟气中氧含量越高，可使燃料，特别是馏分较重、热值较高的燃料油能够完全燃烧，提供的热量就越大，加热炉出口温度就会越高。烟气中的氧含量是由进炉空气提供的，进炉空气会消耗加热炉的热量，进炉空气的温度越高，则消耗加热炉的热量就会越少，会有更多的热量去加热炉管内的介质，炉出口的温度就会升高。为提高加热炉的热效率，烟气的氧含量不可过高，根据燃料油的特点确定，一般都控制在 4% 以下。

十五、减压加热炉出口温度

减压炉出口温度也是常减压蒸馏装置的重要工艺操作参数，减压炉出口温度是否稳定直接影响减压塔能否平稳运行。与常压炉不同的是，减压炉对流室还有加热自产蒸汽的作用，所以进炉自产蒸汽流量及温升也是影响减压炉出口温度的一个因素。

保持其他工况条件不变，如果加热炉提供的热量一定，减压炉进料温度升高，则炉出口的温度就会上升。减压炉进料，即常压塔底出来的常底渣油，在进入减压炉之前没有任何的换热升温设备，所以减压炉进料温度与常底渣油温度的变化趋势相同。保持其他工况条件不变，如果加热炉提供的热量一定，进料量越少，则炉出口的温度就会越高。减压炉的进料量由常底泵出口阀门开度来调节。阀门开度越大，则减压炉进料量就会越大。与常压炉一样，减压炉进料也不作为减压炉出口温度的调节手段，以免引起减压塔操作的波动。

在减压炉的对流室，有自产蒸汽盘管通过，目的是加热自产蒸汽，使其温度达到过热状态，一般温度要达到340℃以上，然后这些过热蒸汽注入常压塔底、减压塔底和各汽提塔底作为汽提蒸汽使用。这些蒸汽由饱和蒸汽过渡到过热蒸汽所需的热量就是由减压炉对流室提供的。如果过热蒸汽流量越大，或者过热蒸汽进出温升越大，则需要的热量就会越多，本来用来加热减压炉管内介质的热量来加热过热蒸汽，致使减压炉出口温度降低。

其他因素，如燃料气、燃料油、烟气中氧含量、冷风预热程度对减压炉出口温度的影响与常压炉相同。

十六、初馏塔顶汽油终馏点

常减压蒸馏装置直馏汽油终馏点一般控制在不大于170℃。一方面是因为直馏汽油的下一道工序是催化重整工艺，它是烷烃环化脱氢生产芳烃和环烷烃异构、脱氢生成芳烃的过程，在此过程中汽油馏分的终馏点一般会提高25℃以上，车用汽油的国家标准中规定其终馏点为不大于205℃，这样必须要求直馏汽油终馏点要留出余量，以保证催化重整汽油终馏点不超标。另一方面是为了增产煤油和柴油。

生产产品就是控制馏程

一定的塔顶压力会对应一定的塔内汽化率，塔顶压力升高，会升高轻组分的沸点，整体上降低轻组分的汽化率，等于降低了塔顶产品的馏出率，进而降低初顶汽油的终馏点。同样，一样的塔顶温度，也对应着一定的汽化率，塔顶温度升高，轻组分汽化率增大，塔顶馏出的产品就会增多，初顶汽油的终馏点则升高。

初顶汽油干点

初顶汽油的终馏点，还与初馏塔内的气速有关，只是受塔内气速的影响不是很大，一般认为初馏塔内气速增大，会出现重组分被携带至塔顶馏出的现象，这样初顶汽油中掺入了重组分而使终馏点略微升高。其实这种现象也算是冲塔，只不过没有严重到影响塔顶产品的质量。造成塔内气速突然增大的原因有很多，如进料突然变轻、塔顶压力突然降低等。初馏塔进料水含量突然变大，多数是因为电脱盐罐跳闸，此时会造成初馏塔操作的紊乱，严重时会造成初馏塔冲塔事故。

初馏塔内上升气速稳定，进料性质也稳定后，初顶汽油的终馏点会随着其产率的变化而变化。产率增大，初顶汽油的终馏点将会升高。所以，初顶汽油的终馏点也会与常减压蒸馏装置的加工量有微小的关系，装置的加工量下降，使初顶汽油的产率会增大，初顶汽油的终馏点也会有微小的升高。

十七、常顶汽油终馏点

常顶汽油干点

常压塔产品从上到下依次是常顶气体、常顶汽油馏分、常一线煤油馏分、常二线轻柴油馏分、常三线重柴油馏分及常底渣油馏分，相邻侧线抽出的馏分相互间会有馏程上的重叠和影响，上一侧线产品的终馏点会影响下一侧线产品的初馏点。所以，相邻侧线产品在产率上也会互相影响。常顶汽油馏分的终馏点会影响到常一线的初馏点，所以常顶汽油的终馏点偏高，则说明属于常一线不应该汽化而从塔顶馏出的组分从常压塔顶汽化馏出，致使常一线煤油馏分的收率降低。如果炼厂有生产煤油（一般是喷气燃料）的生产计划，则常顶汽油馏分的终馏点不会高，让出一部分较重的汽油馏分从常一线抽出，以增大常一线产率。这时常顶汽油馏分的终馏点的控制就需要低一些，一般控制在不大于170℃（各个炼厂有所不同）。

保持其他工况条件不变，一定的塔顶压力会对应一定的汽化率，塔顶压力升高，会提高轻组分的沸点，整体上降低了轻组分的汽化率，相应地降低了塔顶产品的馏出率，进而降低常顶汽油的终馏点。保持其他工况条件不变，一定的塔顶温度，也对应着一定的汽化率，塔顶温度升高，轻组分汽化率增大，塔顶馏出的产品就多，初馏汽油的终馏点将会提高。

常一线抽出量如果减少，本应该在常一线馏出的轻组分，从常顶汽油中馏出，势必会提高常顶汽油的终馏点。常一线提轻力度也可影响到常顶汽油的终馏点，常一线提轻塔底再沸温度升高，提轻塔内轻组分汽化增强，致使大塔常一线抽出的轻组分返回大塔的量就会增多，而这些组分相对常顶汽油来说属于较重组分，它们全部从塔顶馏出，这样就会提高常顶汽油的终馏点。

十八、常一线初馏点

常一线初馏点

常一线（喷气燃料）初馏点是常减压蒸馏装置的一个指标控制点，它主要会影响直馏汽油收率、炼厂喷气燃料收率和柴汽比。常一线初馏点偏高，则直馏汽油的终馏点偏高，汽油收率增大，喷气燃料收率减小，柴汽比将会减小。一般生产3#喷气燃料的炼厂控制常一线初馏点为不小于145℃，各厂依据喷气燃料产品质量要求及发热值的不同会有相应的调整。

常顶汽油终馏点和常一线初馏点变化规律相同，常顶汽油终馏点升高，则常一线初馏点也会升高。如前所述，常顶汽油的终馏点与常顶压力、常顶温度、常一线抽出流量及常一线汽提力度变化有关。

如果常减压蒸馏装置加工的原油性质稳定，初顶气体、常顶气体、初顶汽油、常顶汽油收率高，说明应该在常顶汽油以前馏出的产品就较为彻底，残留在常一线的轻组分的比例将会减小，常一线的初馏点就会升高。所以，稳定初馏系统和常压系统塔顶的操作，有利于常一线产品的稳定。

十九、常一线终馏点

常一线终馏点

常一线（喷气燃料）终馏点变化，将会影响组成的变化，进而影响诸多物理性质，如净热值、馏程、密度、黏度等。所以，稳定常一线终馏点是稳定炼厂喷气燃料产品性质的前提条件。国标规定，喷气燃料的终馏点为不大于300℃，一般炼厂为了不影响柴油的产率，在发动机允许的范围内及满足军航、民航的要求基础上，会适当降低常一线的终馏点。

如果塔内上升的气速一定，一定的常一线馏出温度，会对应相应的常一线终馏点。常一线馏出温度越高，常一线的终馏点就会越高。常一线抽出口上方有常顶循环回流、常顶冷回流，下方有常一中段回流，这些回流的流量和温降变化，会影响到附近塔板温度的变化，进而会很精确地影响到常一线抽出温度。如：常顶循环回流和常一中段回流的返塔温度降低，或者回流量增大，常一线抽出口的温度将会下降，本应该汽化并从常一线馏出的组分没有汽化馏出，致使常一线组成整体变轻，常一线终馏点降低。

塔顶压力会影响到常一线抽出口附近的压力，此压力越低，则馏分的沸点随之降低，本不应该汽化的较重组分汽化并从常一线抽出口馏出，致使常一线组分偏重，终馏点升高。

如果常二线的抽出量下降，会导致本应该从常二线抽出口馏出的较轻组分从常一线的抽出口馏出，这样就使常一线的馏分变重，终馏点上升。常二线汽提塔的过热蒸汽用量变大，则汽提塔内的油气分压会下降，轻组分的沸点降低，汽化率增大，会有更多的常二线轻组分汽化上升，从汽提塔顶引出返回大塔，而从常一线抽出口馏出，致使常一线重组分含量增加，终馏点升高。

喷气燃料冰点合格是喷气燃料发动机得以正常工作的必要条件，所以原油在常减压蒸馏的过程中，要求喷气燃料在组成上保证冰点的合格，一般控制在不大于 –48℃。喷气燃料冰点主要受正构烷烃的物理性质的影响，正构烷烃的含量越高，喷气燃料冰点就会越高。喷气燃料冰点与常一线的初馏点和终馏点也会有所关联：一定馏程的喷气燃料，会对应一定的冰点。终馏点相同，初馏点越低的喷气燃料，冰点会越高；初馏点相同，终馏点越低的喷气燃料，其冰点也会越低。馏程相同的喷气燃料，冰点也有差异，因为在相同馏程范围内有效影响冰点的正构烷烃组分含量会有不同。不同炼厂生产的喷气燃料，会出现馏程相同、冰点不同的现象。

随着温度的升高，燃料油表面上蒸发的油气增多，当油气与空气的混合物达到一定浓度，以明火与之接触时，会发生短暂的闪光（一闪即灭），这时的油温称为闪点。测定闪点的方法有开口杯法和闭口杯法两种，开口杯法测定的闪点要比闭口杯法低 15～25℃，闪点的高低与油品的组成及油面上的环境压力有关，环境压力高，闪点高。开口闪点是表征油品发生火灾的一项重要指标。在敞口容器中，油的加热温度应低于开口闪点 10℃，在压力容器中加热则无此限制。常一线闪点一般控制在不小于 38℃。一定馏程的喷气燃料，会对应一定的闪点：终馏点相同，初馏点越低的喷气燃料，闪点也会越低；初馏点相同，终馏点越低的喷气燃料，其闪点也会越低。闪点是喷气燃料馏程的一个表征现象。不同炼厂、馏程相同的喷气燃料，闪点也有差异，如果馏程范围内的较轻组分比例偏大，则闪点就偏低。

一定馏程的常一线产品，会对应一定的密度：终馏点相同，初馏点越低，其密度也会越小；初馏点相同，终馏点越低，其密度也会越小。一般炼厂控制常一线（喷气燃料）密度为 $\rho_{20} \geqslant 775.1 kg/m^3$。馏程相同的常一线，密度也有差异，如果馏程范围内的轻组分比例偏大，则密度就偏小。

二十、常二线终馏点

常二线（轻柴油）终馏点的变化，将会影响到组成的变化，进而影响诸多物理性质，如闪点、凝点、冷滤点、密度、馏程等。所以，稳定常二线终馏点是稳定炼厂轻柴油产品性质的前提条件。一般常二线、常三线和减一线合输油库作为轻柴油的调和组分，其中常二线占很大比例，常三线和减一线馏程较常二线窄而偏重，在生产中炼厂多以卡边操作控制常二线终馏点不大于365℃来最大限度地生产轻柴油。

常二线初馏点

保持其他工况条件不变，一定的常二线馏出温度，会对应相应的常二线终馏点。所以，常二线馏出温度越高，常二线的终馏点就会越高。常二线抽出口位于常一中段回流和常二中段回流之间，所以常二线抽出口附近的温度就依靠常一、二中段回流来调节。常一、二中段回流返塔的温度越低，流量越大，则说明常一、二中段回流外放的热量就越大，对于大塔来说，常一、二中段抽出口的热量损失就越多，其附近塔板的温度均会下降，致使常二线抽出口附近的塔板温度也随之下降，故常二线抽出温度将会降低。

常二线终馏点

塔顶压力会影响到常二线抽出口附近的压力，此压力越低，则油分的沸点随之降低，常二线馏出的组分将会变重，常二线的终馏点就会升高。反之，塔顶压力升高，油分的沸点随之升高，本应汽化馏出的组分没有从常二线的抽出口馏出，而是落到了常三线塔板上，这样就导致常二线的终馏点下降。如果常三线的抽出量下降，会导致本应该从常三线抽出口馏出的组分从常二线的抽出口馏出，这样就使常二线的组分变重，终馏点上升。

常三线汽提塔的过热蒸汽用量变大，则汽提塔内的油气分压会下降，轻组分的汽化率增大，会有更多的常三线轻组分返回大塔，而从常二线抽出口馏出，提高了常二线的终馏点。反之，常三线的汽提蒸汽用量变小，轻组分汽化返塔量变小，从常二线馏出的重组分将变少，常二线终馏点就会降低。

一定馏程的常二线，会对应一定的凝点。对于黏温凝固为特点的柴油馏分来讲，终馏点相同，初馏点越低，其凝点也会越低。对于骨架凝固为特点的柴油馏分来讲，初馏点相同，终馏点越低，其凝点会越高。凝点的高低变化规律，与有效影响黏温特性的组分含量有关。不同炼厂生产的馏程相同的轻柴油，因为原油的性质不同，柴油馏分的凝点也有差异。

一定馏程的常二线，会对应一定的闪点。终馏点相同，初馏点越低，其闪点也会越低；初馏点相同，终馏点越低，其闪点也会越低。常二线闪点是常二线馏程的一个表征现象。国标轻柴油闪点要求不小于55℃。不同炼厂、馏程相同的轻柴油，闪点也有差异，如果馏程范围内的轻组分比例偏大，则闪点就越低。

中石油某炼厂常减压蒸馏装置主要工艺参数指标见表2-8。

表2-8 中石油某炼厂常减压蒸馏装置主要工艺参数指标

项目	单位	指标	项目	单位	指标
电脱盐罐压力	MPa	1.0～1.8	减压炉总出口温度[①]	℃	390±1
电脱盐罐进口温度	℃	105～135	减压炉出口温差	℃	6
初馏塔顶温度	℃	110～120	减压炉炉膛负压	kPa	-5～-35
初馏塔顶压力	MPa	0.10～0.25	减压炉炉膛温度	℃	不大于760
初馏塔底液位	%	30～70	减二线产品出装置温度	℃	50～80
常压塔顶温度	%	90～110	减三线产品出装置温度	℃	50～80
常压塔顶压力	MPa	0.01～0.06	减四线产品出装置温度	℃	60～90
常压塔底液位	%	30～70	减五线产品出装置温度	℃	60～90
减压塔顶温度	℃	30～70	缓蚀剂注入量	10^{-6}	30～60
减压塔顶真空度	kPa	不小于73	电精制罐压力	MPa	0.79

续表

项目	单位	指标	项目	单位	指标
减压塔底液位	%	30～70	塔顶注水量	m³/h	1～5
常压炉总出口温度	℃	360±1	氨水浓度	%	0.01～0.05
常压炉出口温差	℃	5	电脱盐注水量	m³/h	4～8
常压炉膛负压	kPa	-5～-35	电脱盐注破乳剂量	10⁻⁶	10～20
常压炉炉膛温度	℃	不大于760	电脱盐电压	kV	0.9～1.9

① 减压炉总出口温度指标随处理量变化而有所改动。

 拓展阅读

我国炼油催化应用科学奠基人——闵恩泽

闵恩泽（1924—2016），我国炼油催化应用科学的奠基者，石油化工技术自主创新的先行者，绿色化学的开拓者，中国科学院院士、中国工程院院士、第三世界科学院院士，在国内外石油化工界享有崇高声誉，曾获2007年度国家最高科学技术奖，2019年荣获国家"最美奋斗者"称号。

闵恩泽先生，1924年生于四川成都，1946年毕业于中央大学化工系。1955年，在美国取得博士学位并已工作的闵恩泽，毅然放弃优裕的生活，冲破重重阻挠，取道香港，携妻回国，并迅速投身于新中国的石油炼化事业。

20世纪50年代，中国在炼油技术上几乎一片空白。归国之后的十年里，他急国家之所急，带领团队，白手起家，打破国外封锁，成功研发出铂重整、磷酸硅藻土叠合小球硅铝裂化和微球硅铝裂化等第一代炼油催化剂，解决了国防之急、炼油之急。回忆起这段艰难的岁月，他写道："国家需要什么，我就做什么，我就学什么，我就请教什么，后来我就组织研发什么。这样就走上了研发石油炼制催化剂之路。后来，我又进入石油化工、化纤、生物柴油等领域。"

20世纪七八十年代，闵恩泽先生开始倾向基础研究，重点指导开发成功半合成裂化催化剂、渣油裂化催化剂以及钼镍磷加氢精制催化剂等第二代炼油催化剂，迎头赶上世界先进水平，奠定了我国现代炼油催化剂生产技术的基础。与此同时，他还潜心于催化材料的研发，先后指导研制出非晶态合金、新型择形分子筛等新催化材料，成功开发磁稳定床、悬浮催化蒸馏等新反应工程，并实现工业化，达到国际领先水平。

1995年，已是70多岁高龄的闵恩泽先生，主动担任"环境友好石油化工催化化学和反应工程"项目主持人，先后指导开发了"钛硅分子筛环己酮氨肟化""己内酰胺加氢精制""喷气燃料临氢脱硫醇"等绿色新工艺，从源头治理环境污染，使企业迅速扭亏为盈，开启了我国的绿色化工时代。进入21世纪，他又转向可再生的生物质能源开发，指导开发出"近临界醇解"生物柴油清洁生产新工艺，使我国在这一领域后来居上。

因成绩斐然，2011年，国际小行星中心发布公报，将第30991号小行星永久命名为"闵恩泽星"，这是当代我国首位以石油科学家名字命名的小行星。

闵恩泽先生曾说过："把自己的一生跟国家建设和人民需要结合起来，这是我最大的幸福。"

在国家需要的时候，他站了出来！燃烧自己，照亮了能源产业。把创新当成快乐，让混沌变得清澈，他为中国制造了催化剂。点石成金，引领变化，永不失活，他就是中国科学的催化剂！

习题

一、单项选择题

1. 关于电脱盐混合压差对脱盐率的影响，下列说法正确的是（　　）。

A. 混合压差大说明混合效果好，因此混合压差越大越好

B. 混合压差大，注入的水分散得就越细，在电场中聚结得就越不充分

C. 混合压差过高，有可能造成原油乳化

D. 为防止原油乳化，混合压降应越小越好

2. 原油带水进初馏塔的原因是（　　）。

A. 电脱盐注水量少　　　　　　B. 原油换热器内漏

C. 电脱盐罐脱水效果差　　　　D. 原油处理量太大

3. 电脱盐运行平稳，需要（　　）。

A. 脱盐压力平稳　　　　　　　B. 原油一段换热终温平稳

C. 注水温度平稳　　　　　　　D. 原油二段换热终温平稳

4. 电脱盐运行平稳，需要（　　）。

A. 混合阀压降至最佳

B. 油水界位控制合适

C. 选择合适的破乳剂型号，及时调整破乳剂注入量

D. 注缓蚀剂量要平稳

5. 对常二线在常压塔抽出口的位置，表述不正确的是（　　）。

A. 在常一线下方　　　　　　　B. 在常一中油气返塔线下方

C. 在常三线上方　　　　　　　D. 在常一线上方

6. 对常压塔精馏精确度影响最小的是（　　）。

A. 操作温度　　　　　　　　　B. 操作压力

C. 侧线及塔底水蒸气用量　　　D. 减一线流程

7. 为尽量提高拔出率，同时避免油品分解，减压塔要尽可能提高汽化段的（　　）。

A. 温度　　　　　　B. 真空度　　　　　　C. 压力　　　　　　D. 以上均不正确

8. 减压炉加热自产蒸汽称为过热蒸汽的方式是（　　）。

A. 传导传热　　　　　B. 对流传热　　　　　C. 辐射传热　　　　D. 以上均不是

9. 下面不属于加热炉对流室构件的是（　　）。

A. 对流管　　　　　　B. 空气预热器　　　　C. 余热锅炉　　　　D. 烟道挡板

10. 减压炉对流室余热一般不用来加热（　　）。

A. 自产蒸汽　　　　　B. 进炉空气　　　　　C. 炉管内介质　　　D. 燃料油

11. 下面不是有助于减底泵上量条件的是（　　）。

A. 减压塔底液位距离减底泵要有足够的高度

B. 减压渣油要保证一定高的温度

C. 减顶真空度越高越好

D. 减压渣油组分越重越好

12. 下面选项中，不属于抽真空系统的是（　　）。

A. 蒸汽喷射泵　　　　　　B. 冷凝器　　　　　　C. 减顶罐　　　　　D. 空气冷却器

13. 下面影响减顶压力最小的是（　　　）。

A. 抽真空蒸汽压力　　　　B. 冷却水温度

C. 冷却水压力　　　　　　D. 减一中抽出温度

14. 脱盐罐脱盐效果与下列关联最小的是（　　　）。

A. 脱盐罐温度　　　　　　B. 脱盐罐内电场强度

C. 脱盐罐助脱金属剂量　　D. 脱盐罐油水界面的高低

15. 在常减压蒸馏装置中，下面与初顶压力关联最小的是（　　　）。

A. 常一线抽出量变化　　　B. 初顶气体排量变化

C. 初顶冷回流流量变化　　D. 初顶冷却水流量变化

16. 在常减压蒸馏装置中，下面影响常二线抽出温度最小的是（　　　）。

A. 常顶冷回流温度变化　　B. 常一中段回流温差变化

C. 常二中段回流温差变化　D. 常二中段回流流量变化

17. 在常减压蒸馏装置中，下面与常压炉出口温度关联最小的是（　　　）。

A. 燃料气压力　　　　　　B. 燃料油压力　　　　C. 烟气氧含量　　　D. 过热蒸汽流量

18. 在常减压蒸馏装置中，下面影响减顶压力最小的是（　　　）。

A. 抽真空蒸汽压力变化

B. 前、中、后冷却器冷却水温度变化

C. 前、中、后冷却器冷却水流量变化

D. 常压塔底注气量变化

19. 在常减压蒸馏装置中，下面影响加热炉炉内负压最小的是（　　　）。

A. 烟道挡板开度变化　　　B. 冷风预热终温下降

C. 烟气氧含量升高　　　　D. 炉管内介质流量升高

20. 下面影响电脱盐罐脱水效果最小的是（　　　）。

A. 原油一段换热终温变化　B. 注水量变化

C. 电场强度变化　　　　　D. 原油二段换热终温变化

21. 下面影响减顶压力最小的是（　　　）。

A. 抽真空蒸汽压力　　　　B. 冷却水温度

C. 冷却水压力　　　　　　D. 减一中抽出温度

22. 关于减压塔塔底吹汽量对减压塔的影响，下列说法正确的是（　　　）。

A. 吹汽量大对降低油气分压效果不佳

B. 吹汽量越大越好

C. 塔底吹入一定量的蒸汽，可以降低油品的汽化率

D. 吹汽量过大影响真空度

23. 在不减少产品产量的前提下降低常压塔进料段的烃分压，方法错误的是（　　　）。

A. 降低塔顶压力　　　　　B. 降低塔进料段至塔顶的压力降

C. 增加汽提蒸汽量　　　　D. 减小原油泵出口流量

24. 常一线不可作为（　　　）馏分。

A. 汽油　　　　　　　　　B. 柴油　　　　　　　C. 喷气燃料　　　　D. 润滑油

25. 在常减压蒸馏装置中，下面影响减三线终馏点最小的是（　　　）。

A. 减三线汽提力度变化　　　B. 减四线汽提力度变化

C. 减三线抽出量变化　　　　D. 减三线抽出温度变化

26. 在常减压蒸馏装置中，下面影响常三线重组分含量最大的是（　　）。

A. 常二线抽出量变化　　　　B. 常三线注气量变化

C. 常三线抽出温度变化　　　D. 常二线抽出温度变化

27. 在常减压蒸馏装置中，下面与常二线产品组成关联最小的是（　　）。

A. 常二线抽出量　　　　　　B. 常三线抽出量

C. 常一线抽出量　　　　　　D. 常一线再沸力度

28. 关于常二线闪点偏低的原因，不是因为（　　）。

A. 常二线抽出量偏大　　　　B. 常二线抽出温度偏低

C. 常三线汽提力度偏大　　　D. 常三线抽出量偏大

29. 侧线终馏点或凝点偏高的原因不是（　　）。

A. 本侧线抽出量偏大　　　　B. 本侧线常二线抽出温度偏高

C. 下一侧线汽提力度偏大　　D. 本侧线汽提力度偏大

30. 常二中段温差过大，最容易导致（　　）。

A. 常三线终馏点不合格　　　B. 常二线终馏点不合格

C. 常一线终馏点不合格　　　D. 以上均不正确

二、判断题

1. 减底泵的抽空，将会影响常二线的产品质量。　　　　　　　　　　　（　　）

2. 电脱盐注水的目的是溶解固体盐颗粒，便于脱盐。　　　　　　　　　（　　）

3. 电脱盐混合强度过大，有可能造成脱后原油含盐高。　　　　　　　　（　　）

4. 电脱盐罐需要一定的压力，其目的是避免原油中轻组分的蒸发、汽化。　（　　）

5. 在影响常顶压力方面，常一线抽出量变化比常二线抽出量变化影响大。　（　　）

6. 初馏塔与常压塔塔底的汽化率是相同的。　　　　　　　　　　　　　（　　）

7. 设置初馏塔，可以增加直馏汽油的产量。　　　　　　　　　　　　　（　　）

8. 初侧油直接进入常压塔，需要考虑介质温度、馏程、注入部位等因素。　（　　）

9. 根据结构的不同，填料塔分为板式塔、浮阀塔和泡罩塔。　　　　　　（　　）

10. 板式塔比填料塔的压力降大。　　　　　　　　　　　　　　　　　（　　）

11. 常压侧线汽提蒸汽温度要比减压侧线汽提蒸汽温度要偏低些。　　　（　　）

12. 常压炉加热的炉管介质中含有初顶汽油。　　　　　　　　　　　　（　　）

13. 常一线一般不采用蒸汽汽提的原因是怕引入水杂质而影响喷气燃料馏分的冰点。（　　）

14. 原料中各组分之间的相对挥发度大小，对精馏的精确度有很大的影响。（　　）

15. 常压中段回流温差过小，将会增加中段回流机泵的能耗。　　　　　（　　）

16. 常压炉的烟气中，过剩氧含量的多少与燃料油的性质有关。　　　　（　　）

17. 减压二、三、四、五线是生产润滑油基础油的原料。　　　　　　　（　　）

18. 减压塔顶压力再低，也低不过抽真空系统前冷却器壳程内的气体压力。（　　）

19. 随着原油重质化的发展趋势，常减压蒸馏装置的减压渣油量也将会相应变大。（　　）

20. 减压塔的拔出率高，一般表现为减压渣油量减小和减五线终馏点的升高。（　　）

21. 减二线产品初馏点偏低时，应加大减二线汽提塔的汽提力度。　　　（　　）

22. 减压塔顶的压力要高于常压塔，所以减压塔的汽化率较低。　　　　（　　）

23. 减五线终馏点温度升高，会导致加热炉出口温度的变化。 （　　）

24. 减压炉加热的介质中含有常二线轻柴油。 （　　）

25. 润滑油型减压塔要比燃料型减压塔的侧线多。 （　　）

26. 抽真空蒸汽的压力越高，减顶真空度就会越高。 （　　）

27. 初馏塔和常压塔的裙座要比减压塔高。 （　　）

28. 原油三段换热终温升高，则常压炉的负荷将会减小。 （　　）

29. 常压塔汽化率下降，将会导致减压塔顶真空度下降。 （　　）

30. 减底渣油量的多少，与初馏塔、常压塔、减压塔的汽化率有关。 （　　）

三、简答题

简答题6讲解

1. 什么叫原油在脱盐罐内的停留时间？它对装置运行有何影响？

2. 电脱盐混合强度对脱盐有何影响？

3. 脱盐温度对操作有何影响？

4. 脱盐操作良好的标准是什么？

5. 常压塔进料中有一滴油，请问它在常压塔的运动轨迹是怎样的？

简答题9讲解

6. 以常二线为例，描述汽提加工过程。

7. 侧线采用水蒸气汽提有什么优缺点？

8. 什么是"湿式"减压蒸馏？

9. 减压塔为什么要抽真空？

10. 减压塔基础为什么比常压塔高？

11. 抽真空时减顶油水分离器为什么要保持一定的液面水封？

简答题12讲解

12. 原油二段换热系统含有常一中、常二中换热器各两台，当常一中、常二中流量均下降时，将会对初馏系统有什么样的影响？

13. 常减压蒸馏装置循环水进水压力下降 0.2MPa，对装置会有哪些影响？

14. 初馏塔顶压力不稳的影响因素有哪些？

15. 常压塔顶压力不稳的影响因素及处理方法有哪些？

简答题13讲解

16. 常底液面波动的影响因素有哪些？

17. 常顶温度的影响因素有哪些？

18. 塔顶真空度的影响因素有哪些？

19. 减压塔底液面的影响因素有哪些？

20. 减顶温度如何控制？

21. 如何增加混柴产量？

简答题21讲解

22. 常底泵抽空，不上量，将会对装置生产带来怎样的影响？

23. 常减压蒸馏装置的过热蒸汽温度突然下降 20℃，试分析会造成什么样的后果。

24. 什么叫相邻馏分的重叠和脱空？

25. 常压炉出口温度突升对常压产品质量有何影响？

简答题22讲解

26. 塔顶冷回流带水对操作有什么危害？

27. 减压拔出率的影响因素有哪些？

28. 初顶产品终馏点超高有哪些原因？

29. 常顶产品终馏点不合格有哪些原因？

第三章
延迟焦化工艺

 学习目标

知识目标

1. 理解延迟焦化装置加工原理。
2. 掌握延迟焦化装置工艺流程。
3. 掌握延迟焦化装置重要操作参数的影响因素的分析方法。
4. 掌握延迟焦化装置产品质量指标的影响因素的分析方法。

技能目标

1. 能准确、标准地绘制延迟焦化装置的工艺流程图。
2. 能独立完成延迟焦化装置仿真软件开、停工操作任务。
3. 能进行延迟焦化装置事故判断分析和处理。

素质目标

1. 培养劳动不分贵贱、岗位不分优劣的工作心态。
2. 培养锐意精进、创新进取、追求"安、稳、长、满、优"的石化工匠精神。
3. 培养岗位间和装置间"共进退、互帮扶"的工作配合意识。
4. 树立自觉劳动的精神和主动服务社会的情怀，养成良好的劳动习惯和品质。

延迟焦化装置是炼厂重要的重质油加工装置之一，装置的原料主要是常减压蒸馏装置的减压渣油，其特点是胶质、沥青质含量较高，环烷烃、芳香烃较多，黏度大，馏程基本在550℃以上。经过延迟焦化工艺裂解后得到裂解气、汽油、柴油、蜡油和石油焦等馏分，工艺过程中发生了裂解、缩合反应，气体和液体产品中都含有大量的烯烃，产品安定性差，容易发生氧化和聚合反应。行业内认为，聚合反应是烯烃、芳烃共同作用的结果。

延迟焦化装置的裂解气排至全厂的低压燃料气管网；汽油馏分因辛烷值低、安定性差、诱导期短、杂质多、烯烃含量超标等原因，需输送至催化重整装置进行脱除杂质及提高辛烷值的工艺加工过程；柴油馏分因为杂质多、色度大、安定性差、十六烷值低等，需输送至柴油加氢装置进行精制、改质处理；蜡油的馏程与常减压蒸馏装置的减压馏分油相似，但是烯烃含量较多，安定性差，容易发生聚合反应，不宜作为润滑油脱油脱蜡装置原料，而是输送至催化裂化装置进行裂解生成气体、汽油、柴油等馏分，提高轻质燃料油的收率。图 3-1 说明了该装置在炼厂加工流程中的位置。

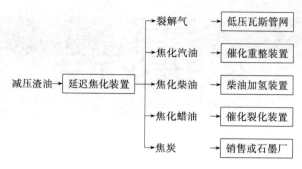

图 3-1　延迟焦化装置在炼厂加工流程中的位置

第一节　延迟焦化工艺原理

在延迟焦化装置流程中，主要有反应系统和分馏系统，反应系统主要的设备是焦炭塔，其内部发生减压渣油所含有组分的烃类反应，有以下几类。

一、烷烃

延迟焦化
加工原理

烷烃的热反应主要表现在 C—C 键和 C—H 键的断裂，并有以下特点：

① C—C 键较 C—H 键易断裂；

② 随着烷烃分子增大，C—C 键和 C—H 键的热稳定性下降，易断裂；

③ 异构烷烃中的 C—C 键和 C—H 键都较正构烷烃易断裂；

④ 长链烷烃中，越靠近中间的 C—C 键越易断裂。

烷烃的热反应随着反应深度的加深，产物中小分子烷烃含量增加，正构烷烃含量增加，异构烷烃含量减少，烯烃含量增加。

二、芳香烃

反应时，带有侧链的芳香烃先断侧链，侧链越长，越易断裂。侧链断开后的芳香烃，热稳定性最好。一般条件下芳环不会断裂，但是会与烯烃发生缩合反应，生成环数更多的稠环芳烃，直至生成焦炭。

三、环烷烃

环烷烃的稳定性居于烷烃和芳香烃之间，它在高温下既可发生裂解反应，又可发生脱氢反应。裂解反应中，环烷烃一般先断侧链，侧链越长，越易断裂。环烷烃的断裂，多环开环易于单环开环，环烷烃的断裂将生成烯烃及二烯烃。在环烷烃的脱氢反应中，也是多环易于单环，单环环烷烃脱氢需在 600℃ 以上才能进行，但双环环烷烃在 500℃ 左右就能发生，生成环烯烃，然后进一步脱氢生成芳烃。

四、烯烃

减压渣油馏分中几乎不含有烯烃，但是延迟焦化过程是重油裂解反应过程，反应产物中会生成大量烯烃，烯烃的热反应也主要有裂解和缩合，而且这两种反应交叉进行，使得整体烃类的热反应变得很复杂。一般认为，在低温、高压下，烯烃主要进行叠合反应，当温度升高到 400℃ 以上时，裂解反应表现突出，当温度超过 600℃ 时，烯烃缩合生成芳烃。

总体来说，烃类的热反应是复杂的平行顺序反应，即裂解反应和缩合反应呈现动态不断进行。裂解反应使得产物中烃类分子越来越小，缩合反应生成分子越来越大的稠环芳烃，最终生成焦炭。烃类平行 - 顺序反应如图 3-2 所示。

图 3-2　烃类平行 - 顺序反应

延迟焦化工艺的任务，是确定好反应时间和反应条件，实现良好的反应深度，使烃类平行 - 顺序反应中的汽油、柴油馏分产率最高。

第二节　延迟焦化工艺流程

如图 3-3 所示，从常减压蒸馏装置来的减压渣油，先进入焦化装置的原料缓冲罐，罐内空间密闭，并充有惰性气体或者燃料气体，保持罐内有稳定的压力，罐底有热源盘管持续加热，维持缓冲罐恒定在一定温度，罐内的液位也要维持一定高度，在这个前提下，对流泵上量和输出才会平稳，这就要求常减压蒸馏装置来的减压渣油量也要稳定。对流泵输出的原料，经过换热器换热后进入加热炉的对流室加热，升温至 300℃ 进入分馏塔底部人字挡板的上方，分馏塔顶压力是 0.06MPa，而常减压蒸馏装置的减压塔顶压力不足 3kPa，塔底温度约 390℃，所以新鲜减压渣油原料进入焦化分馏塔属于进入了低温高压环境，组分不会汽化而全部流向分馏塔底部，减压渣油从分馏塔底部引出，经过辐射泵加压后，进入加热炉的辐射室加热，升温至 500℃，通过四通阀从底部进入焦炭塔，焦炭塔两塔操作，交替运行，在焦炭塔内完成烃类平行 - 顺序反应过程。切换后的焦炭塔是用高压高温水力除焦，切下来的焦炭直接引入储焦池，冷却后作为炼厂成品外输。

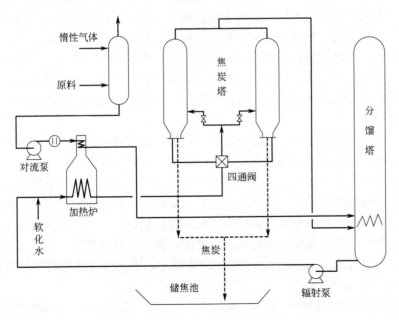

图 3-3　延迟焦化反应系统工艺流程

动画扫一扫

反应系统
工艺流程

延迟焦化是指在加热炉管中控制原料油基本上不发生裂化反应，而延缓至专设的焦化反应器——焦炭塔中进行裂化反应。为了防止减压渣油在辐射炉管结焦，通过注水的方式来增大炉管内介质的流动速度，使在加热炉炉管中已经具备反应条件的重质油推迟到焦炭塔中发生裂解反应，减少和避免重质芳香烃类在炉管热区滞留缩合而成焦炭，在焦化反应中，重质芳香烃是生焦的必要物质。汽油、柴油是延迟焦化装置期望得到的产物，所以在进行烃类平行-顺序反应时，应注意选择的工况应处在有利于增产汽油、柴油的反应温度和反应压力条件下，尽量减少石油焦和裂化气的产量。加热炉防结焦措施除了在进炉炉管处加注软化水外，炉管材质要导热快，加热炉辐射室热分布要均匀。焦炭塔在结焦过程中，并不是全塔全部结焦完成后再切换进入另一个焦炭塔，而是结焦到塔高 2/3 处就进行切换。另外，在焦炭塔塔顶喷入消泡剂降低结焦焦泡的高度，这些措施都是为了防止焦炭塔的焦沫进入到分馏塔中，造成分馏塔塔底结焦。表 3-1 为中石油某炼厂延迟焦化装置主要操作条件。

表 3-1　延迟焦化装置主要操作条件

项目	单位	控制指标	项目	单位	控制指标
辐射出口温度	℃	500±1	分馏塔顶压力	MPa	0.06
对流出口温度	℃	300～345	分馏塔底液位	%	50～80
炉膛温度	℃	不大于 780	焦炭塔顶温度	℃	不大于 425
分馏塔底温度	℃	不大于 380	焦炭塔顶压力	MPa	不大于 0.25
分馏塔顶温度	℃	125			

延迟焦化装置分馏系统工艺流程见图 3-4，焦炭塔内裂解的油气从塔顶引出，温度约为 420℃，处于过热状态，进入分馏塔底部人字挡板下方，在分馏塔内与人字挡板上方进入的新鲜原料在人字挡板处进行充分的热交换，最终在进料口的上方蒸发板达到 380℃，这个温度是焦化分馏塔得以正常精馏的前提条件。分馏塔从塔顶往下，产品依次是裂解气及汽油、柴油、蜡油等馏分，塔底油全部引出返回至辐射室重新加热裂解。减压渣油在焦炭塔内发生裂解和缩合反应，结果仍然会有近似减压渣油原料的中间产品还需经过二次反应，所以在分馏塔底引出的辐射泵进料中，既有新鲜减压渣油，又有二次反应加工料，在理论上辐射泵出口流量等于对流泵出口流量加上二次反应加工料的量。实际上在二次反应加工料里面，并不是在二次反应中全部裂解和缩合成装置产品，有部分料还要参加三次反应、四次反应，但最终会裂解和缩合成装置产品。

焦化分馏塔的精馏过程与常减压蒸馏装置的常压塔相似，塔顶罐引出的气体中烯烃含量较多，是较好的化工原料，输送至气分装置分离得到相应的化工装置原料。

焦化汽油控制其终馏点不大于 180℃，比直馏汽油高出 10℃，是因为焦化装置产品中杂质含量较多，不适合生产喷气燃料原料。焦化汽油烯烃含量较多，易发生氧化反应，所以油罐储存时间不可过长，进入到催化重整装置前的中转时间越短越好。目前，国内大多数炼厂实现了直输加工链。因为焦化汽油杂质含量较高，需要催化重整装置的精制反应器氢气压力要高，催化剂稳定性要好。焦化汽油的烯烃含量在 60% 以上，因此辛烷值要比直馏汽油的辛烷值高一些。

焦化柴油下一道工艺是柴油加氢精制和改质。减压渣油里含有较多的杂质，所以焦化装置所有产品杂质含量都会高，焦化柴油需要到柴油加氢装置的精制反应器内进行加氢除杂质反应。另外，因为焦化柴油的十六烷值低，烯烃、芳烃含量均较直馏柴油高，所以焦化柴油需要进行芳烃开环和烯烃饱和生成烷烃的反应过程，以满足国家标准对车用柴油十六烷值的要求。

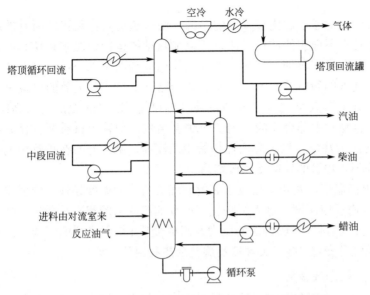

图 3-4 延迟焦化分馏系统工艺流程

分馏系统
工艺流程

焦化蜡油在馏程上相当于减压侧线油，其组分中不饱和烃较多，并含有少量的焦炭，不宜作润滑油溶剂脱油脱蜡装置的原料，主要作催化裂化和加氢裂化装置的原料，这两个装置对于原料在馏分上的要求不高，而焦化蜡油设置汽提塔，主要是为了增加汽提力度增产柴油馏分。

在延迟焦化装置中分馏塔底设置了循环流程，使重质油在循环流程中不停流动，减少重质油在分馏塔底的停留时间，达到防止分馏塔底结焦的目的。另外，在分馏塔底的循环流程中，在循环油泵的进口设置了过滤器，通过定期清理过滤器，以脱除由过热反应油气夹带来的焦沫。

防焦措施

延迟焦化装置加工的原料是常减压蒸馏装置的减压渣油，减压渣油是黏度较大的重油，流动性很差，如果两个装置距离较远，还要考虑减压渣油温度的问题，只有减压渣油温度高，其流动性才会好，兼顾经济效益，常减压蒸馏装置的减压渣油外放温度只要达到延迟焦化装置的流动性要求即可，如果减压渣油温度过高，会造成热量损失。一般减压渣油进入延迟焦化装置的温度的控制要求，与减压渣油的组成（黏度）、环境温度、保温材质有关系。

第三节 延迟焦化工艺主要操控点

延迟焦化装置的特点是原料重，加工过程中的温度较高，装置的管线及设备容易结焦而发生堵塞和腐蚀。加强监控 DCS 温度、压力、流量、液位等参数，及时掌握装置现场的加工动态，分析判断装置生产的变化趋势，及时调整参数，才能生产出合格的装置产品。

一、加热炉辐射出口温度

反应温度

　　加热炉是延迟焦化装置中的热源，由于延迟焦化装置中所有的高温设备容易发生不理想的结焦反应，所以加热炉的运行状况会直接影响装置的运行水平和生产周期。加热炉的加热作用分为两个部分：一是对流室，加热进入装置的新鲜原料；二是辐射室，辐射室是装置主要的热量来源，它加热由分馏塔底来的混合原料，使其温度达到约500℃，这么高的温度，原料很容易发生缩合反应。为防止炉管结焦，炉管的材质要有良好的传热效率；进炉前的炉管要注汽或注水，增大介质在炉管中的流速，减少介质在炉管中的停留时间；炉膛的热量分布要均匀，炉管的环向受热要均匀。

　　加热炉辐射室炉的出口温度，是焦炭塔发生裂解和缩合反应的温度条件，辐射出口温度的高低，直接影响焦炭塔内反应深度，进而影响反应产物的产率分配和产品质量。加热炉辐射出口温度的影响因素有：燃料气和燃料油的压力及组成变化；辐射进料的组成、流量及温度变化；对流进料流量及温升变化；烟气氧含量及烟气余热利用效率等。

1. 燃料气和燃料油的压力及组成变化

　　保持其他工况条件不变，燃料气和燃料油的压力增大，相当于增大了燃料气及燃料油的流量，供热量增大的结果是使炉出口的温度升高。

　　延迟焦化装置的燃料气由装置外供，燃料油是焦化蜡油，如果上述燃料的组成发生变化，会影响到它们的热值，加热炉的供热量也会发生变化，将会导致辐射出口温度波动。

2. 辐射进料的组成、流量及温度变化

　　经过加热炉对流室加热的新鲜减压渣油进入到分馏塔后，几乎全部都进入到加热炉辐射室加热，在焦炭塔发生裂解和缩合反应后，过热的油气进入分馏塔进行精馏，在分馏塔内汽化的组分有裂解的气体、焦化汽油、焦化柴油和焦化蜡油等馏分，剩下的组分仍保持液相聚集在分馏塔底，经过分馏塔底的辐射泵驱动重新进入加热炉辐射室加热，需要进行二次的裂解和缩合。因此，加热炉辐射室进料实际是新鲜减压渣油和二次反应料之和。如果分馏塔的操作发生波动，将会导致二次反应料在组成、流量和温度方面发生变化，进而使加热炉辐射室的进料组成、流量和温度发生变化，加热炉的热量不变，辐射炉出口温度必定发生变化。

　　在延迟焦化装置中，循环比是指二次反应料流量与新鲜原料流量的比值，联合循环比是指二次反应料流量、新鲜原料流量之和与新鲜原料流量的比值。

$$循环比 = \frac{二次反应料流量(t/h)}{新鲜原料流量(t/h)}$$

$$联合循环比 = \frac{二次反应料流量(t/h) + 新鲜原料流量(t/h)}{新鲜原料流量(t/h)}$$

循环回炼油

　　工业上称二次反应料为循环油，循环油量越大，即辐射进料的循环比越大，说明新鲜原料越重、易结焦，单程转化率偏低而必须加大反应深度。采用较大的循环比，相当于增加了反应时间，将导致装置产物中的气体、汽油馏分和焦炭的产率增大，柴油和蜡油馏分产率减小。

3. 对流进料流量及温升变化

如图 3-5 所示，加热炉的热量用来加热两股进料：一是辐射进料，二是对流进料。若保持辐射进料的组成、流量和温度不变，对流进料的流量和温升发生变化，将会影响加热炉对辐射进料的供热量，导致辐射出口温度发生变化。

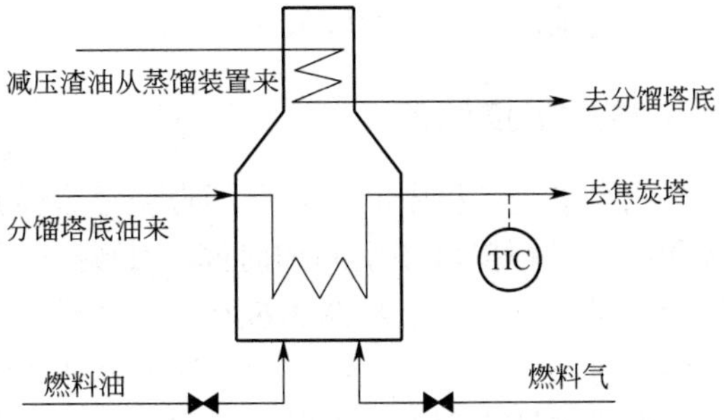

图 3-5 加热炉辐射出口温度示意图

4. 烟气氧含量

保持加热炉内有一定的氧含量（由化验分析中心取样分析的烟气中的氧含量），是燃料在炉中能够完全燃烧的前提，也是燃料放出最大能量的前提。所以在一定范围内，氧含量越高，可使燃料（特别是燃料油）能够完全燃烧，提供的热量就越大，加热炉出口温度就会越高。反之，氧含量越低，则炉出口温度就会越低。但是氧含量不可超高，多余的氧含量就需要提供过多的冷风，就需要消耗预热冷风的能耗。

5. 烟气余热利用效率——冷风预热程度

氧含量是由进炉空气提供的，进炉空气会消耗加热炉的热量，进炉空气的温度越高，则消耗加热炉的热量就会越少，会有更多的热量去加热炉管内的介质，炉出口的温度就会越高。反之，进炉空气温度越低，本来应该加热炉管内介质的热量会预热进炉的空气，则炉出口的温度就会下降。

二、加热炉对流出口温度

加热炉对流室用以加热新鲜减压渣油，使其温度提升至 300℃ 以上进入到分馏塔底人字挡板上方，与人字挡板下方进料的过热反应油气充分传质传热，混合后使分馏塔蒸发塔板的温度达到约 380℃，此温度的高与低，对于焦化蜡油的产量及馏程都有很大的影响，同时也会影响循环油的组成和流量，当循环比发生变化后，将会导致很多反应参数发生变化，操作发生紊乱，因此稳定加热炉对流出口温度也较为重要。加热炉对流出口温度的影响因素有：燃料气、燃料油的压力及组成变化；对流进料的组成、流量及温度变化；辐射进料流量及温升变化；烟气氧含量及烟气余热利用效率等。

1. 对流进料的组成、流量及温度变化

加热炉对流段进料流量一般受到分馏塔底液位的影响，液位若偏低，简洁而有效，且不影响全装置平稳运行的手段为提高加热炉对流段的流量，也就是提高装置原料处理量，而加热炉对流出口温度的一个重要影响因素为对流进料量。

对流进料即常减压蒸馏装置的减压渣油，当常减压蒸馏装置的减压塔采用深拔操作时，将会改变减压渣油的组成，使其重组分的含量增加，如果对流进料流量不变，如不及时调节燃料气和燃料油的流量，则会使对流出口温度发生变化。

2. 辐射进料流量及温升变化

加热炉的热量，用来加热对流进料的同时也加热辐射进料。若保持对流进料的组成、流量和温度不变，辐射进料的流量和温升会发生变化，将会影响加热炉对对流进料的供热量，导致对流出口温度发生变化。辐射进料组成和流量的变化，一般认为受分馏塔蒸发塔板温度

和分馏塔顶压力的影响较大。

三、焦炭塔顶压力

焦炭塔是原料中的胶质、沥青质缩合生焦的场所，是一个空塔，它为加热炉辐射出料裂解和结焦过程提供了空间和时间。焦炭塔一般是双塔交替工作，即一个塔进行裂解和结焦，另一个塔进行清焦。如图3-6所示，对于单个焦炭塔来说，它的工作周期是：结焦结束—切换停止进料—塔底注蒸汽汽提—冷却水喷淋冷却—开塔顶人孔和塔底卸焦孔—水钻头纵向打洞—切换水钻头由上至下横向清焦—干燥—塔顶塔底封口—试压—油气预热—切换—进料结焦—结焦结束。

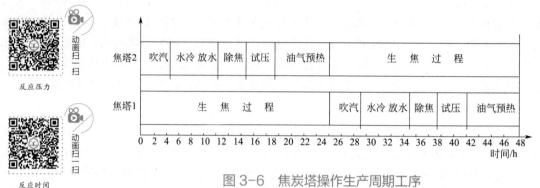

图 3-6　焦炭塔操作生产周期工序

油气在焦炭塔结焦的过程中，要保持一定的线速，即油气垂直通过焦炭塔的速度。如果线速过高，会夹带焦沫进入分馏塔，造成分馏塔累积焦沫越来越多，在分馏塔底发生缩合反应而堵塞分馏塔底，造成结焦，影响分馏塔的生产周期。如果线速过低，会增加油气在焦炭塔的停留时间，使不理想的二次反应增加，减小了理想产物的收率，增大了气体的收率，减小了装置效益，同时也影响了装置的处理量。焦炭塔内反应压力是操作条件的一项重要参数，反应压力提高，反应速率均提高，但不意味着理想产物的产率提高，所以焦炭塔内的压力要控制在工艺要求的范围内，使得汽油、柴油馏分的产率最高。焦炭塔顶压力的影响因素有：焦炭塔进料流量变化；焦炭塔出料流量及分馏塔压力变化；焦炭塔进料组成变化；辐射出口温度变化等。

1. 分馏塔顶压力变化

分馏塔顶压力变小，过热反应油气从焦炭塔顶至分馏塔进口的压降增大，过热反应油气从焦炭塔顶至分馏塔底进口的流速增大，导致焦炭塔顶的气相负荷下降，压力降低。

2. 焦炭塔进料组成变化

焦炭塔进料组成发生变化，将会导致发生裂解和缩合反应的概率发生变化，如果循环比增大，缩合反应的概率增大，将会导致反应压力变小。

3. 辐射出口温度变化

辐射出口温度的升高，意味着反应深度加大，产物中气体的产率增大，反应压力将会增大。

四、分馏塔顶压力

保持分馏塔顶温度不变，塔顶压力变化影响着塔顶产品（焦化汽油）的终馏点，如果塔顶压力降低，降低了烃类的沸点，则分馏塔内本不该汽化的馏分汽化，并从塔顶馏出，致使焦化汽油终馏点和焦化柴油初馏点偏高，一般分馏塔顶压力（表压）控制在 0.06MPa 左右。分馏塔顶压力的影响因素有：塔顶温度、塔顶空冷风机的冷却力度、塔顶罐气体外排流量等。

分馏塔顶压力

1. 塔顶温度

塔顶温度升高，会有更多的组分汽化而冲至塔顶，塔顶的气相负荷变大，塔顶压力将升高。反之，塔顶温度降低，冲至塔顶的汽化的轻组分变少，塔顶的气相负荷变小，塔顶压力将降低。

2. 塔顶空冷风机的冷却力度

分馏塔顶油气先经过空气冷却器冷却，塔顶挥发出来的气相有很大部分会冷凝成液相，这样会造成相变部位的真空，形成了从塔顶到空冷相变部位的压降，驱使气相从塔顶向空冷相变部位流动。如果空冷冷却力度加大，会增大这种压降，使气相从塔顶到空冷相变部位的流动速度加大，进而降低了塔顶的压力。在现场生产中，调节常压塔顶空冷冷却力度作为调节分馏塔顶压力的主要手段。

3. 塔顶罐气体外排流量

气相从分馏塔顶到塔顶罐，形成了封闭的空间，在这个空间里，唯有塔顶罐顶部的气体外排阀门是泄压口，此阀门后续连接着炼厂低压燃料气管网，如果此阀门开度增大，将有更多的气体外排，塔顶罐的压力将下降，这样等于增大了气相从塔顶到塔顶罐的压降，增大了气相从塔顶到塔顶罐的流速，进而降低了塔顶压力。

五、分馏塔顶温度

保持分馏塔顶压力不变，塔顶温度变化影响着塔顶产品（焦化汽油）的终馏点，如果塔顶温度升高，则分馏塔内本不该汽化的馏分汽化，并从塔顶馏出，致使焦化汽油终馏点偏高，且焦化柴油的初馏点也随之升高，一般分馏塔顶温度控制在 125℃ 左右。分馏塔顶温度的影响因素有：蒸发塔板温度、焦化柴油抽出量、塔顶循环回流温降及流量、分馏塔顶压力等。

分馏塔顶温度

1. 蒸发塔板温度

分馏塔底的冷进料和热进料是分馏塔的热量来源，它们的温度变化直接影响到大塔蒸发塔板温度的变化。蒸发塔板温度降低，则大塔各个温位均会下降。

2. 焦化柴油抽出量

分馏塔柴油抽出量大，则对于塔顶来说损失的热量就会较多，柴油抽出线上方的各个塔板温度均会下降。柴油抽出量越大，本应该汽化上升至塔顶的组分在柴油抽出口馏出，这些组分没有把热量携带到塔顶，致使塔顶温度下降。

3. 塔顶循环回流温降及流量

塔顶循环回流抽出与返塔温差越大，抽出量越大，则塔顶损失的热量越多，其回流附近塔板的温度均下降。

4. 分馏塔顶压力

分馏塔顶压力对塔顶温度的影响主要表现在：塔顶压力升高，会降低塔内部上升气速，这样，高温的重组分就无法到达塔顶而使塔顶温度下降，因为热量的载体是上升的油气。另外，塔顶压力也会影响部分轻组分的沸点，塔顶压力高，烃类的沸点将升高，塔内整体汽化率将下降，塔顶气体产率也会下降，到达塔顶的温度载体减少，致使塔顶温度下降。

六、分馏塔底蒸发塔板温度

分馏塔底温度

分馏塔底蒸发塔板位于人字挡板的上方，蜡油抽出口的下方，蒸发塔板温度的高低，直接影响全塔的汽化率，也影响着蜡油、加热炉辐射进料的品质，蜡油又是催化裂化装置的原料，对催化裂化装置的平稳运行有一定的影响，所以稳定延迟焦化装置的分馏塔底蒸发塔板温度对于全设备的效益有着一定影响。分馏塔底蒸发塔板温度的影响因素有：分馏塔底冷进料温度及流量变化；分馏塔底热进料温度及流量变化。

七、分馏塔底液位

分馏塔底液位

如图 3-7 所示，对于分馏塔而言，其进料有两股：一是从加热炉对流室输送过来的冷进料；二是从焦炭塔顶引出的过热反应油气，它作为热进料进入分馏塔底。出料的去向有二：一是由分馏塔底辐射泵输送至加热炉辐射室进口的出料；二是分馏塔内的汽化。分馏塔底冷进料进入塔底后，几乎全部从塔底引出进入辐射室加热。因此，可以说冷进料对于分馏塔底液位几乎没有影响。热进料相当于冷进料中经过热反应后除去生产焦炭剩余部分的物料，它包括裂解气、汽油、柴油、蜡油等馏分和二次反应料，汽化率在数值上刚好等于裂解气及汽油、柴油和蜡油等馏分产率

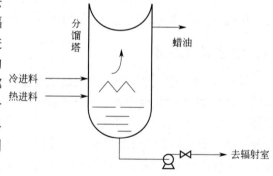

图 3-7　分馏塔底液位示意图

的总和。所以，分馏塔底物料就是二次反应的原料，分馏塔底液位的高低决定于二次反应原料量。分馏塔底液位的影响因素，即循环油量大小的影响因素，包括焦炭塔内反应深度和分馏塔内汽化率等。

1. 焦炭塔内反应深度

反应深度与反应温度、反应压力、反应时间等有关。一般用焦炭塔顶压力代表反应压力，反应温度一般是指焦化加热炉辐射出口温度。反应温度和反应压力升高，反应深度加大，气体、汽油馏分和焦炭产率增加，柴油、蜡油馏分产率下降。反应压力单方面升高，焦炭的挥发分［焦炭在规定条件下隔绝空气加热，焦炭中的有机物质受热分解出一部分分子量较小的液态（此时为蒸气状态）和气态产物，这些产物称为挥发物，挥发物占焦炭质量的百分数称为挥发分产率或简称为挥发分。］将会增加，裂解气、汽油、柴油等馏分有微小的损

失。反应温度单方面升高，焦炭产率会有下降，并使焦炭中挥发分下降。如果焦炭塔内温度过高，容易造成泡沫夹带并使焦炭硬度增大，造成除焦困难。反应温度过低，焦化反应不完全并生成软焦。

焦炭塔内反应时间与装置的处理量有关，装置处理量越低，焦炭塔内反应油气的停留时间越长，反应深度越大，反应产物的各组分的含量将会发生变化。

2. 分馏塔内汽化率

分馏塔内汽化率，主要是指塔顶裂解气、汽油、柴油和蜡油的产率总和。分馏塔底的组分主要是循环油，以及溶解在循环油里的少量柴油、蜡油等较轻组分。降低塔顶压力，增大蜡油抽出量，提高蜡油的终馏点，均可以降低分馏塔底液位。

 拓展阅读

第一代石油"海归"——白家祉

现在，人们把从海外留学后回到祖国做贡献的人称为"海归"，那么 1949 年 8 月，从美国留学回到祖国的白家祉先生，可以算作新中国的第一代石油"海归"了。

按照今天的标准，白老的学历非常"酷"，清华大学学士，美国麻省理工学院硕士，哈佛博士。当年，他从清华大学机械系毕业后，与杨振宁等人一起考取第六届留美公费生，离开祖国赴美留学。

白老是新中国第一位石油机械学教授。1953 年，北京石油学院一成立，他就从清华大学调入该院。当时，院里年轻教师很多，因此他不仅要给学生们讲课，还经常给教师们讲。没有现成的教材，他就自己编写。1957 年，他在教学之余写的论文《套筒滚子链动负荷分析》发表后，在学术界引起很大反响。

后来，他遭受到不公正待遇，但在逆境中，仍然努力用自己的知识为国家做贡献。他为济南柴油机厂解决了 V-8、V-12 大马力柴油机的曲轴振动问题，使系列产品规格化。1976 年，他到华北油田研究钻井中的"抗斜"问题，用弹性稳定理论求解钻头的侧向受力，提出了一种柔性钻具组合，取得较好效果。

白老把 1978 年视为他生命中的重大转折，几次用"非常美好"来形容那个时期。那年，他调入石油勘探开发研究院。他担任了国家"七五"科技攻关项目"定向井轨道控制技术"和"套筒型变向器研制"的负责人。在定向井方面，他提出了"纵横弯曲法"。1982 年，他的《应用纵横弯曲梁理论求解钻具组合的受力与变形》论文，在国际石油工程会议上发表，让业界耳目一新。美国著名专家鲁宾斯基、米尔海姆给予高度评价，并将其收入美国石油工程学会编辑的《实用钻井工程》教科书中，称之为"白家祉方法"。

白老先后培养了 10 名研究生，其中包括中国石油钻井工程研究院院长孙宁、中国工程院院士苏义脑等。提起弟子们，白老非常自豪。他说："他们都做得非常出色，那都是他们自己努力的结果，与我没有什么关系，但我为他们的成功而感到光荣。"他热心扶植后来者，积极推举人才，崇高的精神品质，难能可贵。

习题

一、选择题

1. 下面影响焦化装置分馏塔顶压力最小的是（　　　）。
A. 焦炭塔顶压力变化
B. 分馏塔回流罐压力变化
C. 分馏塔顶温度变化
D. 分馏塔柴油抽出温度

2. 下面影响焦化装置分馏塔底液位最小的是（　　　）。
A. 分馏塔底对流进料流量变化
B. 分馏塔底反应油气进料流量变化
C. 分馏塔底泵出口流量变化
D. 分馏塔底循环油泵出口流量变化

3. 下面不是防焦措施的是（　　　）。
A. 分馏塔底设置循环油流程
B. 焦炭塔顶喷入消泡剂
C. 进炉炉管注入软化水
D. 设置蜡油汽提塔工艺

4. 下面描述不正确的是（　　　）。
A. 焦化汽油辛烷值比直馏汽油辛烷值高
B. 直馏汽油比焦化汽油终馏点高
C. 焦化汽油比直馏汽油烯烃含量高
D. 直馏汽油比焦化汽油杂质含量低

5. 下面描述不正确的是（　　　）。
A. 焦化柴油馏程要比直馏柴油宽一些
B. 焦化柴油比直馏柴油十六烷值高
C. 焦化柴油比直馏柴油杂质含量高
D. 焦化柴油比直馏柴油烯烃含量高

二、判断题

1. 延迟焦化装置的循环回炼油就是焦化装置分馏塔底的循环油。（　　　）
2. 在延迟焦化装置中，对流泵出口流量比辐射泵出口流量大。（　　　）
3. 焦化蜡油下一道工艺将要进入润滑油基础油生产装置。（　　　）
4. 延迟焦化装置的加热炉大部分的热量是用来加热装置的新鲜原料。（　　　）
5. 焦炭的挥发分越低，说明装置的加工损失越小。（　　　）

三、简答题

1. 影响延迟焦化装置反应深度的因素有哪些？
2. 延迟焦化装置分馏塔蒸发塔板温度偏高，应采取哪些措施加以调节？
3. 循环比的增大，对装置生产有何影响？
4. 为什么延迟焦化装置不生产喷气燃料原料？
5. 常减压蒸馏装置减压系统实现深拔操作，将会对延迟焦化装置正常操作有何影响？

第四章
催化裂化工艺

 学习目标

知识目标

1. 理解催化裂化的化学反应原理、类型和特点。
2. 了解催化裂化催化剂的组成、性能和使用方法。
3. 掌握催化裂化的工艺流程、工艺条件以及设备的类型和结构特点。
4. 掌握催化裂化装置产品质量指标的影响因素的分析方法。

技能目标

1. 能准确、标准地绘制催化裂化装置的工艺流程图。
2. 能独立完成催化裂化装置仿真软件开、停工操作任务。
3. 能进行催化裂化装置事故判断分析和处理。

素质目标

1. 培养学习和工作中的自信心，克服畏难情绪。
2. 培养安全生产意识，变"要我安全"为"我要安全"。
3. 树立为国分忧、为民族争气、忘我拼搏、艰苦奋斗的新时代铁人精神。
4. 培养对石化行业的热忱和爱岗敬业的奉献精神。

　　传统的原油一次加工方法为常减压蒸馏，但该法收率低，可以获得汽油、煤油及柴油等轻质油品，但收率只有 10% ～ 40%。而且某些轻质油品的质量也不高，例如直馏汽油的马达法辛烷值一般只有 40 ～ 60。随着工业的发展，内燃机不断改进，对轻质油品的数量和质量提出了更高的要求。这种供需矛盾促使炼油工业向原油二次加工方向发展，进一步提高原油的加工深度，获得更多的轻质油品并提高其质量。催化裂化是最重要的重质油轻质化过程之一，在汽油和柴油等轻质油品的生产中占有很重要的地位。

　　催化裂化过程是原料油在 470 ～ 530℃和 0.1 ～ 0.3MPa 及与催化剂接触的条件下，发生以裂解反应为主的一系列化学反应，生成气体、汽油、柴油、重质油（可循环作原料或出澄清油）及焦炭的工艺过程。传统的催化裂化原料是重馏分油，主要是直馏减压馏分油（VGO），也包括焦化重馏分油（CGO，通常需加氢精制）。由于对轻质油品的需求不断增长及技术进步，更重的油，如减压渣油、脱沥青的减压渣油及加氢处理的重油等也作为催化裂化的原料。催化裂化的主要目的是将重质油品转化成高质量的汽油和柴油等产品。由于产品的收率和质量取决于原料性质和相应采用的工艺条件，因此生产过程中就需要对原料油的物化性质有一个全面的了解。

1936 年世界上第一套固定床催化裂化工业化装置问世，揭开了催化裂化工艺发展的序幕。20 世纪 40 年代，相继出现了移动床催化裂化装置和流化床催化裂化装置。流化催化裂化技术的持续发展是工艺改进和催化剂更新互相促进的结果。20 世纪 60 年代中期，随着分子筛催化剂的研制成功，出现了提升管反应器，以适应分子筛的高活性。20 世纪 70 年代以来，分子筛催化剂进一步向高活性、高耐磨、高抗污染的性能方向发展，还出现了一氧化碳助燃剂、重金属钝化剂等助剂，使流化催化裂化从只能加工馏分油到可以加工重油，重油催化裂化装置的投用，迎来了催化裂化技术发展的新高潮。

通过多年的技术攻关和生产实践，我国掌握了原料高效雾化、重金属钝化、直连式提升管快速分离、催化剂多段汽提、催化剂预提升、催化剂多种形式再生、内外取热、高温取热、富氧再生、新型多功能催化剂制备等一整套重油催化裂化技术，同时积累了丰富的操作经验。1998 年，由石油化工科学研究院和北京设计院开发的大庆减压渣油催化裂化技术（VRFCC）就集成了富氧再生、旋流式快分（VQS）、DVR-1 催化剂等多项新技术。

我国催化裂化还在不断发展，利用催化裂化工艺派生的"家族工艺"有多产低碳烯烃或高辛烷值汽油的 DCC、ARGG、MIO 等工艺，以及降低催化裂化汽油烯烃含量的 MIP、MGD 和 FDFCC 等工艺。这些工艺不仅推动了催化裂化技术的进步，也不断满足了炼油厂新的产品结构和产品质量的需求。有的专利技术已被国外采用，如 DCC 工艺技术，受到国外同行的重视。

目前催化裂化的主要发展方向有：加工重质原料、降低能耗、减少环境污染、适应多种生产工艺的催化剂和工艺、过程模拟和计算机应用。

第一节　催化裂化工艺原理

一、催化裂化化学反应类型

催化裂化产品的数量和质量，取决于原料中的各类烃在催化剂上所进行的反应，为了更好地控制生产，以达到高产优质的目的，就必须了解催化裂化反应的实质、特点以及影响反应进行的因素。

石油馏分由各种烷烃、环烷烃、芳烃所组成。在催化剂上，各种单体烃进行着不同的反应，有分解反应、异构化反应、氢转移反应、芳构化反应等。其中，以分解反应为主，催化裂化这一名称就是因此而得。各种反应同时进行，并且相互影响。

1. 烷烃

烷烃主要发生分解反应（烃分子中 C—C 键断裂的反应），生成物为较小分子的烷烃和烯烃，例如：

$$C_{16}H_{34} \longrightarrow C_8H_{16} + C_8H_{18}$$

生成的烷烃又可以继续分解成更小的分子。烷烃分子的 C—C 键能随着其由分子的两端向中间移动而减小，因此，烷烃分解时都从中间的 C—C 键处断裂，而分子越大越容易断裂。碳原子数相同的链状烃中，异构烷烃的分解速度比正构烷烃快。

2. 烯烃

烯烃的主要反应也是分解反应，但还有一些其他反应，主要反应有：

（1）分解反应

烯烃分解为两个较小分子的烯烃，烯烃的分解速度比烷烃高得多，且大分子烯烃分解反应速率比小分子快，异构烯烃的分解速度比正构烯烃快。例如：

$$C_{16}H_{32} \longrightarrow C_8H_{16} + C_8H_{16}$$

（2）异构化反应

① 双键移位异构 烯烃的双键向中间位置转移，称为双键移位异构。例如：

$$CH_3—CH_2—CH_2—CH_2—CH=CH_2 \longrightarrow CH_3—CH_2—CH=CH—CH_2—CH_3$$

② 骨架异构 分子中碳链重新排列。例如：

$$CH_3—CH_2—CH=CH_2 \longrightarrow CH_3—\underset{\underset{CH_3}{|}}{C}=CH_2$$

③ 几何异构 烯烃分子空间结构的改变，如顺烯变为反烯，称为几何异构。

（3）氢转移反应

某烃分子上的氢脱下来立即加到另一烯烃分子上使之饱和的反应，称为氢转移反应。如：两个烯烃分子之间发生氢转移反应，一个获得氢变成烷烃，另一个失去氢转化为多烯烃，乃至芳烃或缩合程度更高的分子，直至最后缩合成焦炭。氢转移反应是烯烃的重要反应，是催化裂化汽油饱和度较高的主要原因，但反应速率较慢，需要较高活性的催化剂。

（4）芳构化反应

所有能生成芳烃的反应都称为芳构化反应，它也是催化裂化的主要反应。如下式所示，烯烃环化再脱氢生成芳烃，这一反应有利于汽油辛烷值的提高。

（5）叠合反应

叠合反应是烯烃与烯烃合成大分子烯烃的反应。

（6）烷基化反应

烯烃与芳烃或烷烃的加和反应都称为烷基化反应。

3. 环烷烃

环烷烃的环可断裂生成烯烃，烯烃再继续进行上述各项反应；环烷烃带有长侧链，则侧链本身会发生断裂生成环烷烃和烯烃；环烷烃也可以通过氢转移反应转化为芳烃；带侧链的五元环烷烃可以异构化成六元环烷烃，并进一步脱氢生成芳烃。例如：

4. 芳香烃

芳香烃核在催化裂化条件下十分稳定，连在苯核上的烷基侧链容易断裂成较小分子烯烃，断裂的位置主要发生在侧链同苯核连接的键上，并且侧链越长，反应速率越快。多环芳烃的裂化反应速率很低，它们的主要反应是缩合成稠环芳烃，进而转化为焦炭，同时放出氢使烯烃饱和。

由以上列举的反应可见：在烃类的催化裂化反应过程中，裂化反应的进行，使大分子分解为小分子的烃类，这是催化裂化工艺成为重质油轻质化重要手段的根本依据；氢转移反应使催化汽油饱和度提高，安定性好；异构化、芳构化反应是催化汽油辛烷值高的重要原因。

二、烃类的催化裂化反应机理

到目前为止，碳正离子学说被公认为是解释催化裂化反应机理的比较好的一种学说。催化裂化中各种类型的反应都要经过原料烃分子变成碳正离子的阶段，所以催化裂化反应实际上就是各种碳正离子的反应。

所谓碳正离子是指缺少一对价电子的碳所形成的烃离子。

形成碳正离子的条件：

① 存在烯烃。

来源：原料本身、热反应产生。

② 存在质子（H^+）。

来源：由催化剂的酸性中心提供。

H^+ 不称氢离子，存在于催化剂的活性中心，不能离开催化剂表面。

碳正离子是由烃分子上的 C—H 键异裂而生成的（异裂是指 C—H 键断裂时，C 或 H 原子单独夺走 C—H 键上的两个成对电子），或者说是由一个烯烃分子获得一个氢离子（氢离子来源于催化剂表面的酸性中心）而生成的，如：

$$C_nH_{2n}+H^+ \longrightarrow C_nH_{2n+1}^+$$

下面以正十六烯的催化裂化反应为例，来说明碳正离子的生成和转化的一般规律。

① 正十六烯从催化剂表面上或与已生成的碳正离子获得一个质子（H^+）而生成碳正离子。

② 大的碳正离子不稳定，容易在 β 位上断裂。

③ 生成的碳正离子是伯碳离子，不够稳定，易于变成仲碳离子，然后又在 β 位上断裂，直到 $C_3H_7^+$、$C_4H_9^+$ 为止。

④ 碳正离子的稳定程度依次是叔碳正离子＞仲碳正离子＞伯碳正离子，因此生成的碳正离子趋向于异构成叔碳正离子。

⑤ 碳正离子将 H^+ 还给催化剂，本身变成烯烃，反应中止。

碳正离子学说解释了催化裂化反应中的许多现象，例如，由于碳正离子分解时不生成小于 C_3、C_4 的碳正离子，因此裂化气中 C_1、C_2 少而 C_3、C_4 多（催化裂化条件下免不了伴有热裂化反应而生成部分 C_1、C_2）。由于伯、仲碳正离子趋向于转化成叔碳离子，因此裂化产物中异构烃多。由于具有叔碳原子的烃分子易于生成碳正离子，因此异构烷烃、烯烃、环烷烃、带侧链的芳烃的反应速率高等。

三、石油馏分催化裂化反应特点

1. 石油馏分在催化剂上存在着吸附竞争和反应阻滞作用

石油馏分的催化裂化反应是在固体催化剂表面上进行的，烃类分子必须被吸附在催化剂表面上才能进行反应。某种烃类催化裂化反应的总速率是由吸附速率和反应速率共同决定的。大量实验证明，不同烃类分子在催化剂表面上的吸附能力不同，其顺序如下：

稠环芳烃＞稠环环烷烃＞烯烃＞单烷基单环芳烃＞单环环烷烃＞烷烃同类分子

烃类分子的分子量越大，越容易被吸附。

按烃类化学反应速率顺序排列，大致如下：

烯烃＞大分子单烷基侧链的单环芳烃＞异构烷烃和环烷烃＞小分子单烷基侧链的单环芳烃＞正构烷烃＞稠环芳烃

综合上述两个排列顺序可知，石油馏分中的芳烃虽然吸附能力强，但反应能力弱，它首先吸附在催化剂表面上占据了一定的表面积，阻碍了其他烃类的吸附和反应，使整个石油馏分的反应速率变慢。对于烷烃，虽然反应速率快，但吸附能力弱，从而对原料反应的总效应不利。从而可得出结论：环烷烃有一定的吸附能力，又具有适宜的反应速率，因此可以认为，富含环烷烃的石油馏分应是催化裂化的理想原料，然而在实际生产中，这类原料并不多见。

2. 石油馏分的催化裂化反应是复杂的平行 - 顺序反应

石油馏分的催化裂化反应是复杂的平行 - 顺序反应。即原料在裂化时，同时朝着几个方向进行反应，这种反应叫作平行反应，如图 4-1 所示。同时，随着反应深度的增大，中间产物又会继续反应，这种反应叫作顺序反应。所以，原料油可直接裂化为汽油或气体，汽油又可进一步裂化生成气体。

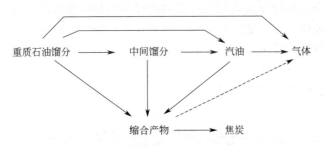

图 4-1　石油馏分的催化裂化反应

平行 - 顺序反应的一个重要特点是反应深度对产品产率的分布有着重要影响。如图 4-2 所示，随着反应时间的增长及反应深度的增加，最终产物气体和焦炭的产率会一直增加，而汽油、柴油等中间产物的产率会在开始时增加，经过一个最高阶段而又下降。这是因为达到一定反应深度后，再加深反应，中间产物将会进一步分解成为更轻的馏分，其分解速度高于生成速度。习惯上，称初次反应产物再继续进行的反应为二次反应。

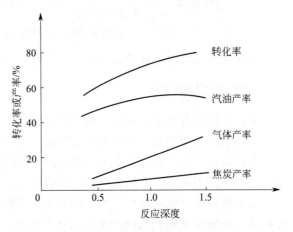

图 4-2　某馏分催化裂化的结果

催化裂化的二次反应是多种多样的，有些二次反应是有利的，有些则不利。例如，烯烃和环烷烃氢转移生成稳定的烷烃和芳烃是我们所希望的，中间馏分缩合生成焦炭则是不希望的。因此在催化裂化工业生产中，对二次反应进行有效的控制是必要的。另外，要根据原料的特点选择合适的转化率，这一转化率应选择在汽油产率最高点附近。如果希望有更多的原料转化成产品，则应将反应产物中的沸程与原料油沸程相似的馏分和新鲜原料混合，重新返回反应器进一步反应。这里所说的沸点范围与原料相当的那一部分馏分，工业上称为回炼油或循环油。

四、烃类裂化反应的热效应

强吸热反应：分解、脱氢反应，热效应很大。

放热反应：氢转移、缩合、异构化反应，热效应很小。

催化裂化反应热效应取决于吸热和放热的共同效应。在一般情况下，分解反应是催化裂化的主要反应，且热效应较大，所以催化裂化反应总是表现为吸热反应。

第二节　催化裂化过程工艺条件分析

操作参数的选择应确保原料油有较高的反应深度，保证产品质量要求以及理想的产物分布。催化裂化反应是一个复杂的平行 - 顺序反应，影响因素很多，在生产装置中各个操作条件密切联系，催化裂化各操作参数的综合影响应以得到尽可能多的高质量汽油、柴油，气体产品中尽可能多的烯烃和在满足热平衡的条件下尽可能少产焦炭为目的。

催化裂化反应深度一般用转化率来表示。工业上为了获得较高的轻质油收率，经常采用回炼操作。转化率又有单程转化率和总转化率之别。

单程转化率和总转化率的表达式为：

$$单程转化率 = \frac{气体 + 汽油 + 焦炭}{总进料} \times 100\%$$

$$总转化率 = \frac{气体 + 汽油 + 焦炭}{新鲜原料油} \times 100\% = 气体产率 + 汽油产率 + 焦炭产率$$

$$总转化率 = 单程转化率 \times (1 + 回炼比)$$

对催化裂化反应过程的影响因素主要有以下几方面。

一、原料组成和性质

催化裂化装置加工的原料一般是重馏分油，但是，当前一些装置所用原料日趋变重，掺炼渣油的比例逐渐增大，有的则直接用常压重油作为催化裂化的原料。

催化裂化原料在族组成相近的情况下，沸点越高，越易裂解。但对分子筛催化剂来说，馏分的影响并不重要。原料裂化的难易程度可以用特性因数来说明，芳烃含量高，特性因数小，表示原料难裂化。在相同的转化率下，石蜡基原料的汽油和焦炭产率都较低，气体产率比较高。环烷基原料的汽油产率较气体产率低，气体中氢与甲烷较多，气体主要成分是 C_1、C_2。对于芳香基原料，汽油的产率居中，焦炭产率较高，气体中氢与甲烷更多些。

原料中如果稠环芳烃多，则这些稠环芳烃吸附能力强，生焦多，反应速率慢，影响其他烃类的反应。试验表明，在富含烷烃合成馏分油（200～300℃）中加入 50% 的萘或 3% 的蒽，催化裂化反应速率下降 50%。所以，不希望原料中含较多的稠环芳烃。

　　原料油的性质是所有操作条件中最重要的条件。选择催化剂，制定生产方案，选择操作条件都应首先了解原料油的性质。生产中要求原料要相对稳定。同时，加工几种性质不同的原料时要在原料罐或管道中调和均匀后再送入装置。另外，要特别注意罐区脱水，换罐时不要因脱水不净，将水送入反应器，否则会急剧降低反应温度，反应压力会因水的汽化而迅速上升，严重时会造成重大事故。

二、催化剂种类和性能

　　目前，国内的催化剂已有几种不同的系列产品可供选用。每个催化装置都应根据本装置的原料油性质、产品方案及装置的类型选择适合装置的催化剂。选用催化剂时，不仅要注意催化剂的活性、比表面积，更要注意它的选择性、抗污染能力和稳定性。

　　在生产过程中，若因原料性质和产品方案的较大幅度变化而需要更换催化剂时，则需要采取逐步置换的方法：一边卸出催化剂，一边补入新催化剂。置换的速度不能过快，不然会因新鲜催化剂补入太多，催化剂平衡活性太高而使操作失去平衡。

　　催化剂平衡活性越高，转化率越高，产品中烯烃含量越少，而烷烃含量增加。

　　重金属的污染会使催化剂的活性下降，选择性明显变差，气体和焦炭产率升高，气体中氢气含量明显增加，而汽油收率明显降低。

三、工艺流程选择

　　对于各种形式的流化催化裂化装置，它们的分馏系统和吸收 - 稳定系统都是一样的，只是反应 - 再生系统有所不同。流化催化裂化的反应 - 再生系统可分为两大类型：使用无定形硅酸铝催化剂的床层裂化反应和使用分子筛催化剂的提升管反应。采用分子筛催化剂提升管裂化轻质油收率增大，焦炭产率减小，柴油的十六烷值也有所改善。

四、操作条件

1. 反应温度

　　反应温度是生产中的主要调节参数，也是对产品产率和质量影响最灵敏的参数。一方面，反应温度高，则反应速率大。催化裂化的活化能（$10000 \sim 30000$cal/mol，1cal=4.1840J）比热裂化活化能低（$50000 \sim 70000$cal/mol），而反应速率常数的温度系数热裂化亦比催化裂化高，因此，当反应温度升高时，热裂化反应的速率提高比较快，当温度高于 500℃时，热裂化趋于主要，产品中出现热裂化产品的特征（气体中 C_1、C_2 多，产品的不饱和度上升）。但是，即使这样高的温度，催化裂化的反应仍占主导地位。另一方面，反应温度可以通过改变各类反应速率大小来影响产品的分布和质量。催化裂化是平行 - 顺序反应，提高反应温度，汽油→气体的反应速率加快最多，原料→汽油的反应速率加快较少，原料→焦炭的反应速率加快更少。因此，在转化率不变时，气体产率增大，汽油产率减小，而焦炭产率变化很小，同时也导致汽油辛烷值上升和柴油的十六烷值降低。由此可见，温度升高汽油的辛烷值上升，但汽油产率下降，气体产率上升，产品的产量和质量对温度的要求产生矛盾，必须适当选取温度。在我国要求多产柴油时，可采用较低的反应温度（$460 \sim 470$℃），在低转化率下进行大回炼操作；当要求多产汽油时，可采用较高的反应温度（$500 \sim 510$℃），在高转化率下进行小回炼操作或单程操作；当要求多产气体时，反应温度则更高。

　　装置中的反应温度以沉降器出口温度为标准，但同时也要参考提升管中下部温度的变化。直接影响反应温度的主要因素是再生温度或再生催化剂进入反应器的温度、催化剂循环量和原料预热温度。在提升管装置中主要是利用再生单动滑阀开度来调节催化剂的循环量，从而调节反应温度，其实质是通过改变剂油比调节焦炭产率而达到调节装置热平衡的目的。

2. 反应压力

反应压力是指反应器内的油气分压，油气分压提高意味着反应物浓度提高，因而反应速率加快，同时生焦的反应速率也相应加快。虽然压力对反应速率影响较大，但是在操作中压力一般是固定不变的，因而压力不作为调节操作的变量，工业装置中一般采用不太高的压力（$0.1 \sim 0.3$MPa）。应当指出，催化裂化装置的操作压力主要不是由反应系统决定的，而是由反应器与再生器之间的压力平衡决定的。一般来说，对于给定大小的设备，提高压力是增加装置处理能力的主要手段。

3. 剂油比

剂油比是单位时间内进入反应器的催化剂量（即催化剂循环量）与总进料量之比（C/O）。剂油比反映了单位催化剂上有多少原料进行反应并在其上积炭。因此，提高剂油比，则催化剂上积炭少，催化剂活性下降小，转化率增大。但催化剂循环量过高将降低再生效果。在实际操作中，剂油比是一个因变参数，一切引起反应温度变化的因素，都会相应地引起剂油比的改变。改变剂油比最灵敏的方法是调节再生催化剂的温度和调节原料预热温度。

4. 空速和反应时间

在催化裂化过程中，催化剂不断地在反应器和再生器之间循环，但是在任何时间，两器内都各自保持一定的催化剂量，两器内经常保持的催化剂量称为藏量。在流化床反应器内，藏量通常是指分布板上的催化剂量。

每小时进入反应器的原料油量与反应器藏量之比称为空速。空速有质量空速和体积空速之分，体积空速是进料流量按 20℃温度时计算的。空速的大小反映了反应时间的长短，其倒数为反应时间。

反应时间在生产中不是可以任意调节的。它是由提升管的容积和进料总量决定的。但生产中反应时间是变化的，进料量的变化，其他条件引起的转化率的变化，都会引起反应时间的变化。反应时间短，转化率低；反应时间长，转化率高。过长的反应时间会使转化率过高，汽油、柴油收率反而下降，液态烃中烯烃饱和。

5. 再生催化剂含炭量

再生催化剂含炭量是指经再生后的催化剂上残留的焦炭含量。对分子筛催化剂来说，裂化反应生成的焦炭主要沉积在分子筛催化剂的活性中心上，再生催化剂含炭过高，相当于减少了催化剂中分子筛的含量，催化剂的活性和选择性都会下降，因而转化率大大下降，汽油产率下降，溴价上升，诱导期缩短。

6. 回炼比

工业上为了使产品分布（原料催化裂化所得各种产品产率的总和为 100%，各产率之间的分配关系即为产品分布）合理，以获得更高的轻质油收率而采用回炼操作。即限制原料转化率不要太高，使一次反应后，生成的与原料沸程相近的中间馏分，再返回中间反应器重新进行裂化，这种操作方式也称为循环裂化。这部分油称为循环油或回炼油。有的将最重的渣油（或称油浆）也进行回炼，这时称为"全回炼"操作。

循环裂化中，反应器的总进料量包括新鲜原料量和回炼油量两部分，回炼油（包括回炼油浆）量与新鲜原料量之比称为回炼比。

回炼比虽不是一个独立的变量，但却是一个重要的操作条件，在操作条件和原料性质大体相同的情况下，增大回炼比则转化率上升，汽油、气体和焦炭产率上升，但处理能力下降。在转化率大体相同的情况下，若增大回炼比，则单程转化率下降，轻柴油产率有所增大，反应深度变浅。反之，回炼比太小，虽处理能力较强，但轻质油总产率仍不高。因此，增大回炼比，降低单程转化率是增产柴油的一项措施。但是，增大回炼比后，反应所需的热量大大增加，原料预热炉的负荷、反应器和分馏塔的负荷会随之增加，能耗也会增加。因此，回炼比的选取要根据生产实际综合选定。

五、设备结构

提升管反应器的结构对催化裂化反应有影响，它影响到油气与催化剂的接触时间和流化情况，会造成二次反应增加和催化剂颗粒与油气的返混，会使轻质油收率下降，焦炭量增加。

第三节　催化裂化催化剂

由于催化剂可以降低反应活化能，加快化学反应速率，且可以有选择性地促进某些反应。因此，它对目的产品的质量和产率有决定性的作用。

在工业催化裂化的装置中，催化剂会影响生产能力和生产成本，同时对操作过程条件选择、工艺过程、设备选型都有重要的影响。目前工业上应用较为广泛的是分子筛催化剂，它的发展促进了催化裂化工艺的重大改进。因此，一种良好的重油催化裂化催化剂应具备以下性能：

① 良好的重油裂解性能；
② 抗 Ni、V、Na、N 等污染性能强；
③ 焦炭选择性好；
④ 良好的汽提性能；
⑤ 水热稳定性高等。

一、催化裂化催化剂的种类

工业上广泛采用的裂化催化剂分为两大类：无定形硅酸铝催化剂和结晶型硅酸铝催化剂。前者通常称为普通硅酸铝催化剂（简称硅酸铝催化剂），后者称为沸石催化剂（通常称为分子筛催化剂）。

1. 无定形硅酸铝催化剂

硅铝催化剂的主要成分是氧化硅和氧化铝（SiO_2 和 Al_2O_3）。按 Al_2O_3 含量的多少又分为低铝和高铝催化剂，低铝催化剂 Al_2O_3 含量在 12% ～ 13%，Al_2O_3 含量超过 25% 时称为高铝催化剂，高铝催化剂活性较高。

硅铝催化剂是一种多孔性物质，具有很大的比表面积，每克新鲜催化剂的表面积（称比表面积）可达 500 ～ 700m^2。这些表面就是进行化学反应的场所，催化剂表面具有酸性，并形成许多酸性中心，催化剂的活性来源于这些酸性中心。

2. 沸石催化剂

沸石（又称分子筛）催化剂是一种新型的高活性催化剂，它是一种具有结晶结构的硅铝酸盐。沸石催化剂也是一种多孔性物质，具有很大的比表面积。所不同的是，它是一种具有规则晶体结构的硅铝酸盐，它的晶格结构中排列着整齐均匀、孔径大小一定的微孔，只有直径小于孔径的分子才能进入其中，而直径大于孔径的分子则无法进入。由于它能像筛子一样将不同直径的分子分开，因而形象地称为分子筛。按其组成及晶体结构的差异，沸石催化剂可分为 A 型、X 型、Y 型和丝光沸石等几种类型。目前，工业上常用的是 X 型和 Y 型。X型和 Y 型的晶体结构是相同的，如图 4-3 所示，其主要差别是硅铝比不同。人工合成的分子筛是含有钠离子的分子筛（原料为氧化硅、氧化铝、苛性碱），它没有催化活性。分子筛中的钠离子可以用离子交换的方式与其他阳离子置换。

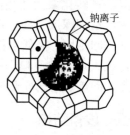

钠离子

图 4-3　X 型、
Y 型分子筛的结构

近年来，重油的催化裂化发展很快，新型的重油催化裂化催化剂不断应用于工业中，而且效果令人满意。不同品种和性能的重油催化裂化催化剂如下。

（1）稀土 Y 型分子筛（REY）裂化催化剂

以水玻璃和硫酸铝共胶生成的无定形硅铝为基质生产的全合成稀土 Y 型分子筛催化剂，包括氧化铝含量 13% ～ 15% 的低铝 REY 分子筛催化剂和氧化铝含量 25% ～ 30% 的高铝REY 分子筛催化剂。

（2）超稳 Y 型分子筛（USY）裂化催化剂

SRNY 分子筛重油裂化催化剂孔分布十分合理，大孔裂化重油组分中的大分子烃类并沉积重金属，中孔裂化已经过预裂化的烃类分子，小孔进行完全裂化。这种催化剂具有较好的水热稳定性和重油裂化能力，以及较好的焦炭选择性和突出的抗重金属污染能力，在重油催化裂化装置中的使用效果令人满意。CHZ-2 和 CHZ-3 就属于这类催化剂，已经在炼厂推广使用。

（3）稀土氢 Y 型分子筛（REHY）裂化催化剂

RHZ-300 催化剂具有活性高、焦炭选择性好、抗重金属能力强、机械强度高的特点，适用于重油催化裂化。LANET-35 催化剂是新型的重油催化裂化催化剂，该催化剂的重油转化能力强，在掺渣比 60% 的情况下，汽油＋柴油＋液化气收率达 82.83%，产量和质量也能满足要求：汽油辛烷值高，可以直接生产出口 90# 汽油，干气和焦炭产率较低，催化剂抗重金属能力强。

（4）Orbit 系列重油催化裂化催化剂

Orbit-3000 催化剂是一代新型裂化催化剂，具有大分子裂化活性高、焦炭选择性好的特点，适合于重质油加工。其耐磨强度高，具有良好的重油裂化活性和高的稳定性及选择性。同时，还可以根据市场的要求，灵活调节目的产品方向，满足不同装置的需要。

经离子交换的分子筛，其活性比无定形硅酸铝催化剂高 100 多倍。目前，在工业上所用的分子筛催化剂中含有 10% ～ 35% 的分子筛，其余的是起稀释作用的载体。工业上应用的载体有天然活性白土、合成低铝硅酸铝和合成高铝硅酸铝。

载体的作用：

① 起稀释作用，降低分子筛催化剂的活性，使分子筛催化剂分散均匀，更好地与原料接触；

② 离子交换时不可能交换掉所有的 Na^+，而 Na^+ 的存在会影响分子筛的稳定性，载体可

以容纳分子筛中未除去的 Na^+，从而提高分子筛的稳定性；

③ 适当的载体可以增强催化剂的耐磨程度，载体把 $1 \sim 5\mu m$ 的分子筛结晶颗粒包裹起来形成约 $50\mu m$ 的圆球形粒子，起到抗磨作用；

④ 在再生和裂化反应时，大量的载体作为一个宏大的吸热体，起到储存和传递热量的作用；

⑤ 分子筛的价格高，采用载体可以降低催化剂的成本；

⑥ 在重油催化裂化中，载体可以起到预裂化的作用，如 $>480℃$ 的蜡油，分子直径大约为 $25Å$（$1Å=10^{-10}m$），减压渣油为 $25 \sim 150Å$，让大分子的蜡油、渣油在载体上预裂化成较小分子，再进入分子筛内部进一步裂化。

二、催化裂化催化剂的性能

对于催化裂化催化剂，除要求有一定的物理性能外，还需满足一些与生产情况直接关联的指标，如活性、选择性、筛分组成、机械强度等。

1. 活性

裂化催化剂对催化裂化反应的加速能力称为活性。活性的大小与催化剂的化学组成、晶胞结构、制备方法、物理性质等因素有关。

新鲜催化剂在开始使用一段时间后，活性急剧下降，待降到一定程度以后则缓慢下降，因此初活性不能真实地反映实际生产情况。在测定新鲜催化剂的活性前，需先将催化剂进行水热老化处理，目的就是使测定结果能较接近实际的生产情况。

在实际生产中，催化剂受高温和水蒸气的作用，其活性逐渐下降。另外，催化剂损失而需要定期补充一些新鲜催化剂。因此，在生产装置中的催化剂活性可能持续在一个稳定的水平上，此时的活性称为"平衡催化剂活性"。催化剂平衡活性的高低取决于催化剂的稳定性和新鲜剂的补充量。

2. 选择性

在催化反应过程中，希望催化剂能有效地促进理想反应，并能抑制非理想反应，从而最大限度增加目的产品的产量，所谓选择性是表示催化剂能增加目的产品（轻质油品）和改善产品质量的能力。活性高的催化剂，其选择性不一定好，所以不能单独以活性的高低来评价催化剂的使用性能。

衡量选择性的指标很多，一般以增产汽油为标准，汽油产率越高，气体和焦炭产率越低，则催化剂的选择性越好。选择性常以汽油产率与转化率之比，汽油产率与焦炭产率之比，以及汽油产率与气体产率之比来表示。我国的催化裂化除生产汽油外，还希望多产柴油及气体烯烃，因此，也可以从这个角度来评价催化剂的选择性。

3. 稳定性

催化剂在使用过程中保持其活性的能力称为稳定性。在催化裂化过程中，催化剂需反复经历反应和再生两个不同阶段，长期处于高温和水蒸气作用的条件下，这就要求催化剂在苛刻的工作条件下，活性和选择性能长时间地维持在一定水平上。催化剂在高温和水蒸气的作用下，使物理性质发生变化、活性下降的现象称为老化。也就是说，催化剂耐高温和耐水蒸气老化的能力就是催化剂的稳定性。

　　在生产过程中，催化剂的活性和选择性都在不断地变化，这种变化分为两种：一种是活性逐渐下降而选择性无明显的变化，这主要是由于高温和水蒸气的作用，使催化剂的微孔直径扩大，比表面积减小而引起活性下降。对于这种情况，提出了热稳定性和蒸汽稳定性两种指标。另一种是活性下降的同时，选择性变差，这主要是重金属及含硫、含氮化合物等使催化剂发生中毒之故。

4. 抗污染性能

　　原料油中的重金属（铁、铜、镍、钒等）、碱土金属（钠、钙、钾等）以及碱性氮化物对催化剂有污染能力。

　　重金属在催化剂表面上沉积会大大降低催化剂的活性和选择性，使汽油产率降低、气体和焦炭产率升高，尤其是裂化气体中的氢含量增加，C_3 和 C_4 的产率降低。重金属对催化剂的污染程度常用污染指数来表示：

$$污染指数 = 0.1(Fe + Cu + 14Ni + 4V)$$

　　式中，Fe、Cu、Ni、V 为催化剂上铁、铜、镍、钒的含量。新鲜硅酸铝催化剂的污染指数在 75 以下，平衡催化剂污染指数在 150 以下，均算作清洁催化剂，污染指数达到 750 时为污染催化剂，> 900 时为严重污染催化剂。但分子筛催化剂的污染指数达 1000 以上时，对产品的收率和质量尚无明显的影响，说明分子筛催化剂可以适应较宽的原料范围和性质较差的原料。

　　为防止重金属污染，首先应当控制原料油中的重金属含量，并且可使用金属钝化剂（例如：三苯锑或二硫化磷酸锑）以抑制污染金属的活性。

5. 流化性能和抗磨性能

　　为保证催化剂在流化床中有良好的流化状态，要求催化剂有适宜的粒径或筛分组成。工业用微球催化剂颗粒直径一般在 20 ~ 80μm 之间。粒度分布为 0 ~ 40μm 的占 10% ~ 15%，大于 80μm 的占 15% ~ 20%，其余是 40 ~ 80μm 的筛分。适当的细粉含量可改善流化质量，为避免在运转过程中催化剂过度粉碎，以保证流化质量和减少催化剂损耗，要求催化剂具有较高的机械强度。通常采用"磨损指数"评价催化剂的机械强度。将一定量的催化剂放在特定的仪器中，用高速气流冲击 4h 后，所生成的小于 15μm 细粉的质量占试样中大于 15μm 催化剂的质量分数即为磨损指数。

6. 密度

　　因为裂化催化剂是微球状多孔物质，其密度有几种不同的表示方法。

　　① 真实密度　颗粒骨架本身所具有的密度，即颗粒的骨架的质量与骨架实际所占有的体积之比，又称骨架密度，一般为 2 ~ 2.2g/cm³。

　　② 颗粒密度　把微孔体积计算在内的单个颗粒的密度，一般为 0.9 ~ 1.2g/cm³。

　　③ 堆积密度　催化剂堆积时包括微孔体积和颗粒间隙的体积的密度，一般为 0.5 ~ 0.8g/cm³。

三、催化剂的失活与再生

　　裂化反应中生成的焦炭沉积在催化剂的表面上，会使催化剂的活性和选择性降低。因此，当催化剂上的积炭到一定量后就要烧去，恢复催化剂活性。通常离开反应器时的催化剂（待生剂）含炭量约1%，烧焦后，对于分子筛催化剂（再生剂），一般要求其含炭量降到0.1%甚至0.05%以下。

1. 催化剂失活的原因

（1）水热失活

在高温，特别是有水蒸气存在的条件下，裂化催化剂的表面结构发生变化，比表面积减小，孔容减小，分子筛的晶体结构破坏，导致催化剂的活性和选择性下降。这种失活一旦发生是不可逆转的，通常只能控制操作条件以尽量减缓水热失活，比如避免超温下与水蒸气的反复接触等。

（2）结焦失活

催化裂化反应生成的焦炭沉积在催化剂的表面上，覆盖催化剂上的活性中心，使催化剂的活性和选择性下降。这种失活最严重，也最快，一般在 1s 之内就能使催化剂活性丧失大半，不过此种失活属于"暂时失活"，再生后即可恢复。

（3）毒物引起的失活

原料油，特别是重质油中通常含有一些金属，如铁、镍、铜、钒、钠、钙等，在催化裂化反应条件下，这些金属元素能引起催化剂中毒或污染，导致催化剂活性下降，称为"中毒失活"，某些原料中碱性氮化物含量过高，也能使催化剂中毒失活。

2. 催化剂再生

催化剂失活后，可以通过再生而恢复由于结焦而丧失的活性，但不能恢复由于结构变化及金属污染引起的失活。为使催化剂恢复活性以重复利用，必须用空气在高温下烧去沉积的焦炭，这个用空气烧去焦炭的过程称为催化剂再生。催化剂的再生反应，就是用空气中的氧烧去催化剂上沉积的焦炭，可以表示为：

$$焦炭 \xrightarrow{O_2} CO + CO_2 + H_2O$$

再生反应的产物除了 CO、CO_2 和 H_2O 以外，如果原料中含有 S 和 N 两种元素，产物中便含有 SO_x 和 NO_x。

在实际生产中，离开反应器的催化剂含炭量约为 1%，称为待生催化剂（简称待生剂），再生后的催化剂称为再生催化剂（简称再生剂）。再生剂的含炭量有一定的要求：对硅铝催化剂要求达到 0.5% 以下；对沸石催化剂要求小于 0.2%。催化剂的再生过程决定着整个装置的热平衡和生产能力。

催化剂再生过程中，焦炭燃烧放出大量热能，这些热量供给反应所需，如果所产生的热量不足以供给反应所需要的热量，则还需要另外补充热量（向再生器喷燃烧油），如果所产热量有富余，则需要从再生器取出多余的部分热量作为别用，以维持整个系统的热量平衡。

第四节　催化裂化工艺流程

一、催化裂化原料及产品

（一）原料的来源

催化裂化原料的来源广泛，350 ~ 500℃直馏馏分油、常压渣油及减压渣油或者二次加工馏分等都可以作为催化裂化原料。

1. 直馏馏分油

直馏馏分主要是指常压重馏分和减压馏分。原油性质不同导致直馏馏分的性质也不同。但比较而言，直馏馏分含烷烃多，芳烃较少，易裂化。

以我国原油蒸馏得到的直馏馏分作为催化原料油，具有以下特点：

① 催化裂化原料充足，我国原油中轻组分少，大都在 30% 以下。

② 原料含硫低，含重金属少，只有孤岛原油馏分油硫含量及重金属含量高。

③ 主要原油的催化裂化原料（大庆、任丘等），含蜡量高，K 值也高，一般为 12.3～12.6。我国催化裂化原料量大、质优，轻质油收率和总转化率也较高，是理想的催化裂化原料。

2. 常压渣油和减压渣油

我国原油加工过程中，渣油量很大，减压渣油收率占原油的 40% 左右，常压渣油占 65%～75%。重油催化裂化工艺可以提高原油加工深度，通常是在常规催化裂化原料基础上按不同比例掺入减压渣油，或者直接用全馏分常压渣油。因此，重油催化裂化原料中胶质、沥青质、重金属及残炭值的增加，族组成也有所改变。要想高效地利用石油资源，就要解决高残炭值和高重金属含量对催化裂化过程的影响。

3. 二次加工馏分油

① 酮苯脱蜡的蜡膏和蜡下油是理想的催化裂化原料，含烷烃较多、易裂化、生焦少。

② 焦化蜡油、减黏裂化馏出油可作为催化裂化原料，由于已经裂化过，一般不能单独使用，芳烃含量较多，裂化性能差，焦炭产率较高。

③ 脱沥青油、抽余油可以与直馏馏分油掺在一起作催化裂化原料。因为其中含芳烃较多、易缩合、难以裂化，所以转化率低、生焦量高。

（二）产品特点

1. 气体产品

一般，气体产率为 10%～20%，其中包括氢气、硫化氢、C_1～C_4 烃类。

① 氢气（H_2）含量与催化剂被重金属污染的程度有关。

② 硫化氢（H_2S）的量与原料的硫含量有关。

③ 气体中，C_1（甲烷）和 C_2（乙烷、乙烯）称为干气，可以作燃料，也可以作合成氨的原料。

④ 气体中绝大部分是 C_3、C_4（称为液态烃或液化气），约占 90%（质量分数），其中 C_3（丙烷、丙烯）比 C_4（正、异丁烷，正丁烯，异丁烯和顺、反 -2- 丁烯）少，烯烃含量很高，可以生产各种有机溶剂、合成橡胶、合成纤维、合成树脂等合成产品以及各种高辛烷值汽油组分。

2. 液体产品

① 汽油产率为 40%～60%（质量分数），辛烷值高，约为 80（MON），其中含有较多的烯烃、异构烷烃和芳烃。其安定性比较好，含 α 烯烃较少，基本不含二烯烃，使用性能好，10% 点和 50% 点温度较低，低分子烃多。

② 柴油产率为 20%～40%（质量分数），十六烷值较低，约为 35，其中含有 40%～50% 的芳烃，所以需要调和或精制后才能作为柴油发动机燃料使用。

③ 油浆产率为 0%～10%（质量分数），其中含有少量催化剂细粉，可返回提升管反应器进行回炼，若经澄清除去催化剂也可以生产部分（3%～5%）澄清油，因其中含有大量芳

烃，是生产重芳烃和炭黑的好原料。

3. 焦炭

焦炭产率为 5% ～ 7%，沉积在催化剂上，不能作产品。当以渣油为原料时，焦炭的产率可高达 10% 以上。

二、催化裂化装置工艺流程

催化裂化装置一般由四部分组成：反应 - 再生系统、分馏系统、吸收 - 稳定系统和主风及再生烟气能量回收系统。

1. 反应 - 再生系统工艺流程

如图 4-4 所示，新鲜原料经换热系统预热后与回炼油混合，在 200 ～ 350℃ 至提升管反应器下部的喷嘴，由雾化蒸汽雾化并喷入提升管内，与来自再生器的高温催化剂（600 ～ 750℃）接触，随即汽化并边向上运动边进行反应。油气在提升管内的停留时间很短，一般只有 1 ～ 4s。反应产物到达提升管顶部以后，经旋风分离器分离出夹带的催化剂颗粒后离开反应器去分馏塔。

反应 - 再生系统
工艺流程

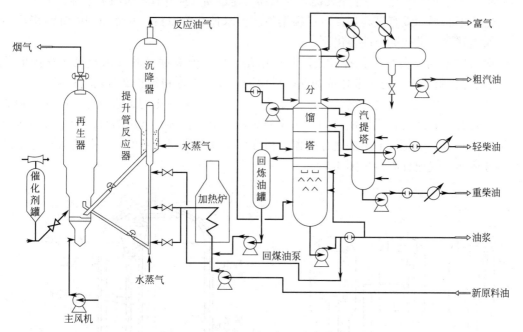

图 4-4 反应 - 再生系统工艺流程

经旋风分离器分离出的积有焦炭的催化剂（称待生催化剂）落入沉降器下面的汽提段。汽提段内装有多层人字挡板，其下通入过热水蒸气。待生催化剂上吸附的油气和颗粒之间空间中的油气被水蒸气置换出而返回沉降器。经汽提后的待生催化剂，通过待生斜管进入再生器。

在再生器的底部，通过空气分布管通入空气，烧去待生催化剂上的焦炭而使催化剂的活性得以恢复。再生后的催化剂（称再生催化剂）落入溢流管，经再生斜管返回反应器循环使用。再生用空气由主风机供给。再生器的底部还有辅助燃烧室，但只有在开工时才使用。

再生烟气经旋风分离器分离出夹带的催化剂颗粒以后，经双动滑阀排入大气。加工高生焦的原料时，因焦炭产率高，再生器的热量过剩，需在再生器设取热系统以取走过剩的热量。再生烟气的排放温度很高，而且含有 5% ~ 10% 的 CO，考虑回收这部分热量时，可以设烟气能量回收系统，利用烟气的热能和压力做功，驱动主风机以节约电能，甚至可以对外输出剩余电力。对于一些不完全再生的装置，可以设 CO 锅炉，使 CO 完全燃烧以回收能量。

在生产过程中，催化剂会有损耗，为了维持系统内的催化剂藏量，需要定期或经常地向系统补充新鲜催化剂。在一些催化剂损耗很低的装置中，由于催化剂老化减活以及重金属的污染，也需要补充新鲜催化剂，以维持系统内平衡催化剂的活性。

2. 反应–再生部分主要设备

反应–再生部分主要设备有提升管反应器、沉降器、再生器等。

提升管反应器是催化裂化反应进行的场所，是催化裂化装置的关键设备之一。常见的提升管反应器形式有两种，即直管式和折叠式。前者多用于高低并列式提升管催化裂化装置，后者多用于同轴式和由床层反应器改为提升管的装置。

提升管反应器是一根长径比很大的管子，长度一般为 30 ~ 36m，直径根据装置处理量决定，通常以油气在提升管内的平均停留时间 1 ~ 4s 为限，确定提升管内径。由于提升管内自下而上油气线速不断增大，为了不使提升管上部气速过高，提升管可做成上下异径形式。

在提升管的侧面设有进料口，可以根据生产要求使新鲜原料、回炼油和回炼油浆从不同位置进入提升管，进行选择性裂化。

进料口以下的一段称为预提升段，其作用是：由提升管底部吹入水蒸气（称预提升蒸汽），使从再生斜管来的再生催化剂加速，以保证催化剂与原料油相遇时均匀接触。

提升管出口均设有快速分离装置，可以使油气与大部分催化剂迅速分开，可以达到油气在离开提升管后立即终止反应的目的。快速分离器的类型很多，常用的有：伞幅形快速分离器、倒 L 形快速分离器、T 形快速分离器、粗旋风快速分离器、弹射快速分离器和垂直齿缝式快速分离器。快速分离器见图 4-5。

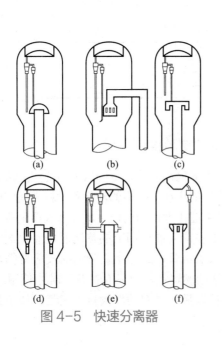

图 4-5 快速分离器

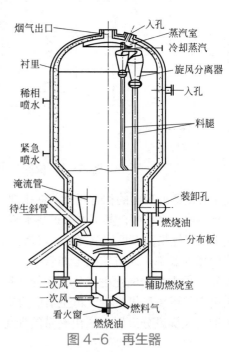

图 4-6 再生器

多采用直筒形沉降器，直径大小根据气体（油气、水蒸气）流率及线速度决定，通常是用碳钢焊制成的。沉降器分两段，上段为沉降段，下段为汽提段。沉降段内装有数组旋风分离器，顶部称为集气室并开有油气出口。沉降器的作用：使来自提升管的油气和催化剂靠重力在沉降器中向下沉降落入汽提段。汽提段内设有数层人字挡板和蒸汽吹入口，其作用是将催化剂夹带的油气用过热水蒸气吹出（汽提），并返回沉降段，以便减少油气损失和减小再生器的负荷。

沉降段高度由旋风分离器料仓压力平衡所需料腿长度和所需沉降高度确定，通常为9～12m。

汽提段的尺寸一般由催化剂循环量以及催化剂在汽提段的停留时间决定，停留时间一般是1.5～3min。

再生器是催化裂化装置的重要工艺设备，其作用是为催化剂再生提供场所和条件。它的结构形式和操作状况直接影响烧焦能力和催化剂损耗。再生器是决定整个装置处理能力的关键设备。图4-6是再生器的结构示意图。

再生器筒体是由A3碳钢焊接而成的，由于经常处于高温下和受催化剂颗粒冲刷，因此筒体内壁敷设一层隔热、耐磨衬里，以保护设备。筒体上部为稀相段，下部为密相段，中间变径处通常称为过渡段。

密相段是待生催化剂进行流化和再生反应的主要场所。在空气（主风）的作用下，待生催化剂在这里形成密相流化床层，密相床层气体线速度一般为0.6～1.0m/s，采用较低气速的称为低速床，采用较高气速的称为高速床。密相段直径大小通常由烧焦所能产生的湿烟气量和气体线速度确定。密相段高度一般由催化剂藏量和密相段催化剂密度确定，一般为6～7m。

稀相段实际上是催化剂的沉降段。为使催化剂易于沉降，稀相段气体线速度不能太高，要求不大于0.6～0.7m/s，因此稀相段直径通常大于密相段直径。稀相段高度应由沉降要求和旋风分离器料腿长度要求确定，适宜的稀相段高度是9～11m。

此外，反应-再生系统还有一些特殊设备。

旋风分离器是气固分离并回收催化剂的设备，它的操作状况好坏直接影响催化剂耗量的大小，是催化裂化装置中非常关键的设备。图4-7是旋风分离器的示意图。旋风分离器由内圆柱筒、外圆柱筒、圆锥筒以及灰斗组成。灰斗下端与料腿相连，料腿出口装有翼阀。

旋风分离器的作用原理都是相同的，携带催化剂颗粒的气流以很高的速度（15～25m/s）从切线方向进入旋风分离器，并沿内外圆柱筒间的环形通道做旋转运动，使固体颗粒产生离心力，形成气固分离的条件，颗粒沿锥体旋转进入灰斗，气体从内圆柱筒排出。灰斗、料腿和翼阀都是旋风分离器的组成部分。灰斗的作用是脱气，即防止气体被催化剂带入料腿。料腿的作用是回收催化剂输送回床层，为此，料腿内催化剂应具有一定的料面高度，以保证催化剂顺利下流，这也就是要求一定料腿长度的原因。翼阀的作用是密封，即允许催化剂流出而阻止气体倒窜。

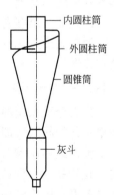

图4-7 旋风分离器

主风分布管是再生器的空气分配器，作用是使进入再生器的空气均匀分布，防止气流趋向中心部位，以形成良好的流化状态，保证气固均匀接触，强化再生反应。

辅助燃烧室是一个特殊形式的加热炉，设在再生器下面（可与再生器连为一体，也可分开设置），其作用是开工时用以加热主风，使再生器升温，紧急停工时维持一定的降温速度，正常生产时辅助燃烧室只作为主风的通道。

在加工重质原料油时，焦炭产率增大而致热量过剩，需要设置取热器才能保持反应再生之间的热平衡。取热器分为内取热器和外取热器两大类，各有特点。内取热器投资少，操作简便，但维修困难，热管破裂时只能切断而不能抢修，而且对原料品种变化的适应性差，即可调范围小。外取热器具有热量可调、操作灵活、维修方便等特点，对发展渣油催化裂化技术具有很大的实际意义。

3. 分馏系统工艺流程

如图 4-4 所示，生成的高温油气自沉降器顶部从底部进入分馏塔。油气处于过热状态且仍带有少量催化剂粉末，为了回收热量并且洗去催化剂粉末，分馏塔的入口上部装有挡板，油气经脱过热段后进入分馏段。油气自下而上流经分馏塔，经分馏后得到富气、粗汽油、轻柴油、重柴油、回炼油及油浆。分馏塔顶油气降温后进入分馏塔顶油气分离器。未冷凝的油气（富气）经压缩后去吸收稳定系统的凝缩油罐。冷凝冷却下来的油品（粗汽油）泵送进吸收塔上部。

分馏系统
工艺流程

塔顶通常采用顶循环回流以代替塔顶冷回流，以避免进入分馏塔的油气中含有的惰性气体和不凝气的影响（气体热导率低，会影响塔顶冷却器的冷凝效果）。塔顶循环回流抽出温度较高，传热温差较大，可以减小传热面积和降低水、电的消耗。

轻柴油从分馏塔塔板引出，进入汽提塔上部，汽提塔底部吹入过热蒸汽，保证柴油闪点合格。汽提后的轻柴油用泵抽出，经换热、冷却器冷却后，一部分作为产品送出装置，另一部分去吸收 - 稳定系统，经冷却后作为吸收剂送至再吸收塔，吸收干气携带的汽油组分（富吸收油）返回分馏塔。

重柴油从分馏塔引出，进入重柴油汽提塔进行汽提。汽提后的重柴油用泵抽出，经冷却器冷却后送出装置。

回炼油（温度为 350℃左右）自分馏塔用泵抽出后大部分去提升管反应器进行回炼。

油浆温度为 300 ～ 350℃，一部分送回反应器进行回炼，一部分回分馏塔，一部分送出装置作燃料。

4. 吸收 - 稳定系统

来自分馏系统油气分离器的富气经过压缩机升压，再与来自吸收塔底部的富吸收油和解吸塔顶部的解吸气混合，经冷却器冷却后，进入压缩机出口油气分离器进行气液分离。分出凝缩油，之后压缩富气进入吸收塔底部。粗汽油和稳定汽油作为吸收剂，分别由塔顶进入与富气逆流接触，吸收其中的 C_3、C_4（及部分 C_2）组分。吸收塔设有中段回流以维持塔内较低的温度。由塔底抽出的富吸收油送至解吸塔。吸收塔顶出来的贫气中夹带少量汽油，进再吸收塔用轻柴油作吸收剂，回收其中的汽油组分后成为干气送出装置。同时，在富气压缩机出口管线注入洗涤水对压缩富气进行洗涤，以减轻氧、氮、硫类物质对冷换设备的腐蚀。在压缩机出口油气分离器内，冷凝水及洗涤后的含硫污水经脱水包排出装置。吸收塔工艺流程见图 4-8，解吸塔工艺流程见图 4-9。

富吸收油和凝缩油自压缩机出口油气分离器送入解吸塔，塔底通过再沸器加热，将富吸收油中的 C_2 组分解吸出来，由于解吸气中还含有相当数量的 C_3、C_4 组分，由塔顶返回，经

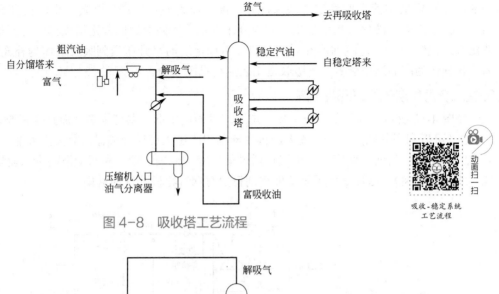

图 4-8　吸收塔工艺流程

动画扫一扫

吸收-稳定系统
工艺流程

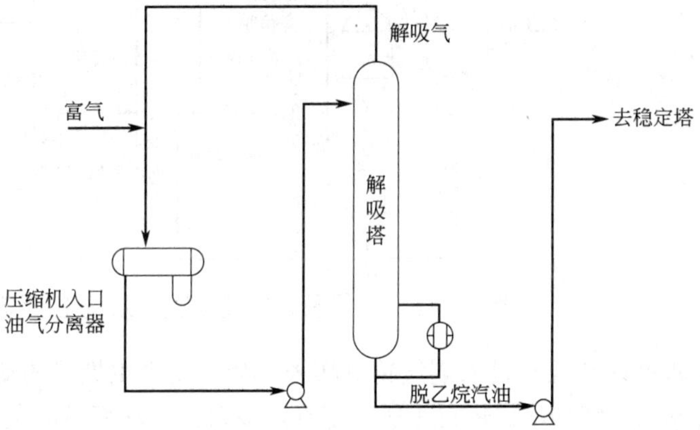

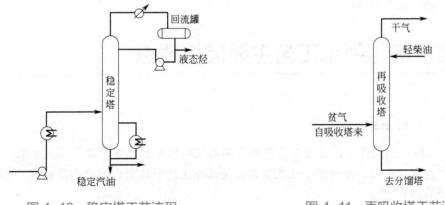

图 4-9　解吸塔工艺流程

冷却后与压缩富气混合进入油气分离器，平衡后送入吸收塔加以回收。塔底脱乙烷汽油需严格控制其中的 C_2 含量，合格后被送至稳定塔。稳定塔工艺流程见图 4-10。

图 4-10　稳定塔工艺流程　　　　　　图 4-11　再吸收塔工艺流程

如图 4-10 所示，在稳定塔通过精馏的方法，将汽油中 C_4 以下的轻烃与汽油分开，在塔顶得到液化石油气（简称液化气），冷凝冷却至 40℃ 进入稳定塔顶回流罐。液化气用泵抽出，一部分作稳定塔回流返回稳定塔顶部，另一部分作为液化气送出装置。塔底得到合格的汽油——稳定汽油。液化气用泵抽出，一部分作为稳定塔回流返回稳定塔顶部，另一部分作为液化气送出装置。稳定汽油冷却后，一部分用稳定汽油泵升压送到吸收塔作为补充吸收剂，另一部分作为产品送出装置。再吸收塔工艺流程见图 4-11。

5. 主风及再生烟气能量回收系统

如图 4-12 所示，催化剂在再生器中烧炭产生的再生烟气温度很高，而且含有 5%～10% 的 CO，可以利用其热量。烟气先要经再生器稀相段进入旋风分离器，分离出大部分催化剂，回收的催化剂经料腿返回床层，烟气再通过集气室（或集气管）和双动滑阀进入能量回收系统（或排入烟囱）。这样是为了避免催化剂粉尘对烟气轮机叶片的磨损。

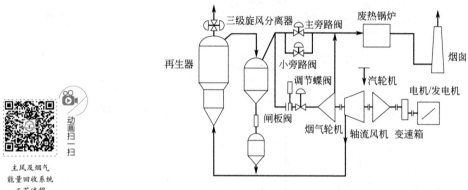

图 4-12　主风及烟气能量回收系统工艺流程

净化后的烟气通过调节蝶阀进入烟气轮机膨胀做功，使再生烟气的动能转化为机械能，驱动主风机（轴流风机）转动，提供再生所需空气，多余部分功率带动发电机发电。经过烟气轮机后，烟气完成了压力能回收，温度、压力都有所降低（温度降低 100～150℃），但含有大量的显热能（如不是完全再生，还有化学能），故排出的烟气可进入废热锅炉（或 CO 锅炉）产生水蒸气，可供汽轮机或装置内外其他部分使用。烟气降温后去放空烟囱放入大气。为了操作灵活、安全，流程中另设有一条辅线，使从三级旋风分离器出来的烟气可根据需要直接从锅炉进入烟囱。

第五节　催化裂化工艺主要操控要点

一、反应－再生系统

在反应-再生的操作中，必须着重掌握好两器的物料平衡、热平衡和压力平衡，分析判断装置生产的变化趋势，及时调节工艺参数，使其在工艺卡片允许的波动范围内，生产出合格的装置产品。

1. 反应温度的控制

反应温度以沉降器出口温度为标准，同时也要参考提升管中下部温度的变化。反应温度主要与进入反应系统的预提升蒸汽和雾化蒸汽关联较大。在其他条件不变的情况下，预提升蒸汽和雾化蒸汽用量变化，带入的热量会相应变化，从而会影响反应系统的温度。气体蒸汽用量对于可汽提炭的产率有影响，进而影响烧焦温度和再生催化剂温度，因而也会影响反应温度。

动画扫一扫

反应温度

进料预热温度、总进料量、催化剂的再生温度及催化剂循环量等因素都会影响反应温度。进料预热温度即原料油进提升管的温度。预热温度提高，意味着带入反应系统的热量变大，则反应温度提高；反之，下降。进料量下降，反应温度上升；反之，下降。催化剂循环量增加，反应温度上升；反之，下降。催化剂再生温度上升，反应温度上升。

一般提升管反应器出口温度控制目标为 485 ～ 535℃，控制方式主要由再生滑阀开度控制，原料油预热温度辅助调节。

2. 沉降器压力的控制

沉降器顶部压力即反应压力，是生产中的主要控制参数。反应压力会影响反应速率、产品分布、平稳操作、安全运行。

动画扫一扫

反应压力

生产过程中的进料量、汽提蒸汽总量、分馏塔底液位、反应深度、富气压缩机转数等因素都会影响反应压力。进料量增加时，沉降器压力上升；反之，下降。汽提蒸汽总量上升，沉降器压力上升；反之，下降。由于反应压力直接影响反应 - 再生系统的压力平衡，反应压力还影响分馏、吸收稳定系统的操作，因而在装置上一般作为恒定值控制，不作为频繁调节的变量。

一般沉降器压力控制目标为 0.11 ～ 0.20MPa，控制方式在生产中主要通过调节反飞动流量及气压机转数来控制。

3. 反应器藏量的控制

提升管反应器藏量主要是指沉降器和汽提段藏量。一般沉降器零料位操作，藏量主要在汽提段中。沉降器料位可以保证催化剂在汽提段有足够停留时间，使待生剂表面及内部孔隙中的油气被水蒸气汽提出来，减少可汽提炭。保持一定的料位，还可以使沉降器内的旋分器料腿有正压密封，防止油气倒窜而引起催化剂大量跑损。同时，它还担负着为待生线路提供足够推动力的作用。但沉降器料位也不能太高，否则会引起料腿下料不畅。

影响反应器藏量的因素有待生滑阀开度、催化剂循环量等。

正常情况下，通过沉降器藏量调节器调节待生塞阀开度，使汽提段藏量满足工艺指标的要求。

4. 再生器温度的控制

再生温度是影响烧焦速率的重要因素。再生温度提高可大幅度加快烧焦速率，降低再生催化剂含炭量。再生温度还是两器热平衡的体现，正常运行的装置，热量不足时再生温度降低，热量过剩则再生温度升高。

动画扫一扫

再生温度

进料量、回炼比、反应深度、取热量、主风量等因素都能影响再生温度。进料量增加，回炼比增加，均能引起床层温度的升高。反应深度大，床层温度则升高。外取热量增大，则床层温度下降。主风量不足时，床层温度下降。

一般再生器温度控制目标为不大于 700℃，生产中的控制方式采用调整汽提蒸汽量改变生焦量、调整再生器主风量改变再生器烧焦比例、调整外取热器取热量来控制再生器密相温度。

5. 再生器压力的调节

再生压力还是影响两器压力平衡的重要参数，并且提高再生压力（氧分压 ＝ 再生压力 × 再生烟气中氧的摩尔分数，提高再生压力即可提高氧分压，烧焦速率与再生烟气氧分压成正比）可提高烧焦速率。为获得较高的烟气能量回收率，一般采用较高的再生压力。

再生器压力受到烟机入口蝶阀及双动滑阀开度、主风量、再生器总蒸汽量等因素影响。

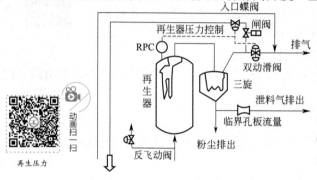

当烟机入口蝶阀及双动滑阀开度增大，则压力下降；主风量增加，压力上升；再生器总蒸汽量上升，压力上升。

正常情况下，再生压力为自动选择控制系统，控制目标为 0.15 ～ 0.24MPa。通过调节烟机入口蝶阀、双动滑阀的开度来达到对再生压力的自动控制。

再生器压力调节见图 4-13。

图 4-13　再生器压力调节示意图

二、分馏系统

分馏系统主要过程在分馏塔内进行，与一般精馏塔相比，催化裂化分馏塔具有如下技术特点：

① 分馏塔进料是过热油气，并带有催化剂细粉。

② 分馏塔进料口在塔的底部，并设有人字挡板，用油浆循环来冲洗挡板，可取走过剩热量，并防止催化剂在塔底沉积。

③ 塔底温度利用循环油浆流量和返塔温度进行控制。

④ 塔底油浆固体含量可用油浆回炼量或外排量来控制。

⑤ 塔顶气态产品量大，为减小塔顶冷凝器负荷，塔顶也采用循环回流取热代替冷回流，以减少冷凝冷却器的总面积。

⑥ 由于全塔过剩热量大，为保证全塔气液负荷相差不过于悬殊，并回收高温位热量，除设置塔底油浆循环外，还设置中段循环回流取热。

分馏岗位的操作主要是掌握好全塔物料平衡和热平衡，维持平稳各塔器液位，控制好各段回流取热量，合理调整热平衡。把握住工艺卡片规定的各参数，是实现平稳操作和使产品质量合格的关键。

（一）分馏塔底液位控制

分馏塔塔底流程见图 4-14。分馏塔底液位是整个分馏塔操作的重要参数，其变化反映了全塔物料平衡和热平衡的状况，并且对全塔操作影响较大。液位过低时容易造成油浆泵抽空，破坏全塔热平衡，中断油浆循环回流而发生冲塔、超温及超压事故；液位过高时会淹没反应油气入口，使反应系统憋压，造成严重后果。

决定分馏塔底液位的主要因素有两个，一是反应生成油浆量，二是油浆外甩量。当反应深度增大，反应生成油浆减少，分馏塔底液位下降；当反应处理量增加时，生成油浆量随之增加，分馏塔底液位上升。当油浆回炼量或外甩出装置量增加时，分馏塔底液位下降；当回炼油返塔增加时，分馏塔底液位上升。

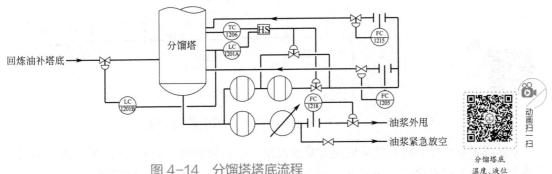

图 4-14 分馏塔塔底流程

国内重油催化裂化生产装置，分馏塔底液位一般控制在 30% ～ 50%。

正常操作时用回炼油补塔底自动控制塔底液面，生产条件变动时，可通过控制油浆外甩量，事故状态下可用油浆紧急放空线来调节塔底液面。

（二）分馏塔底液相温度控制

影响分馏塔底温度的因素有反应油气温度，油浆上、下返塔量和温度。当反应温度升高时，则塔底液相温度随之升高；油浆下返量增加，塔底液相温度降低；循环油浆返塔温度降低，塔底液相温度降低。

分馏塔底油浆中的重质芳烃、胶质和沥青质含量高，并含有一定数量的催化剂颗粒，在高温下极易缩合生焦，为防止油浆系统结焦，应严格控制分馏塔底液相温度。蜡油进料催化裂化分馏塔底温度控制在 370 ～ 380℃，重油催化裂化进料加重，塔底更易结焦，一般控制温度不大于 350℃。

控制方法主要为通过油浆上返塔量控制塔底汽相温度，通过油浆下返塔量控制塔底液相温度来改变塔底温度。

（三）油浆中固体含量的控制

油浆中固体（催化剂粉末）含量高，会强烈地磨损设备，特别是磨损高速运转部位，如油浆泵叶轮等。含量太高，还会造成油浆系统的结焦堵塞事故。因此在正常生产中，应控制油浆中固体含量不大于 6g/L。油浆中固体含量的高低取决于催化剂进入分馏塔数量上的平衡。进入量取决于反应沉降器旋分器的分离效率，即油气携带进入分馏塔的催化剂量，而排出量取决于油浆回炼量与油浆出装置量之和。

反应器系统操作波动，特别是压力波动，沉降器藏量变化大，都会造成大量催化剂进入分馏塔。沉降器内旋风分离器效率差（料腿翼阀密封不好、料腿磨坏等），使反应油气中大量携带催化剂。

因此，反应岗位应加强平稳操作，降低催化剂带出量，从而降低油浆中固体含量。油浆中固体含量高时，应加大油浆回炼量或油浆出装置量。

（四）分馏塔顶温度的控制

分馏塔塔顶流程见图4-15。分馏塔顶温度是汽油终馏点的控制参数。影响分馏塔顶温度的因素有反应油气入塔热量、全塔热平衡的分配等。

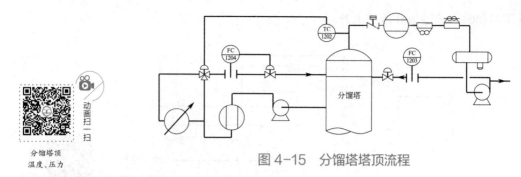

图 4-15　分馏塔塔顶流程

　　分馏塔顶温度受到塔顶循环回流流量及温度、冷回流流量等因素影响。塔顶循环回流冷流量大，回流返塔温度低，塔顶温度下降。塔顶循环回流冷流量小，回流返塔温度高，塔顶温度上升。塔顶温度过高或循环回流量不足时，可打入适量冷回流控制。但冷回流量不宜太大，调节幅度也不能过大，更不能带水，以免引起反应压力的波动。一般塔顶温度控制目标为不大于 135℃。

　　控制方式为通过调节塔顶回流量、调节塔顶回流返塔温度或调节冷回流量来改变塔顶温度。

（五）产品质量的控制调节

1. 根据产品质量的变化调整操作

　　产品质量指标是很全面的，但由于蒸馏所得的馏分多为半成品，在分馏操作中主要控制的是与分馏有关的指标，包括恩氏蒸馏的馏分组成、闪点、凝点及密度等。馏分头部轻，表现为闪点低、初馏点低，说明前一馏分未充分蒸出，不仅影响这一馏分的质量，还会影响上一馏分收率。调节方法是提高上一侧线馏分的抽出温度或抽出量，提高或加大本侧线馏分的汽提蒸汽量，均可以使轻组分被赶出，从而使产品的闪点、初馏点指标合格，解决了头部轻的问题。馏分尾部重表现为终馏点高、凝点高，说明下部馏分的重组分被携带上来，不仅使本侧线不合格，也会影响下一侧线馏分的收率。调节方法是降低本侧线抽出温度或抽出量，从而使终馏点、凝点指标合格，回流返塔温度降低或提高循环回流量，使塔板上升的油气温度下降，随之抽出温度降低，油品变轻。

　　例如，粗汽油终馏点不合格，主要调节方式是在一定的顶循回流下，调节顶循返塔温度来控制分馏塔顶温度，加大冷回流，提高油气分压，从而保证粗汽油终馏点合格。柴油闪点不合格，主要靠调节汽提蒸汽量解决。柴油终馏点、凝点不合格，主要靠调节一中循环回流返塔温度或流量控制一中回流返塔层塔板上方的气相温度，从而保证柴油终馏点和凝点合格。

　　根据工艺卡片要求，为确保安全，用冷却器控制柴油出装温度不大于 55℃、油浆出装去罐区温度不高于 95℃。

2. 根据加工量的变化调整操作

　　装置加工量的变化，使整个装置的负荷都发生变化。在保证产品质量和产品收率的前提下，必须改变操作条件，使装置内各设备的物料和热量重新建立平衡。加工量增大后，塔内操作压力必然升高，油气分压也升高，塔顶、柴油馏出层气相温度也应提高，否则产品质量就会变轻。同样，在反应水蒸气量增大，反应压力不变的情况下，分馏塔内油气分压降低，此时塔顶、柴油馏出层气相温度也要相应降低（或提高冷回流等来提高油气分压），否则产品就会变重。

3. 根据反应深度的变化调整操作

反应深度增大,回炼比减小,反应压力不变,分馏塔顶油气分压升高,此时塔顶温度要相应提高,否则产品质量就会变轻;反应深度减小,回炼比增大,反应压力不变,分馏塔出柴油部分塔盘处分压会升高,此时柴油馏出层气相温度也应提高,否则产品就会变轻。

(六)粗汽油质量控制

粗汽油的质量主要控制终馏点,粗汽油终馏点合格才能保证稳定汽油的终馏点合格。粗汽油的终馏点受到反应进料、反应深度、催化剂的性质、分馏塔顶温度和压力、顶循环回流、冷回流量、一中循环回流、轻柴油抽出及分馏塔蒸汽量等因素影响。

催化汽油干点

反应处理量增加,粗汽油终馏点升高;反应深度增加,粗汽油终馏点升高;分馏塔顶温度升高,粗汽油终馏点升高;分馏塔顶压力升高,粗汽油终馏点下降;一中段循环回流量增大,轻柴油馏出温度降低,粗汽油终馏点下降;富吸收油返塔量增加,粗汽油终馏点下降;进入分馏塔的蒸汽量增加,粗汽油终馏点升高。

稳定汽油
蒸气压

正常生产时,通过顶循环回流量和返塔温度控制汽油的终馏点。终馏点偏高,提高顶循环回流量或降低返塔温度,以降低分馏塔顶温度。终馏点偏低,降低顶循环回流量或提高返塔温度,以提高分馏塔顶温度。

当柴油凝点偏低、汽油终馏点也偏低时,可适当提高一中回流返塔温度,降低一中循环回流量,减小各段回流的取热负荷,提高汽油的终馏点,同时也兼顾柴油凝点。

当系统催化剂活性升高时,要适当提高塔顶温度,但活性过高时,要及时降低塔顶温度,才能控制好汽油的终馏点。

(七)轻柴油质量控制

轻柴油质量控制主要是指凝点,其次是闪点。控制凝点是为了保证轻柴油的使用要求和不同气候条件下有良好的流动性。而控制闪点则是为了保证轻柴油在输送、储存及使用过程中的安全。闪点愈低愈容易闪火,即容易发生爆炸和火灾事故。

催化柴油
闪点、凝点

1. 轻柴油凝点的控制

影响柴油凝点的因素有进料性质和流量、反应深度、分馏塔顶温度及压力、一中段循环回流、富吸收油流量和返塔温度等,分馏塔有重柴油抽出时,重柴油抽出比例也会影响柴油凝点。

反应处理量增加,轻柴油凝点升高;反应深度增大,柴油凝点降低,分馏塔顶温度升高,轻柴油凝点升高;分馏塔顶压力升高,轻柴油凝点下降;一中段循环油返塔温度降低或返塔量增加,轻柴油凝点下降;稳定岗位操作波动,使一中段循环油量和返塔温度波动;富吸收油返塔量增加或返塔温度降低,轻柴油凝点下降;轻柴油抽出温度升高,轻柴油凝点升高。

正常生产时通过调节轻柴油抽出温度控制轻柴油凝点合格。当柴油凝点偏高时,降低一中回流返塔温度,提高一中回流量,增加重柴油抽出量。当中段回流返塔温度调节无法满足要求时,可降低中段回流量,控制分馏塔的中部温度。若中段回流取热受到限制,可及时启用中段回流备用冷却器或改变分馏塔的取热分配。

重柴油的凝点常常通过改变其抽出量来调节。当重柴油抽出量减少时，其下端内回流量随即增大，重柴油会变轻，凝点也随之降低。

2. 轻柴油闪点的控制

柴油闪点低是因为柴油中含有少量汽油组分，这不仅影响柴油质量，还降低了汽油的收率。影响柴油闪点的主要因素有汽提蒸汽量、汽提塔液位及轻柴油流出量、轻柴油抽出温度。

汽提塔汽提蒸汽流量增加，轻柴油闪点升高；汽提塔液位升高，轻柴油闪点降低；轻柴油馏出量大，轻柴油闪点降低；轻柴油抽出温度降低，分馏塔顶温度降低，轻柴油闪点降低。

正常生产时，通过改变汽提塔汽提蒸汽流量来控制轻柴油闪点合格。当轻柴油的闪点低时，可适当加大汽提蒸汽量，但不宜过大、过猛，防止分馏塔操作波动。一般汽提蒸汽量为柴油抽出量的 2% ～ 3%，也可降低汽提塔液位，增加汽化空间或停留时间。必要时，调节轻柴油抽出温度和分馏塔顶温度。

重油催化裂化的柴油十六烷值低，硫、氮和胶质含量高，油品颜色深，安定性差，且易氧化产生沉淀，一般要进行柴油的加氢精制以改善质量，此时重油催化裂化的柴油闪点可适当放宽。

三、吸收稳定系统

（一）影响吸收稳定系统因素

1. 吸收操作分析

吸收塔是吸收操作的核心设备。吸收塔以粗汽油、稳定汽油作吸收剂，将气压机出口的压缩富气中的 C_3、C_4 组分尽可能吸收下来。催化裂化装置中用汽油吸收富气的过程是在板式吸收塔内进行的。装置大都使用浮阀塔板，吸收塔的塔板数、塔径因各装置处理能力、操作压力、回收率等而不同。

影响吸收的因素主要有：油气比、操作温度、操作压力、吸收塔结构、吸收剂和溶质气体的性质等。对于具体装置，吸收塔的结构、吸收剂和气体性质都已确定，吸收效果主要靠适宜的操作条件来保证。

（1）油气比

油气比是指吸收油用量（粗汽油与稳定汽油）与进塔的压缩富气量之比。

当催化裂化装置的处理量与操作条件一定时，吸收塔的进气量基本保持不变，油气比大小取决于吸收剂用量的多少。增加吸收油用量，可增加吸收推动力，从而提高吸收速率，即加大油气比有利于吸收完全。

但油气比不宜过大，否则会降低富吸收油中溶质浓度，不利于解吸，会使解吸塔和稳定塔的液体负荷增加，塔底再沸器热负荷加大，回循环输送吸收油的动力消耗也要加大。同时，补充吸收油用量越大，被吸收塔顶贫气带出的汽油量也越多，因而再吸收塔吸收柴油用量也要增加，又加大了再吸收塔与分馏塔负荷，从而导致操作费用增加。

油气比也不可过小，它受到最小油气比限制。当油气比减小时，吸收油用量减小，吸收推动力下降，富吸收油浓度增加。当吸收油用量减小到使富吸油操作浓度等于平衡浓度时，吸收推动力为零，是吸收油用量的极限状况，称为最小吸收油用量，其对应的油气比即为最小油气比。实际操作中采用的油气比应为最小油气比的 1.1 ～ 2.0 倍，一般吸收油与压缩富气的质量比大约为 2。

（2）操作温度

吸收富气的过程有放热效应，吸收油自塔顶流到塔底，温度有所升高。因此，在塔的中部设有两个中段冷却回流，经冷却器用冷却水将其热量带走，以降低吸收油温度。

降低吸收油温度，有利于吸收操作。因为吸收油温度越低，气体溶质溶解度越大，加快吸收速率，有利于提高吸收率。但吸收油温度的降低，要靠降低入塔富气、粗汽油、稳定汽油的冷却温度和增加塔的中段冷却取热量。这要过多地消耗冷剂用量，使费用增大。而且这些都受到冷却器能力和冷却水温度的限制，温度不可能降得太低。

对于再吸收塔，如果温度太低，会使轻柴油黏度增大，反而降低吸收效果，一般控制为 40℃ 左右较为合适。

（3）操作压力

提高吸收塔操作压力，有利于吸收过程的进行。但加压吸收需要使用大压缩机，使塔壁增厚，费用增大。吸收塔压力由压缩机的能力及吸收塔前各个设备的压降所决定。实际操作中，塔的压力很少是可调的，吸收塔压力一般在 0.78 ~ 1.37MPa（绝对压力）。在操作时应注意维持塔压，不使其降低。

2. 再吸收塔操作分析

再吸收塔吸收温度为 50 ~ 60℃，压力一般在 0.78 ~ 1.08MPa（绝对压力），用轻柴油作吸收剂，吸收贫气中所带出的少量汽油。由于轻柴油很容易溶解汽油，所以通常给定适量轻柴油后，不需要经常调节，就能满足干气质量要求。

再吸收塔操作主要是控制好塔底液面，防止液位失控，干气带柴油，造成燃料气管线堵塞憋压，影响干气利用。另外，要防止液面压空，瓦斯压入分馏而影响压力波动。

3. 解吸塔操作分析

解吸塔（脱乙烷塔）是解吸操作的核心设备。解吸目的是将脱乙烷汽油中的 C_2 组分解吸出去，其过程特点实质上相当于精馏塔的提馏段。催化裂化解吸塔大多使用双溢流浮阀塔。塔底采用卧式热虹吸再沸器，大都使用分馏系统一中循环回流作热源，再沸器中加热形成的气体，返回解吸塔塔底作为气相回流。

解吸塔的操作要求主要是控制脱乙烷汽油中的乙烷含量。解吸塔的操作是关键是需要将脱乙烷汽油中乙烷解吸到 0.5% 以下。

与吸收过程相反，高温低压对解吸有利。但在实际操作上，解吸塔压力取决于吸收塔或气液平衡罐的压力，不可能降低。所以，要使脱乙烷汽油中乙烷解吸率达到规定要求，只有靠提高解吸温度。

通常，通过控制解吸再沸器出口温度来控制脱乙烷汽油中的乙烷含量。温度控制要适当，太高会使大量 C_3、C_4 组分被解吸出来，影响液化气收率，太低又不能满足乙烷解吸率要求。必须采取适宜的操作温度，既要把脱乙烷汽油中的 C_2 脱净，又要保证干气中的 C_3、C_4 含量不大于 3%（体积分数），其实际解吸温度因操作压力而不同。

4. 稳定塔操作分析

稳定塔是稳定操作的核心设备，实质是个精馏塔。稳定塔的任务是把脱乙烷汽油中的 C_3、C_4 进一步分离出来，塔顶出液化气，塔底出稳定汽油，控制产品质量要保证稳定汽油蒸气压合格，要使稳定汽油中 C_3、C_4 含量不大于 1%，尽量回收液化气。同时，要使液化气中 C_5 含量尽量少，最好分离到的液化气中不含 C_5。

影响稳定塔的操作因素主要有：回流比、压力、进料位置和塔底温度。

（1）回流比

回流比即回流量与产品量之比。稳定塔回流为液化气，产品量为液化气加不凝气。按适宜的回流比来控制回流量，是稳定塔的操作特点。稳定塔首先要保证塔底汽油蒸气压合格，剩余的轻组分全部从塔顶蒸出。塔底液化气是多元组分，塔顶组成的小变化，从温度上反映不够灵敏。因此，稳定塔不可能通过控制塔顶温度来调节回流量，而是按一定回流比来调节，以保证其精馏效果。

一般稳定塔控制回流比为 1.7 ～ 2.0。回流比过小，精馏效果差，液化气会带大量重组分（C_5、C_6 等）；回流比过大，要使汽油蒸气压合格，相应要增大塔底再沸器热负荷和塔顶冷凝冷却器负荷，降低冷凝效果，甚至使不凝气排放量加大，液化气产量减少。

（2）塔顶压力

稳定塔压力需使操作压力高于液化气在冷后温度下的饱和蒸气压，控制液化气（C_3、C_4）完全冷凝。否则，在液化气的泡点温度下，不易保持全凝，不能解决排放不凝气的问题。

稳定塔操作受解吸塔乙烷脱除率的影响。乙烷脱除率低，则脱乙烷汽油中乙烷含量高，当高到使稳定塔顶液化气不能在操作压力下全部冷凝时，就要有不凝气排至瓦斯管网，有较多的液化气（C_3、C_4）也被带至瓦斯管网。所以，保证液化气回收率的关键是根据组成控制好解吸塔底再沸器出口温度。

稳定塔压力控制，有的采用塔顶冷凝器热旁路压力调节的方法，这一方法常用于冷凝器安装位置低于回流油罐的"浸没式冷凝器"场合，有的则采用直接控制塔顶流出阀的方法，用于如塔顶使用空冷器，其安装位置高于回流罐的场合。

（3）进料位置

稳定塔进料设有三个进料口，进料在入稳定塔前，先要与稳定汽油换热、升温，使部分进料汽化。预热温度直接影响稳定塔的精馏操作，进料预热温度高时，汽化量大，气相中重组分增多。如果开上进料口，则容易使重组分进入塔顶轻组分中，降低精馏效果。

因此，生产中根据进料温度的不同，选择不同进料口。原则上根据进料汽化程度选择进料位置：进料温度高时使用下进料口；进料温度低时，使用上进料口；夏季开下口，冬季开上口。

（4）塔底温度

塔底温度以保证稳定汽油蒸气压合格为准。汽油蒸气压高则应提高塔底温度，反之则应降低塔底温度，应控制好塔底再沸器加热温度。

如果塔底再沸器热源不足，进料预热温度也不可能再提高，则只得适当降低操作压力或减小回流比，以少许降低稳定塔精馏效果，来保证塔底产品质量合格。

（二）正常操作

1. 干气中 C_3 以上组分含量的控制

干气经脱硫后并入全厂燃料气管网，如果干气中含太多的 C_3、C_4，会造成液化气收率的下降，干气中 C_3、C_4 含量的高低主要由吸收塔的吸收过程控制。影响吸收的因素很多，主要有油气比、操作温度、操作压力、吸收剂和被吸收气体的性质、塔内气液流动状态、塔板数及塔板结构等。对具体装置来讲，吸收塔的结构等因素都已确定，吸收效果主要靠适宜的操作条件来保证。

一般干气中 C_3 含量的控制目标为 $C_3 \leqslant 3\%$。C_3 含量受到吸收塔压力、吸收塔温度、油气比、压缩富气、解吸深度等因素影响。

正常情况下，干气中 C_3 含量由吸收剂量控制。

① 提高吸收塔压力，改善吸收效果，C_3 以上组分含量下降，反之则升高。

② 降低吸收塔温度，改善吸收效果，C_3 以上组分含量下降，反之则升高。

③ 提高粗汽油或补充吸收剂量，改善吸收效果，C_3 以上组分含量下降，反之则升高。

④ 压缩富气量增加或液化气组分增加，吸收负荷上升，干气中 C_3 以上组分含量上升，应及时增加补充吸收剂流量、提高吸收塔操作压力、降低温度，保证吸收效果。

⑤ 解吸塔解吸深度提高，经脱乙烷气返回吸收塔的 C_3 以上组分增多，会造成吸收塔负荷上升，将使干气中 C_3 组分含量上升。在日常生产过程中应注意干气流量、解吸气流量、解吸塔底温度、干气组分、液化气组成等分析数据，合理控制吸收与解吸深度。

2. 液化气中 C_2 含量的控制

控制液化气中 C_2 含量，解吸塔的操作条件是关键。高温低压对解吸有利，但解吸塔压力同时受制于稳定塔操作压力（脱乙烷汽油自压至稳定塔），且解吸气并入气压机出口富气线，其压力也与吸收塔操作压力密切相关，因而不可能降得过低。

液化气中 C_2 含量受到解吸塔温度、解吸塔操作压力、解吸塔进料量及组成的影响。提高温度，有利于减少稳定塔进料的 C_2 含量，降低液化气中 C_2 含量，反之则增加；降低解吸塔操作压力有利于解吸进行，减少稳定塔进料的 C_2 含量，降低液化气中 C_2 含量，反之则增加；解吸塔进料量增加、C_2 组分增多，将使解吸负荷增加，液化气中的 C_2 含量也将相应上升，反之则下降。

3. 液化气中 C_5 含量的控制

催化液化气的 C_5 含量控制要求较高，设计工况下的液化气 C_5 含量为 0.5%（体积分数），日常生产过程中应兼顾汽油蒸气压控制，通过调整回流比、塔顶温度、进料位置等手段，努力控制好液化气中的 C_5 含量。

液化气中的 C_5 含量受到回流比、稳定塔温度、稳定塔顶压力、进料组成及位置、进料量的影响。

当回流比（回流量）增加时，液化气中 C_5 含量下降，反之则上升。温度上升，油气中重组分增加，液化气中 C_5 含量提高，反之则下降。塔顶压力下降，塔顶油气中 C_5 组分分压下降，液化气中 C_5 含量提高，反之则下降。进料中 C_5 以下轻组分含量增加，塔顶液化气产品 C_5 含量上升，反之则下降。为了保证塔顶底产品质量，进料组分变轻时，应及时提高回流比，降低塔顶温度。进料位置上移，精馏段塔盘数减少，不利于塔顶质量控制，C_5 含量上升，反之则下降。进料量增加，塔顶产品质量下降；进料量降低，塔顶产品质量上升。

4. 稳定汽油蒸气压控制

稳定汽油蒸气压高低主要受其轻组分（主要为 C_4）含量高低影响，蒸气压过高不利于汽油的安全储存并造成挥发损失，蒸气压过低则影响汽油机的启动性能。稳定汽油蒸气压受到稳定塔温度、稳定塔顶压力、进料组成及位置、进料量的影响。

当温度升高，汽油中轻组分减少，蒸气压下降，反之则上升。塔顶压力提高，汽油中轻组分增加，蒸气压上升，反之则下降。进料中 C_5 以下轻组分含量增加，塔底汽油产品中轻组分含量增加，汽油蒸气压提高，反之则下降。进料位置上移，提馏段塔盘数增加，有利于塔底质量控制汽油蒸气压下降，反之则上升。进料量提高，全塔负荷上升，汽油蒸气压提高，反之则下降。

一般稳定塔的压力不作为经常调节的参数。稳定汽油蒸气压高时，可提高塔底再沸器气相返塔温度，适当降低塔顶回流量，提高进料温度，也可改变稳定塔的进料位置。催化裂化稳定塔常设两个以上进料口，可根据生产中的实际情况进行调整。进料位置改变，相当于精馏段和提馏段塔板数改变。当进料温度高时，汽化量大，宜采用下进料口；当进料温度低时，汽化量小，宜采用上进料口。

 **拓展阅读**

新时期的铁人——王启民

王启民，1937年出生，湖州人。大庆油田有限责任公司总经理助理、副总地质师。1997年获"新时期铁人"荣誉称号。2009年获评"100位新中国成立以来感动中国人物"称号。2018年，被授予"改革先锋"称号，获评"科技兴油保稳产的大庆'新铁人'"。2019年，被授予"人民楷模"国家荣誉称号。

1961年，大学毕业的王启民怀着一腔献身祖国石油事业的热血，来到大庆油田会战工地。当时，油田正处于极端艰难的创业时期。有外国专家断言："像大庆含蜡这么高的油田，中国人根本没能力开发"。面对嘲笑，在铁人王进喜"宁可少活二十年，拼命也要拿下大油田"钢铁誓言的激励下，王启民和所里的几个同学一起写下了一副气势豪迈的对联——"莫看毛头小伙子，敢笑天下第一流"，横批为"闯将在此"。王启民说："我们就是要靠自己的力量，闯出中国自己的油田开发之路！"

王启民在科学研究中，始终用"大庆精神"和"铁人精神"激励自己，敢于挑战油田开发极限；坚持"宁肯把心血熬干，也要让油田稳产再高产"的信念，攻克一道道技术难关，创造多项世界纪录。他主持研究并提出了"分阶段多次布井开发调整"理论，其中表外储层开发利用打破了国内外曾认为不能开采的禁区；主持的油田高含水后期"稳油控水"项目研究，为大庆油田实现27年5000万吨以上高产、而后连续12年4000万吨以上高效持续开发作出了重要贡献，创造了世界油田开发史上的奇迹。

王启民认为在科研创新的长征路上，需要坚持"三字经"：

一是"铁"字。就是要有"铁人精神"，拥有坚强的意志，能拼命干事业，面对"卡脖子"技术不怕艰难、挺身而出、创造条件也要上。

二是"傻"字。就是要能无私奉献，对事业能任劳任怨，竭尽全力，不加计较，坚持长期探索、拓展认识边界，厚积薄发，这才是真正的聪明人。

三是"智"字。就是要有智慧，一切智慧需要从实际出发，通过实践积累，用唯物辩证法分析问题、提出问题、解决问题，将难题分解，组织多学科联合攻关创新。

这三个字中，"铁"和"傻"讲的是精神，"智"讲的是事业，汇成一句话就是——崇高的精神是伟大事业的灵魂。

 习题

一、选择题

1. 在催化裂化中，烷烃主要发生（　　）反应。

A. 分解 B. 异构化 C. 氢转移 D. 芳构化

2. 异构烷烃和正构烷烃相比，反应速率（ ）。

A. 快 B. 慢 C. 相当 D. 无法确定

3. 在催化裂化工艺中，（ ）通过二次裂化转化成轻烯烃，叫作催化裂化过程中过裂化现象。

A. 汽油馏分 B. 柴油馏分 C. 原料油 D. 回炼油浆

4. 反应时间增加，转化率（ ）。

A. 增加 B. 降低 C. 不变 D. 以上均有可能

5. 新鲜原料量一定，回炼比提高，则单程转化率（ ）。

A. 提高 B. 降低 C. 不一定 D. 以上均不正确

6. 催化裂化原料中的（ ）对催化剂活性没有显著的影响。

A. 含硫化合物 B. 含氮化合物 C. 重金属 D. 以上均不正确

7.（ ）是催化裂化装置的核心。

A. 反应 - 再生系统 B. 分馏系统 C. 吸收 - 稳定系统 D. 烟气能量回收系统

8. 催化裂化生产的柴油，其产品质量要比直馏柴油质量（ ）。

A. 高 B. 低 C. 不一定 D. 二者一致

9. 再生器分布器能把进入床层的空气沿床截面均匀分配，力求（ ）密度大，以利于减少催化剂损耗。

A. 密相 B. 稀相 C. 过渡段 D. 分布器底部

10. 分馏塔底安装过滤网的作用是（ ）。

A. 避免塔底生成的焦粒及焦块进入油浆泵

B. 消减油气进入塔底而产生的气泡，避免泵抽空

C. 防止塔底结焦堵塞抽出口

D. 以上均不正确

11. 解吸过程是根据各组分在不同的温度下的（ ）不同而进行分离的。

A. 溶解度 B. 相对挥发度 C. 蒸气压 D. 以上均不正确

12. 再生温度高，说明热量（ ）。

A. 过剩 B. 不足 C. 平衡 D. 以上均不正确

13. 正常情况下，主要通过调节（ ）控制反应温度。

A. 再生滑阀的开度 B. 待生滑阀的开度 C. 进料量 D. 急冷油量

14. 正常生产开烟机时，再生压力由（ ）控制。

A. 烟机入口蝶阀 B. 双动滑阀 C. A 和 B 一起 D. 无法确定

15. 总进料量增加，反应压力（ ）。

A. 下降 B. 上升 C. 不变 D. 无法确定

16. 分馏塔底液位过高，会引起反应压力（ ）。

A. 降低 B. 升高 C. 不变 D. 无法确定

17. 分馏塔顶油气分离器液位保持在正常范围内，不能超高造成（ ）。

A. 富气带水 B. 富气带油 C. 汽油带水 D. 富气分子量过低

18. 汽油终馏点是通过调节（ ）来控制的。

A. 分馏塔底温度 B. 分馏塔顶温度 C. 分馏塔中部温度 D. 稳定塔顶温度

19. 解吸塔底温度高，使解吸气量（　　　）。

A. 增多　　　　　　　B. 减少　　　　　　　C. 不变　　　　　　　D. 无法确定

二、判断题

1. 催化裂化反应是一个平行反应。（　　　）

2. 一般来说，单程转化率高于总转化率。（　　　）

3. 化学反应速率的烃类排列的顺序是：烯烃＞环烷烃＞单环芳烃＞正构烷烃。（　　　）

4. 正构烷烃的反应速率大于异构烷烃。（　　　）

5. 催化剂在可逆反应中能够改变化学平衡。（　　　）

6. 氢转移反应是催化裂化的特有反应，是 FCC 产品饱和度较高的根本原因。（　　　）

7. 汽油辛烷值的提高，主要靠裂化和异构化反应。（　　　）

8. 两器内经常保持的催化剂量称藏量，在流化床反应器内，通常是指分布板上的催化剂量。（　　　）

9. 催化柴油十六烷值较直馏柴油低得多。（　　　）

10. 催化裂化汽油辛烷值较直馏汽油高。（　　　）

11. 催化裂化的焦炭沉积在催化剂上，不能作产品。（　　　）

12. 富气经压缩后与粗汽油送到吸收稳定系统。（　　　）

13. 气体产品中 C_3、C_4 较少，C_2 以下较多。（　　　）

14. 沉降器汽提段设有数层人字挡板，并有水蒸气吹入口。（　　　）

15. 快速分离器作用：使油气在离开提升管后立即终止反应；使油气与大部分催化剂迅速分开。（　　　）

16. 再生器中的旋风分离器主要是靠离心力的原理回收再生催化剂。（　　　）

17. 分馏塔人字挡板的作用是防止液面上涨太高。（　　　）

18. 提高原料预热温度，反应温度下降。（　　　）

19. 改变反应深度最常用的调节手段是调节反应压力。（　　　）

20. 反应温度是反应深度的体现。（　　　）

21. 改变原料油预热温度，液体产品的性质会发生改变。（　　　）

22. 反应新鲜原料进料量增大，原料油罐液位升高。（　　　）

23. 反应温度高，说明再生器烧焦热量多。（　　　）

24. 正常情况下，主要通过调节进料量控制反应温度。（　　　）

25. 吸收中，气体总量和溶液总量都随吸收进行而变化。（　　　）

三、简答题

1. 催化裂化装置中，反应器、再生器两器压力平衡的影响因素有哪些（至少列出 10 点）？

2. 富气压缩机是怎样影响反应器的压力的？

3. 稳定汽油的蒸气压是如何调节的？

4. 干气中液化气含量超标，是哪几个控制点没有操作好？

5. 反应深度的加深，会有什么影响？

第五章
催化加氢工艺

 学习目标

知识目标

1. 熟悉加氢精制、加氢裂化的反应原理和特点。
2. 熟悉加氢精制、加氢裂化的典型工艺原理和流程。
3. 熟悉加氢精制、加氢裂化催化剂的组成和性能。
4. 理解催化加氢操作的影响因素及主要控制点。

能力目标

1. 能对影响催化加氢生产过程的因素进行分析和判断。
2. 能独立完成催化加氢装置仿真软件开、停工操作任务。
3. 能进行催化加氢装置事故判断分析和处理。

素质目标

1. 培养较强的质量意识、节能意识和安全意识。
2. 培养爱国、创业、求实、奉献的职业精神。
3. 培养吃苦耐劳、团结合作、严谨细致的工作态度。

第一节　催化加氢工艺原理

　　催化加氢过程根据反应机理可分为两类：一类是在催化剂的作用下，氢气与油品中的S、N、O和重金属等少量杂质反应，以脱除杂质的加氢处理过程的反应，工业应用主要为加氢精制过程；另一类加氢过程是使油品中主要组分结构发生变化的加氢转化反应，工业应用主要为加氢裂化过程。

一、加氢精制反应

　　加氢精制是指在催化剂和氢气存在下，石油馏分中含硫、含氮、含氧化合物发生加氢脱硫、脱氮、脱氧反应，含金属的有机化合物发生氢解反应，烯烃和芳烃发生加氢饱和反应。通过加氢精制可以改善油品的气味、颜色和安定性，提高油品的质量，满足环保对油品使用的要求。

1. 加氢脱硫反应

硫在石油馏分中的含量一般随馏分沸点的上升而增加。含硫化合物主要是硫醇、硫醚、二硫化物、噻吩、苯并噻吩和二苯并噻吩（硫芴）等物质。含硫化合物的加氢反应，是在加氢精制条件下石油馏分中的含硫化合物进行氢解，转化成相应的烃和 H_2S，从而硫杂原子被脱掉。几种含硫化合物的加氢精制反应如下。

硫醇通常集中在低沸点馏分中，随着沸点的上升，硫醇含量显著下降，$> 300℃$ 的馏分中几乎不含硫醇。硫醇加氢精制反应为：

$$RSH+H_2 \longrightarrow HR+H_2S$$

硫醚存在于中沸点馏分中，$300 \sim 500℃$ 馏分的硫化物中硫醚可占 50%。重馏分中，硫醚含量一般下降。硫醚加氢精制反应为：

$$RSR'+H_2 \longrightarrow R'SH+RH$$
$$\xrightarrow{H_2} R'H+H_2S$$

二硫化物一般存在于 $110℃$ 以上馏分中，在 $300℃$ 以上馏分中的含量无法测定。二硫化物加氢精制反应为：

$$RSSR+H_2 \longrightarrow RSH \longrightarrow RH+H_2S$$
$$\searrow RSR+H_2S$$

杂环硫化物是中沸点馏分中的主要硫化物。沸点在 $400℃$ 以上的杂环硫化物，多属于单环环烷烃衍生物，多环衍生物的浓度随分子环数增加而下降。杂环硫化物加氢精制反应为：

苯并噻吩加氢反应为：

二苯并噻吩（硫芴）加氢反应为：

含硫化合物的加氢反应速率与其分子结构有密切关系，不同类型含硫化合物的加氢反应速率关系为：硫醇＞二硫化物＞硫醚＞噻吩＞苯并噻吩＞二苯并噻吩。

2. 加氢脱氮反应

石油馏分中的氮化物主要是杂环氮化物,非杂环氮化物含量很少。石油中的氮含量一般随馏分沸点的升高而增加。在较轻的馏分中,单环、双环杂环含氮化合物(吡啶、喹啉、吡咯、吲哚等)占支配地位,而稠环含氮化合物则集中在较重的馏分中。含氮化合物大致可以分为:脂肪胺及芳香胺类,吡啶、喹啉类型的碱性杂环化合物,吡咯、咔唑型的非碱性氮化物。

在加氢精制过程中,氮化物在氢作用下转化为 NH_3 和烃,从而脱除石油馏分中的氮,达到精制的目的。几种含氮化合物的加氢精制反应如下。

脂肪胺在石油馏分中的含量很少,它们是杂环氮化物开环反应的主要中间产物,很容易加氢脱氮。脂肪胺的加氢脱氮反应如下:

$$R{-}NH_2 \xrightarrow{H_2} RH + NH_3$$

腈类可以看作是氢氰酸(HCN)分子中的氢原子被烃基取代而生成的一类化合物(RCN)。腈类在石油馏分中含量很少,较容易加氢生成脂肪胺,进一步加氢,C—N 键断裂释放出 NH_3 而脱氮。腈类的加氢脱氮反应如下:

$$RCN \xrightarrow{2H_2} RCH_2NH_2 \xrightarrow{H_2} RCH_3 + NH_3$$

苯胺加氢在所有的反应条件下主要的烃产物是环己烷,其反应如下:

$$\text{(苯胺)}NH_2 \xrightarrow{4H_2} \text{(环己烷)} + NH_3$$

六元杂环氮化物吡啶的加氢脱氮反应如下:

$$\text{(吡啶)} \xrightarrow{3H_2} \text{(哌啶)} \xrightarrow{H_2} C_5C_{11}NH_2 \xrightarrow{H_2} C_5H_{12} + NH_3$$

六元杂环氮化物中的喹啉是吡啶的苯同系物,加氢脱氮反应如下:

$$\text{(喹啉)} \xrightarrow{2H_2} \text{(四氢喹啉)} \xrightarrow{H_2} \text{(}C_3H_7,NH_2\text{)} \xrightarrow{H_2} \text{(}C_3H_7\text{)} + NH_3$$

五元杂环氮化物吡咯的加氢脱氮包括五元环加氢、四氢吡咯 C—N 键断裂以及正丁烷的脱氮。其反应如下:

$$\text{(吡咯)} \xrightarrow{3H_2} C_4H_9NH_2 \xrightarrow{H_2} C_4H_{10} + NH_3$$

五元杂环氮化物吲哚的加氢脱氮反应大致如下:

$$\text{(吲哚)} \xrightarrow{6H_2} \text{(}C_2H_5\text{)} + NH_3$$

五元杂环氮化物咔唑加氢脱氮反应如下:

$$\text{(咔唑)} \xrightarrow{H_2} \text{(}NH_2\text{)} \xrightarrow{H_2} \text{(联苯)} + NH_3$$

$$\xrightarrow{2H_2} \text{(}C_4C_9\text{)} \xrightarrow{2H_2} \text{(}C_6H_{13}\text{)} + NH_3$$

加氢脱氮反应基本上可分为不饱和系统的加氢和 C—N 键断裂两步。由以上反应总结出以下规律：

单环化合物的加氢活性顺序为：吡啶（280℃）＞吡咯（350℃）≈苯胺（350℃）＞苯类（＞450℃）。由于聚核芳环的存在，含氮杂环的加氢活性提高，且含氮杂环较碳环活泼得多。

从加氢脱氮反应的热力学角度来看，氮化物在一定温度下需要较高的氢分压才能进行加氢脱氮反应，为了脱氮安全，一般采用比脱硫反应更高的压力。

在几种杂环化合物中，含氮化合物的加氢反应最难进行，稳定性最高。当分子结构相似时，三种杂环化合物的加氢稳定性顺序依次为：含氮化合物＞含氧化合物＞含硫化合物。

3. 加氢脱氧反应

石油馏分中氧化物的含量很小，原油中含有环烷酸、脂肪酸、酯、醚和酚等。在蒸馏过程中这些化合物都发生部分分解转入各馏分中。石油馏分中经常遇到的含氧化合物是环烷酸。含氧化合物的氢解反应，能有效地脱除石油馏分中的氧，达到精制目的。几种含氧化合物的氢解反应如下。

酸类化合物的加氢反应：

$$R—COOH + 3H_2 \longrightarrow R—CH_3 + 2H_2O$$

酮类化合物的加氢反应：

$$R—CO—R' + 3H_2 \longrightarrow R—CH_3 + R'H + H_2O$$

环烷酸和羧酸在加氢条件下进行脱羧基和羧基转化为甲基的反应，环烷酸加氢成为环烷烃。其反应为：

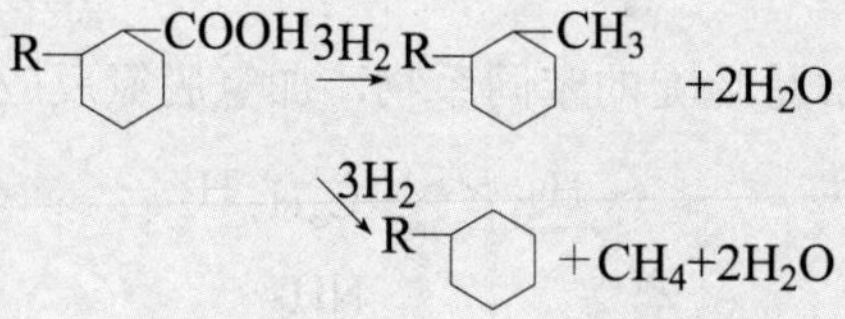

苯酚类加氢成芳烃：

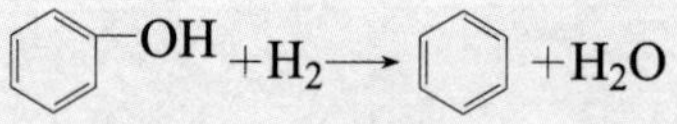

呋喃类加氢开环饱和：

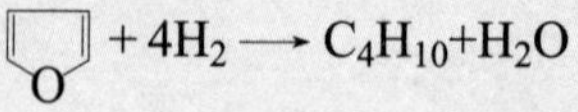

在加氢进料中，各种非烃类化合物同时存在。加氢精制反应过程中，脱硫反应最易进行，无须对芳环先饱和而直接脱硫，故反应速率大而耗氢少；脱氧反应次之，脱氧化合物的脱氧类似于含氮化合物，先加氢饱和，后 C—杂原子键断裂；而脱氮反应最难。反应系统中，硫化氢的存在对脱氮反应一般有一定促进作用。在低温下，硫化氢和氮化物的竞争吸附而抑制了脱氮反应。在高温条件下，硫化氢的存在增加了催化剂对 C—N 键断裂的催化活性，从而加快了总的脱氮反应，促进作用更为明显。

4. 加氢脱金属反应

金属有机化合物大部分存在于重质石油馏分中，特别是渣油中。加氢精制过程中，所有金属有机物都发生氢解，生成的金属沉积在催化剂表面而使催化剂减活，导致床层压降上升，沉积在催化剂表面上的金属随反应周期的延长而向床层深处移动。当装置出口的反应物中金属超过规定要求时，即认为一个周期结束。被砷或铅污染的催化剂一般可以保证加氢精制的使用性能，这时决定操作周期的是催化剂床层的堵塞程度。

在石脑油中，有时会含有砷、铅、铜等金属，它们来自原油，或是储存时由于添加剂的加入引起的污染。来自高温热解的石脑油含有有机硅化物，它们是在加氢精制前面设备用作破沫剂而加入的，分解很快，不能用再生的方法脱除。重质石油馏分和渣油脱沥青油中含有金属镍和钒，分别以镍的卟啉系化合物和钒的卟啉系化合物状态存在，这些大分子在较高氢压下进行一定程度的加氢和氢解，在催化剂表面形成镍和钒的沉积。一般来说，以镍为基础的化合物反应活性比钒络合物要差一些，后者大部分沉积在催化剂的外表面，而镍更多地穿入到颗粒内部。

5. 不饱和烃的加氢饱和反应

直馏石油馏分中，不饱和烃含量很少，二次加工油中含有大量不饱和烃，这些不饱和烃在加氢精制条件下很容易饱和，代表性反应为：

$$R-CH=CH_2+H_2 \longrightarrow R-CH_2CH_3$$

值得注意的是，烯烃饱和反应是放热反应，对不饱和烃含量较高的原料油加氢，要注意控制床层温度，防止超温。加氢反应器都设有冷氢盘，可以靠打冷氢来控制温升。

6. 芳烃加氢饱和反应

原料油中的芳烃加氢，主要是稠环芳烃（萘系和蒽、菲系化合物）的加氢，单环芳烃是较难加氢饱和的的，芳环上带有烷基侧链，则芳香环的加氢会变得困难。

以萘和菲的加氢反应为例：

提高反应温度，芳烃加氢转化率下降；提高反应压力，芳烃加氢转化率升高。芳烃加氢是逐环依次进行的加氢饱和，第一个环的饱和较容易，之后加氢难度随加氢深度逐环增大；每个环的加氢反应都是可逆反应，并处于平衡状态；稠环芳烃的加氢深度往往受化学平衡的控制。

加氢精制中各类加氢反应由易到难的程度顺序如下：

C—O、C—S及C—N键的断裂远比C—C键断裂容易；脱硫＞脱氧＞脱氮；环烯＞烯≫芳烃；多环＞双环≫单环。

二、加氢裂化反应

加氢裂化就是在催化剂作用下，烃类和非烃类化合物加氢转化，烷烃、烯烃进行裂化、异构化和少量环化反应，多环化合物最终转化为单环化合物。加氢裂化采用具有裂化和加氢两种作用的双功能催化剂，因此，加氢裂化实质上是在氢压下进行的催化裂化反应。

加氢裂化过程是在较高压力下，烃类分子与氢气在催化剂表面进行裂解和加氢反应生成较小分子的转化过程，同时也发生加氢脱硫、脱氮和不饱和烃的加氢反应。其化学反应包括饱和、还原、裂化和异构化。烃类在加氢条件下的反应方向和深度，取决于烃的组成、催化剂的性能以及操作条件等因素。在加氢裂化过程中，烃类反应遵循以下规律：提高反应温度会加剧 C—C 键断裂，即烷烃的加氢裂化、环烷烃断环和烷基芳烃的断链。如果反应温度较高而氢分压不高，也会使 C—H 键断裂，生成烯烃、氢和芳烃。提高反应压力，有利于 C＝C 键的饱和；降低反应压力，有利于烷烃进行脱氢反应生成烯烃，烯烃环化生成芳烃。在压力较低而温度又较高时，还会发生缩合反应，直至生成焦炭。加氢裂化催化剂既要有加氢活性中心，又要有酸性中心，这就是双功能催化剂。酸性功能由催化剂的载体（硅铝或沸石）提供，而催化剂的金属组分（铂或钨、钼、镍的氧化物等）提供加氢功能。在加氢过程中采用双功能催化剂，使烃类加氢裂化的结果在很大程度上与催化剂的加氢活性和酸性活性，以及它们之间的比例关系有关。加氢裂化催化剂分为具有高加氢活性和低酸性，以及低加氢活性和高酸性活性两种。

1.烷烃、烯烃的加氢裂化反应

烷烃（烯烃）在加氢裂化过程中主要进行裂化、异构化和少量环化的反应。烷烃在高压下加氢反应而生成低分子烷烃，包括原料分子某一处 C—C 键的断裂，以及生成不饱和分子碎片的加氢。以十六烷为例：

$$C_{16}H_{34} \longrightarrow C_8H_{18} + C_8H_{16} \xrightarrow{H_2} C_8H_{18}$$

反应生成的烯烃先进行异构化，随即被加氢成异构烷烃。烷烃加氢裂化反应的通式：

$$C_nH_{2n+2} + H_2 \longrightarrow C_mH_{2m+2} + C_{n-m}H_{2(n-m)+2}$$

长链烷烃加氢裂化生成一个烯烃分子和一个短链烷烃分子，烯烃进一步加氢变成相应烷烃，烷烃也可以异构化变成异构烷烃。

烷烃加氢裂化的反应速率随着烷烃分子量的增大而加快。在加氢裂化条件下烷烃的异构化速度也随着分子量的增大而加快。烷烃加氢裂化深度及产品组成，取决于烷烃碳离子的异构、分解和稳定速度，以及这三个反应速率的比例关系。改变催化剂的加氢活性和酸性活性的比例关系，就能够使所希望的反应产物达到最佳比值。

烯烃加氢裂化反应生成相应的烷烃，或进一步发生环化、裂化、异构化等反应。

2.环烷烃的加氢裂化反应

单环环烷烃在加氢裂化过程中发生异构化、断环、脱烷基链反应，以及不明显的脱氢反应。环烷烃加氢裂化时反应方向因催化剂的加氢和酸性活性的强弱不同而有区别，一般先迅速进行异构然后裂化，反应历程如下：

带长侧链的环烷烃，主要反应为断链和异构化，不能进行环化，单环可进一步异构化生成低沸点烷烃和其他烃类，一般不发生脱氢现象。长侧链单环六元环烷烃在高酸性催化剂上进行加氢裂化时，主要发生断链反应，六元环比较稳定，很少发生断环。短侧链单环六元环烷烃在高酸性催化剂上加氢裂化时，直接断环和断链的分解产物很少，主要产物是环戊烷衍生物的分解产物。而这些环戊烷是由环己烷经异构化生成的。

双环环烷烃在加氢裂化时，首先发生一个环的异构化生成五元环衍生物，而后断环，双环是依次开环的，首先一个环断开并进行异构化，生成环戊烷衍生物，当反应继续进行时，第二个环也发生断裂。

多元环在加氢裂化反应中环数逐渐减少，即首先第一个环加氢饱和而后开环，然后第二个环加氢饱和再开环，到最后剩下单环就不再开环。至于是否保留双环，则取决于裂解深度。裂化产物中单环及双环的饱和程度，主要取决于反应压力和温度，压力越高、温度越低，则双环芳烃越少，苯环也大部分加氢饱和。

3. 芳香烃的加氢裂化反应

在加氢裂化的条件下发生芳香环的加氢饱和而成为环烷烃。苯环是很稳定的，不易开环，一般认为苯在加氢条件下的反应包括以下过程：苯加氢，生成六元环烷发生异构化，五元环开环和侧链断开。其反应式如下：

$$\bigcirc + 3H_2 \longrightarrow \bigcirc \longrightarrow \bigcirc\!\!-CH_3 + H_2 \begin{cases} \rightarrow CH_3CH_2CH_2CH_2CH_2CH_3 \\ \rightarrow CH_3CH_2-\underset{\underset{CH_3}{|}}{CH}-CH_2CH_3 \\ \rightarrow \\ CH_3-\underset{\underset{CH_3}{|}}{CH}-CH_2-CH_2CH_3 \end{cases}$$

烷基苯是先裂化后异构，带有长侧链的单环芳烃断侧链去掉烷基，也可以进行环化生成双环化合物。

稠环芳烃部分饱和并开环及加氢而生成单环或双环芳烃及环烷烃，只有极少量稠环芳烃在循环油中积累。稠环芳烃主要发生氢解反应，生成相应的带侧链单环芳烃，也可进一步断侧链，它的加氢和断环是逐次进行的，具有逐环饱和、开环的特点。稠环芳烃第一个环加氢较易，全部芳烃加氢很困难，第一个环加氢后继续进行断环反应相对要容易得多。所以稠环芳烃加氢的有利途径是：一个芳烃环加氢，接着产生的环烷发生断环（或经过异构化成五元环），然后再进行第二个环的加氢。芳香烃上有烷基侧链存在会使芳烃加氢变得困难。以萘为例，其加氢裂化反应如下：

$$\bigcirc\!\!\bigcirc \xrightarrow{2H_2} \bigcirc\!\!-C_4H_9$$

烃类加氢裂化反应总结见表 5-1。

表 5-1 烃类加氢裂化反应总结

反应物	主要反应	主要产物
烷烃	异构化、裂化	较低分子异构烷烃
单环环烷烃	异构化、脱烷基	$C_6 \sim C_8$ 环戊烷及低分子异构烷烃

续表

反应物	主要反应	主要产物
双环环烷烃	异构化、开环、脱烷基	$C_6 \sim C_8$ 环戊烷及低分子异构烷烃
烷基苯	异构化、脱烷基、歧化加氢	$C_7 \sim C_8$ 烷基苯、低分子异构烷烃及环烷烃
双环芳烃	环烷环开环、脱烷基	$C_7 \sim C_8$ 烷基苯、低分子异构烷烃及环烷烃
双环及稠环芳烃	逐环加氢、开环、脱烷基	$C_7 \sim C_8$ 烷基苯、低分子异构烷烃及环烷烃
烯烃	异构化、裂化、加氢	较低分子异构烷烃

根据加氢反应的基本原理可归纳出加氢裂化有以下特点：加氢裂化产物中硫、氮和烯烃含量极低；烷烃裂解的同时深度异构，因此加氢裂化产物中异构烷烃含量高；裂解气体以 C_4 为主，干气较少，异丁烷与正丁烷的比例可达到甚至超过热力学平衡值；稠环芳烃可深度转化而进入裂解产物中，所以绝大部分芳烃不在未转化原料中积累；改变催化剂的性能和反应条件，可控制裂解的深度和选择性；加氢裂化耗氢量很高，甚至可达 4%；加氢裂化需要有较高的反应压力。

三、加氢催化剂

烃类加氢反应是一个复杂的反应体系，各反应之间相互影响。为了提高各种油品的反应速率和产品的收率，需要开发相应的加氢催化剂。根据加氢反应的侧重点不同，加氢催化剂分为加氢处理催化剂和加氢裂化催化剂。

（一）加氢处理催化剂

1. 加氢处理催化剂的种类

加氢处理催化剂的种类很多，目前广泛采用的有：以氧化铝为载体的钼酸钴（Co-Mo/γ-Al$_2$O$_3$），以氧化铝为载体的钼酸镍（Ni-Mo/γ-Al$_2$O$_3$），以氧化铝为载体的钴钼镍（Mo-Co-Ni/γ-Al$_2$O$_3$），以及后来开发的 Ni-W 系列等。它们对各类反应的活性顺序为：

加氢饱和　Pt、Pd ＞ Ni ＞ W-Ni ＞ Mo-Ni ＞ Mo-Co ＞ W-Co。

加氢脱硫　Mo-Co ＞ Mo-Ni ＞ W-Ni ＞ W-Co。

加氢脱氮　W-Ni ＞ Mo-Ni ＞ Mo-Co ＞ W-Co。

2. 加氢处理催化剂的使用要求

加氢活性主要取决于金属的种类、含量、化合物状态及在载体表面的分散度等。

加氢处理催化剂特点：

① 使用前需进行预硫化，以提高催化剂的活性，延长其使用寿命；

② 使用一段时间后进行再生，在严格控制的再生条件下，烧去催化剂表面沉积的焦炭。

（二）加氢裂化催化剂

加氢裂化催化剂属于双功能催化剂，即催化剂由具有加（脱）氢功能的金属组分和具有裂化功能的酸性载体两部分组成。根据不同的原料和产品要求，对这两种组分的功能进行适当选择和匹配。

在加氢裂化催化剂中，加氢组分的作用：使原料油中的芳烃，尤其是多环芳烃加氢饱和；使烯烃，主要是反应生成的烯烃迅速加氢饱和，防止不饱和烃分子吸附在催化剂表面上，生成焦状缩合物而降低催化活性。因此，加氢裂化催化剂可以维持长期运转，不像催化裂化催化剂那样需要经常烧焦再生。

1. 加氢裂化催化剂的种类

工业上使用的加氢裂化催化剂按化学组成，大体可分为以下三种：

① 以无定形硅酸铝为载体，以非贵金属镍、钨、钼（Ni、W、Mo）为加氢活性组分的催化剂。

② 以硅酸铝为载体，以贵金属铂、钯（Pt、Pd）为加氢活性组分的催化剂。

③ 以沸石和硅酸铝为载体，以镍、钨、钼、钴或钯为加氢活性组分的催化剂。以沸石为载体的加氢裂化催化剂是一种新型催化剂，主要特点是沸石具有较多的酸性中心。铂和钯虽然活性高，但对硫杂质的敏感性强，只在两段加氢裂化过程中使用。

2. 加氢裂化催化剂的使用要求

加氢裂化催化剂的使用性能有四项指标，分别是活性、选择性、稳定性和机械强度。

① 活性　催化剂活性系指促进化学反应进行的能力，通常用在一定条件下原料达到的转化率来表示。提高催化剂的活性，在维持一定转化率的前提下，可缓和加氢裂化的操作条件。

随着使用时间的延长，催化剂活性会有所降低，一般用提高温度的办法来维持一定的转化率。因此，也可用初期的反应温度来表示催化剂的活性。

② 选择性　加氢裂化催化剂的选择性可用目的产品产率和非目的产品产率之比来表示。提高选择性，可获得更多的目的产品。

③ 稳定性　催化剂的稳定性是表示运转周期和使用期限的一种标志，通常以在规定时间内维持催化剂活性和选择性所必须升高的反应温度表示。

④ 机械强度　催化剂必须有一定的强度，以避免在装卸和使用过程中粉碎，引起管线堵塞、床层压降增大而造成事故。

3. 加氢裂化催化剂的预硫化与再生

① 预硫化　加氢催化剂的钨、钼、镍、钴等金属组分，使用前都是以氧化物形态存在。生产经验与理论研究证明，加氢催化剂的金属活性组分只有呈硫化物形态时才具有较高的活性。因此，加氢裂化催化剂在使用之前必须进行预硫化。所谓预硫化，就是在含硫化氢的氢气流中使金属氧化物转化为硫化物。

② 再生　加氢裂化反应过程中，催化剂活性总是随着反应时间的增长而逐渐衰退，催化剂表面被积炭覆盖是降活的主要原因。为了恢复催化剂活性，一般用烧焦的方法进行催化剂再生。

第二节　催化加氢工艺过程

一、加氢处理装置

加氢处理的工艺过程多种多样，按加工原料的轻重和目的产品的不同，可分为两个主要工艺，一是馏分油（汽油、煤油、柴油和润滑油等）加氢精制，二是渣油的加氢处理。

加氢处理的工艺流程虽因原料不同和加工目的不同而有所区别，但其化学反应的基本原理是相同的。加氢处理典型工艺流程如图 5-1 所示，工艺流程一般包括反应系统，生成油换热、冷却、分离系统和循环氢系统三部分。精制所用氢气大多为催化重整的副产氢气，或另建有制氢装置。

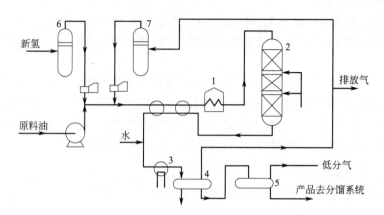

图 5-1　馏分油加氢处理典型工艺流程图

1—加热炉；2—反应器；3—冷却器；4—高压分离器；5—低压分离器；6—新氢储罐；7—循环氢储罐

原料油与新氢、循环氢混合，与反应产物换热后，加热到一定温度后进入反应器。反应器进料可能是气相（精制汽油时），也可能是气液混相（精制柴油或更重的馏分油时），反应器内部设有专门的进料分布器。反应器内的催化剂一般是分层填装，以利于注冷氢来控制反应温度，原料油和循环氢通过每段催化剂床层进行加氢反应。加氢精制反应器可以是一个（一段加氢法），也可以是两个（两段加氢法），依原料油的性质而定。

从高压分离器分出的循环氢经储罐及压缩机后，大部分（约 70%）送去与原料油混合，小部分（即其余部分）不经加热直接送入反应器作冷氢，在装置中循环使用。为了保证循环氢的纯度，避免硫化氢在系统中积累，常用硫化氢回收系统，一般用乙醇胺吸收除去硫化氢，富液再生循环使用，解吸出来的硫化氢送到制硫装置，净化后的氢气循环使用。

1. 汽、柴油加氢处理

催化裂化、焦炭化等二次加工装置得到的产品，含有相当多的硫、氮、氧及烯烃类物质，这些杂质在油品储存过程中极不稳定，胶质增加很快，颜色急剧加深，严重影响油品的储存安定性和燃烧性能。因此，二次加工油品，必须经过加氢精制，除去硫、氮、氧化合物和不稳定物质（如烯烃），获取安定性和质量都较好的优质产品。对直馏柴油而言，由于原油中硫含量升高、环保法规日趋严格，市场对柴油品质的要求也越来越高，已经不能直接作为产品出厂，也需要经过加氢精制处理。

柴油中含有的硫化物使油品燃烧性能变坏、气缸积炭增加、机械磨损加剧、腐蚀设备和污染大气，在与二烯烃同时存在时，还会生成胶质。硫醇是氧化引发剂，生成磺酸与金属作用而腐蚀储罐，硫醇也能直接与金属反应生成亚硫酸盐，进一步促进油品氧化变质。柴油中的氮化物，如二甲基吡啶及烷基胺类等碱性氮化物，会使油品颜色和安定性变坏，当与硫醇共存时，会促进硫醇氧化和酸性过氧化物的分解，从而使油品颜色和安定性变差。硫醇的氧化物——磺酸与吡咯缩合生成沉淀。

汽、柴油加氢装置工艺流程与图 5-1 流程类似。焦化汽油、柴油或常减压装置来的直馏柴油混合后通过原料油过滤器进行过滤，除去原料中大于25μm的颗粒后进入原料油缓冲罐。从原料油缓冲罐出来的原料油经加氢进料泵升压，经过换热器与精制柴油换热后，在流量控制下，与混合氢混合作为混合进料。为防止和减少后续管线和设备结垢，原料油罐和原料油泵入口管线之间注入阻垢剂。

混合进料经进入反应进料加热炉加热至反应所需温度，再进入加氢精制反应器，在催化剂作用下进行脱硫、脱氮、烯烃饱和、芳烃饱和等反应。反应器入口温度通过调节加热炉燃料气量控制，该反应器设置两个催化剂床层，床层间设有注急冷氢设施。

自反应器来的反应流出物，经进料换热器换热后进入热高压分离器闪蒸。顶部出来的热高分气体经热高分换热器换热后，再经热高分气空冷器冷却后进入冷高压分离器。为了防止反应流出物中的铵盐在低温部位析出，通过注水泵将脱盐水注至热高分气空冷器上游侧的管道中。冷却后的热高分气在冷高压分离器中进行油、气、水三相分离。自冷高压分离器顶部出来的循环氢经循环氢脱硫塔入口分液罐分液后，进入循环氢脱硫塔底部。自贫溶剂缓冲罐来的贫溶剂，经循环氢脱硫塔贫溶剂泵升压后进入循环氢脱硫塔顶部。脱硫后的循环氢自循环氢脱硫塔顶出来，经循环氢压缩机入口分液罐分液后进入循环氢压缩机升压，然后分成两路，一路作为急冷氢去反应器控制反应器床层温升，另一路与来自新氢压缩机出口的新氢混合成为混合氢。

2.渣油加氢处理

渣油加氢作为重油加工的重要手段，在整个炼厂的加工工艺中有着十分重要的地位。RDS/FCC工艺作为现代炼油厂重油加工的重要工艺，在优化原油加工流程，提高整个企业的效益，推动炼油行业的技术进步等方面有着十分重要的意义。

其一，作为重油深度转化的工艺，它不仅本身可转化为轻油，与催化裂化工艺组合，使全部渣油轻质化，从而使炼厂获得最高的轻油收率。

其二，作为一种加氢工艺，它在提高产品质量、减少污染、改善环境方面具有其他加工工艺不可替代的优势，并且可生产优质的催化裂化原料，也为催化裂化生产清洁汽油创造了条件。

渣油加氢处理技术是在高温、高压和催化剂存在的条件下，使渣油和氢气进行催化反应，渣油分子中硫、氮和金属等有害杂质，分别与氢和硫化氢发生反应，生成硫化氢、氨和金属硫化物。同时，渣油中部分较大的分子裂解并加氢，变成分子较小的理想组分，反应生成的金属硫化物沉积在催化剂上，硫化氢和氨可回收利用，而不排放到大气中，故对环境不造成污染。加氢处理后的渣油质量得到明显改善，可直接用催化、裂化工艺，将其全部转化成市场急需的汽油和柴油，从而做到了"吃干榨尽"，提高了资源的利用率和经济效益。

渣油加氢主要有固定床、移动床、沸腾床及悬浮床等不同的反应器。工业上采用固定床反应器居多，下面以固定床渣油反应过程为例说明其工艺特点。

渣油加氢处理工艺的流程如图5-2所示。

已过滤的原料在换热器内首先与由反应器来的热产物进行换热，然后进入炉内，使温度达到反应温度。一般是在原料进入炉前将循环氢气与原料混合。此外，还要补充新鲜氢。由炉出来的原料进入串联的反应器。反应器内装有固定床催化剂。大多数情况是采用液流下行式通过催化剂床层。催化剂床层可以是一个或数个，床层间设有分配器，通过这些分配器将部分循环氢或液态原料送入床层，以降低因放热反应而引起的温升。控制冷却剂流量，使各床层催化剂处于等温下运转。催化剂床层的数目决定于产生的热量、反应速率和温升限制。

由反应段出来的加氢生成油首先被送到热交换器，用新鲜原料冷却，然后进入冷却器，在高低压分离器中脱除溶解在液体产物中的气体。将在分离器内分离出的循环氢通过吸收塔，以脱除其中的大部分的硫化氢。在某些情况下，可以将循环气进行吸附精制，完全除去低沸点烃。有时还要对液体产物进行碱洗和水洗。加氢生成油经过蒸馏可制得柴油（200～350℃馏分）、催化裂化原料油（350～500℃馏分）和残油（＞500℃馏分）。

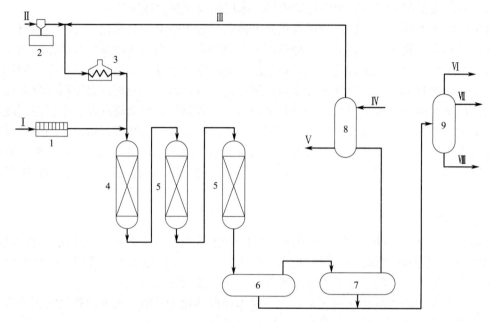

图 5-2　固定床渣油加氢工艺流程图

1—过滤器;2—压缩机;3—管式炉;4—脱金属反应器;5—脱硫反应器;6—高压分离器;7—低压分离器;8—吸收塔;9—分馏塔;

Ⅰ—新鲜原料;Ⅱ—新鲜氢;Ⅲ—循环氢;Ⅳ—再生胺溶液;Ⅴ—饱和胺溶液;Ⅵ—燃料气和宽馏分汽油;Ⅶ—中间馏分油;Ⅷ—宽馏分渣油

二、加氢裂化装置

加氢裂化是一个集催化反应技术、炼油技术和高压技术于一体的工艺装置，其工艺流程的选择与催化剂性能、原料油性质、产品品种、产品质量、装置规模、设备供应条件及装置生产灵活性等因素有关。

加氢裂化的工业装置有多种类型，按反应器中催化剂所处的状态不同，可分为固定床、沸腾床和悬浮床等几种形式。根据原料和产品目的不同，还可细分出很多种形式，诸如：馏分油加氢裂化，渣油加氢裂化，以及单段流程、一段串联流程和两段流程加氢裂化等。

（一）固定床加氢裂化

固定床是指将颗粒状的催化剂放置在反应器内，形成静态催化剂床层。原料油和氢气经升温、升压达到反应条件后进入反应系统，先进行加氢精制以除去硫、氮、氧杂质和二烯烃，再进行加氢裂化反应。反应产物经降温、分离、降压和分馏后，目的产品送出装置，分离出含氢较高（80%～90%）的气体，作为循环氢使用。未转化油（称尾油）可以部分循环、全部循环或不循环一次通过。

根据原料性质、目的产品、处理量的大小及催化剂性能等的不同，固定床加氢裂化可分为一段流程、两段流程和串联流程三种。

1. 一段加氢裂化流程

一段加氢裂化流程又称为单段加氢裂化流程，只有一个反应器，原料油加氢精制和加氢裂化在同一反应器内进行，反应器上部为精制段，下部为裂化段，所用催化剂具有较好的异构裂化、中间馏分油选择性和一定抗氮能力。这种流程用于由粗汽油生产液化气、由减压蜡油或脱沥青油生产喷气燃料和柴油。单段加氢裂化可用三种方案操作：原料一次通过、尾油部分循环和尾油全部循环。

现以大庆直馏重柴油馏分（330～490℃）单段加氢裂化为例，简述如下。单段加氢裂化原料一次通过工艺流程如图5-3所示。原料油用泵升压至16.0MPa后与新氢及循环氢混合，再与420℃左右的加氢生成油换热至321～360℃，进入加热炉，反应器进料温度为370～450℃，原料在380～440℃、空速1.0h^{-1}、氢油体积比约2500的条件下进行反应。为了控制反应温度，向反应器分层注入冷氢。反应产物经与原料换热后温度降到200℃，再经冷却，温度降至30～40℃之后进入高压分离器。反应产物进入空冷器之前需注入软化水以溶解其中的NH_3、H_2S等，以防水合物析出而堵塞管道。自高压分离器顶部分出循环氢，经循环氢压缩机升压后，返回反应系统循环使用。自高压分离器底部分出的生成油，经减压系统减压至0.5MPa，进入低压分离器，在此将水脱出，并释放出部分溶解气体，作为富气送出装置作燃料气使用。生成油经加热送至稳定塔，在1.0～1.2MPa下分出液化气，塔底液体经加热炉加热至320℃后送入分馏塔，分馏得轻汽油、喷气燃料（煤油）、低凝柴油和尾油（塔底油），尾油可一部分或全部作为循环油与原料混合再去反应系统。

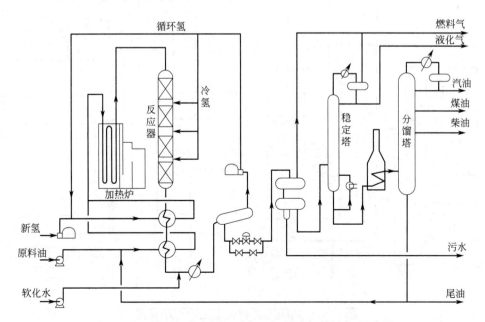

图5-3 单段加氢裂化原料一次通过工艺流程示意图

大庆直馏蜡油按三种不同方案操作所得产品收率和产品质量见表 5-2。

表 5-2　一段加氢裂化不同方案的产品收率及产品性质

操作方法										
指标	原料油	汽油	喷气燃料	柴油	汽油	喷气燃料	柴油	汽油	喷气燃料	柴油
收率（质量分数）/%	—	24.1	32.9	42.4	25.3	34.1	50.2	35.0	43.5	59.8
密度 /（g/cm³）	0.8823	—	0.7856	0.8016	—	0.7280	0.8060	—	0.7748	0.7930
初馏点 /℃	333	60	153	192.5	63	156.3	196	—	153	194
终馏点 /℃	474	172	243	324	182	245	326	—	245.5	324.5
冰点 /℃	—	—	−65	—	—	−65	—	—	−65	—
凝点 /℃	40	—	—	−36	—	—	−40	—	—	−43.5
总氮 /（μg/g）	470									

（表头跨列：一次通过、尾油部分循环、尾油全部循环）

由表 5-2 数据可见，采用尾油循环方案，可增产喷气燃料和柴油，特别是喷气燃料增加较多，而且对冰点并无影响。但一次通过流程，控制一定的单程转化率，除生产一定数量的发动机燃料外，还可生产相当数量的润滑油及未转化油（尾油）。这些尾油可用作获得更高价值产品的原料，如可用尾油生产高黏度指数润滑油的基础油，或作为催化裂化和裂解制乙烯的原料。

2. 两段加氢裂化流程

两段加氢裂化流程中有两个反应器，分别装有不同性能的催化剂。第一个反应器中主要进行原料油的精制，第二个反应器中主要进行加氢裂化反应，形成独立的两段流程体系。其流程如图 5-4 所示。

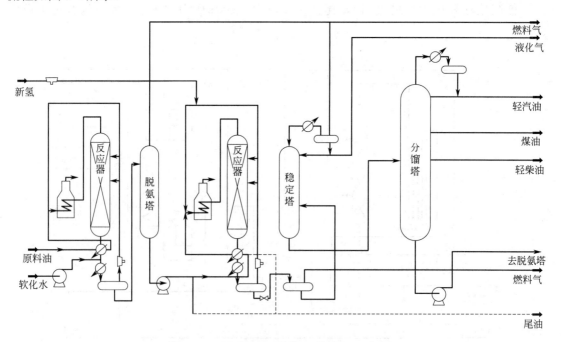

图 5-4　两段加氢裂化工艺流程示意图

仍以大庆蜡油加氢裂化为例，简要叙述两段流程：

原料经高压油泵升压并与循环氢及新氢混合后，首先与第一段生成油换热，经第一段加热炉加热至反应温度，进入第一段加氢反应器，在高活性加氢催化剂上进行脱硫、脱氮反应，原料中的微量金属也同时被脱除，反应生成物经换热、冷却后进入第一段高压分离器，分出循环氢。生成油进入汽提塔，脱去 NH_3 和 H_2S 后作为第二段进料。在汽提塔中用氢气吹掉溶解气、氨和硫化氢。第二段进料与循环氢混合后进入第二段加热炉，加热至反应温度，在装有高酸性催化剂的第二段加氢反应器内进行加氢、裂解和异构化等反应。反应生成物经换热、冷却、分离，分出循环氢和溶解气后送至稳定分馏系统。

两段加氢裂化有两种操作方案：一种是第一段加氢精制，第二段加氢裂化；另一种是第一段除进行精制外还进行部分加氢裂化，第二段进行加氢裂化。后者的特点是第一段和第二段生成油一起进入稳定分馏系统，分出的尾油可作为第二段进料。

大庆蜡油两段加氢裂化两种操作方案所得产品产率和性质如表 5-3 所列。

表 5-3　大庆蜡油两段加氢裂化操作数据

项目		一段加氢精制		一段有部分裂化	
		第一段	第二段	第一段	第二段
反应条件	催化剂	WS_2	107	WS_2	107
	压力 /MPa	16.0	16.0	16.0	16.0
	氢分压 /MPa	11.0	11.0	11.0	11.0
	温度 /℃	370	395	395	395
	空速 /h^{-1}	2.5	1.2	1.2	1.6
液体收率 /%		99.2	93.8	97.0	93.4
产品产率 /%	$C_1 \sim C_4$	14.78		15.56	
	<130℃	15.7		17.6	
	130 ~ 260℃	33.9		37.4	
	260 ~ 370℃	25.6		30.0	
	> 370℃	18.0		8.9	
产品性质	煤油密度 /（g/cm³）	0.7730		0.7786	
	冰点 /℃	−63		−63	
	柴油密度 ρ_{20}/（g/cm³）	0.7918		0.7955	
	凝点 /℃	−49		−42	

由表 5-3 所列数据可见，采用第二种方案时，汽油、煤油和柴油的收率都有所增大，而尾油明显减少，这主要是第二种方案裂化深度较大的缘故。从产品的主要性能来看，两种方案并无明显差别。

3. 串联加氢裂化工艺流程

串联流程是两段流程的发展，其主要特点在于：使用了抗硫化氢、抗氨的催化剂，因而取消了两段流程中的汽提塔（即脱氨塔），使加氢精制和加氢裂化两个反应器直接串联起来，省掉了一整套换热、加热、加压、冷却、减压和分离设备。其工艺流程如图 5-5 所示。

（二）沸腾床加氢裂化

沸腾床（又称膨胀床）工艺是借助于流体流速带动具有一定颗粒度的催化剂运动，形成

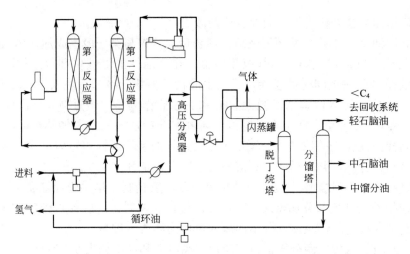

图 5-5　串联加氢裂化工艺流程示意图

气、液、固三相床层，从而使氢气、原料油和催化剂充分接触而完成加氢反应过程。控制流
体流速，维持催化剂床层膨胀到一定高度，即形成明显的床层界面，液体与催化剂呈返混状
态。反应产物与气体从反应器顶部排出。运转期间定期从顶部补充催化剂，下部定期排出部
分催化剂，以维持较好的活性。

　　沸腾床工艺可以处理金属含量和残炭值较高的原料（如减压渣油），并可使重油深度转
化，但反应温度较高，一般在 400 ～ 450℃ 范围内。由于反应器中液体处于返混状态，因而
有利于控制温度均衡平稳。

　　沸腾床加氢裂化工艺比较复杂。图 5-6 是沸腾床渣油加氢裂化流程示意图。

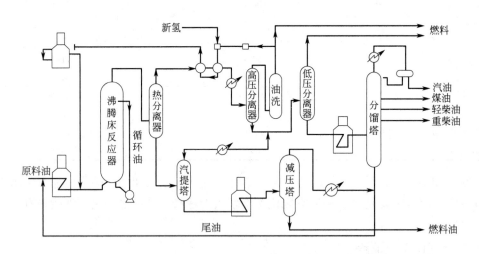

图 5-6　沸腾床渣油加氢裂化工艺流程

（三）悬浮床加氢工艺

　　悬浮床（浆液床）工艺是为了适应非常劣质的原料而重新得到重视的一种加氢工艺。其
原理与沸腾床相类似，其基本流程是以细粉状催化剂与原料预先混合，再与氢气一同进入反
应器自下而上流动，催化剂悬浮于液相中，进行加氢裂化反应，催化剂随着反应产物一起从

反应器顶部流出。

20 世纪 80 年代，悬浮床加氢裂化曾得到迅速发展，典型的悬浮床加氢工艺有 Canment 过程、VCC 过程、COC 过程、SOC 过程等。以 Canment 过程为例，概括这类工艺的特点。1985 年在加拿大蒙特利尔炼油厂建成一套 250kt/a 工业示范装置并实现长周期运转。该工艺技术有以下特点：①催化剂（添加物）费用低，操作灵活性大；②操作压力低（13.6MPa），比常规加氢裂化压力低 66%;③转化率高，如沥青质转化率大于 90%;④能加工各种重质原油和普通原油渣油，但装置投资大。

这一工艺目前在国内尚属研究开发阶段。中国石油大学（华东）、抚顺石油化工科学研究院多年来致力于悬浮床加氢工艺及相关催化剂的开发研究，并取得了突破性进展。中国石油大学（华东）为主开发的重油悬浮床加氢技术目前已进入工业试验阶段。

第三节　催化加氢工艺主要操控点

实际生产过程中影响催化加氢过程的操作因素主要有反应温度、反应压力、氢油比、反应空速、催化剂活性、循环氢纯度、原料的组成与性质等。

一、主要影响因素

1. 反应温度

反应温度是控制脱硫、脱氮率和生成油转化率的主要手段。提高反应温度，可提高脱硫、脱氮率，为裂化反应创造条件。提高反应温度对产品化学组成有明显影响，正构烷烃含量增加，异构烷烃含量降低，异烷 / 正烷的比值下降，烯烃的饱和程度亦提高，产品安定性好。加氢过程是一个放热过程，升温不利于该过程进行，过高的反应温度会导致转化率降低，因此实际操作中应选择适当的反应温度。

反应温度的提高会使催化剂表面积炭结焦速度加快，影响其寿命。所以，温度条件的选择一般受催化剂活性、操作温度限定值、产品分布等诸多因素的影响。通常在催化剂活性允许的条件下，采用尽可能低的反应温度。

2. 反应压力

反应压力的实际因素是氢分压。提高系统的氢分压，可促使加氢反应的进行，烯烃和芳烃的加氢速度加快，脱硫、脱氮率提高，对胶质、沥青质的脱除有好处。故所得产品的溴价低，含硫、含氮化合物少，油品安定性好，可以提高喷气燃料的烟点和柴油的十六烷值。同时，提高氢分压还可防止或减少结焦，有利于保持催化剂活性，提高催化剂的稳定性。反应压力的选择与处理原料性质有关，原料中含多环芳烃和杂质越多，则所需的反应压力越高。过高的氢分压导致装置投资增加，操作费用也相应增加。因此，反应压力应根据目的产品的要求以及加工的原料性质来决定。

3. 氢油比

氢油比的大小或循环氢量多少直接关系到氢分压和油品的停留时间，并且还影响油的汽化率。循环氢的增加可以保证系统有足够的氢分压，有利于加氢反应进行。此外，过剩的氢气可起到保护催化剂表面的作用，在一定的范围内可防止油料在催化剂表面缩合结焦。同时，氢油比增大可及时地将反应热从系统中带出，有利于反应床层的热平衡，从而使反应器内温度容易平稳控制。

但过大的氢油比会使系统的压降增大，油品和催化剂接触的时间缩短，从而会导致反应深度下降，循环机负荷增大，动力消耗增大。

$$氢油比 = 循环氢气量（Nm^3/h）/ 进料量（m^3/h）$$

通常循环氢流量在催化剂整个运转周期内应保持恒定，因为经常改变压缩机的操作是不可能的。

4. 空速

空速是指进料量与催化剂装填量之比，分为体积空速和质量空速两种。

$$空速（h^{-1}）= 反应器进料量（m^3/h）/ 反应器催化剂装填量（m^3）$$

降低空速，则原料反应的时间延长，深度加大，转化率提高。但空速过低，二次裂解反应加剧，虽然这时总转化率可以提高，但生成的气态烃也会相应增加。同时，由于油分子在催化剂中的停留时间延长，在一定的温度下，缩合结焦的机会也随之增大。因此，长期的低空速对催化剂活性不利。空速的选择随原料油性质和催化剂的不同而不同，空速的增大意味着处理能力的增大，故在不影响原料转化深度的前提下，应尽量提高空速。但空速的增大受到设备设计负荷的限制和相应的温度限制。

5. 催化剂活性

催化剂活性对加氢操作条件、产品收率和产品性质有着显著的影响，提高催化剂活性可以降低反应器温度和压力，提高空速或降低氢油比。提高催化剂选择性，则可以生产更多的目的产品，减少不必要的副反应，增加催化剂的抗毒能力。随着开工周期延长，催化剂活性逐渐下降，此时必须相应提高反应温度，以保持达到设计的转化率。应当指出，在生产过程中，操作水平的高低及各种不正确的操作方法，均对催化剂活性有较大影响，必须引起有关人员注意。

6. 循环氢纯度

循环氢纯度与催化剂床层内部的氢分压有直接的关系，保持较高的循环氢纯度，则可保持较高的氢分压，有利于加氢反应，是提高产品质量的关键一环。同时，保持较高的循环氢纯度，还可以减少油料在催化剂表面缩合结焦，起到保护催化剂的作用，有利于提高催化剂的活性和稳定性，延长使用期限。但是，如果要求过高的循环氢纯度，就得大量地排放废氢。这样，氢气耗量增大，成本提高，一般循环氢纯度控制在不低于85%。如果氢纯度低于85%，则需要从装置中排出部分循环氢和增加新氢用量。

7. 原料性质

原料性质的相对恒定是搞好平稳操作的一个重要因素。原料变重，需升高床层温度以维持一定的转化率。另外，原料杂质（如硫、氮）含量的变化对加氢精制和加氢裂化反应影响较大。从脱硫和脱氮反应均属放热反应的角度看，硫和氮的含量升高，都会影响反应温度的上升。但硫含量增加，会产生大量 H_2S，与脱氮产生的 NH_3 生成盐，阻塞系统。同时，高浓度的 H_2S 还会对设备造成腐蚀，系统中的 H_2S 浓度通常不应高于2%。当循环氢中硫化氢浓度高于2%时，应增设循环氢脱硫装置。氢解下来的氮生成 NH_3，会使催化剂活性降低。所以，必须严格控制原料的性质。

　　在已选定催化剂和原料油的情况下，温度的影响最为重要。因为在正常的生产条件下，系统压力、新氢纯度变化不会很大，氢油比也是基本恒定的，所以温度也就成为最有效的控制手段。

　　原料中的杂质（如硫），特别是氮均影响加氢精制和加氢裂化反应。为此，需按照原料所含硫和氮的量调整反应器床层温度。

二、加氢处理工艺参数及产品质量控制方法

1.加氢反应器入口温度

　　反应温度是反应部分的最主要工艺参数，是脱硫、脱氮效果的主要控制变量，是柴油加氢精制的重要调节参数。反应温度主要根据原料油的性质、反应进料量、催化剂活性和产品的质量要求等因素进行选择。操作的最佳温度是满足产品质量的最低温度。

　　以某企业催化裂化柴油加氢精制装置控制为例：

　　控制目标：指令值的 ±1℃。

　　控制范围：310 ～ 350℃。

　　控制方式：R-101 入口温度是由 TIC10309、TIC10310 分别串级 F-101 燃料气流控 FIC10306 通过控制燃料气量来实现的，如图 5-7 所示。设置的温控 TIC10604 是通过调整进出换热器的物料量来控制热高分入口温度。当满足热高分温度时，应尽量关小 TIC10604，提高 F-101 入口温度，减少瓦斯消耗。反应炉负荷过小时，为了反应炉正常燃烧，保证反应器入口温度稳定，可以适当调节 TIC10604 的开度，给 F-101 以一定的调节余量，以便于反应器入口温度的灵活调节。提降温度和进料量应遵循先提量后提温，先降温后降量的原则。

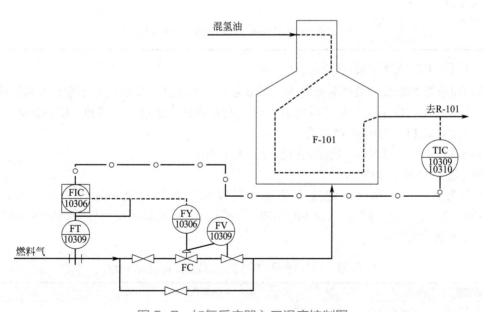

图 5-7　加氢反应器入口温度控制图

　　正常调整：见表 5-4。

表 5-4　加氢反应器入口温度正常调整

影响因素	调整方法
反应炉出口温度	反应温度通过控制反应炉出口温控串级燃料气流控来控制。燃料气流温控阀开大，反应器入口温度上升；反之，反应器入口温度下降
燃料气压力	燃料气压力增大，燃料气流量增加，加热炉出口温度上升，反应器入口温度上升；反之，反应温度下降。控制燃料气压力，保持反应器入口温度平稳
反应进料量	反应进料量增加，反应炉出口温度下降，反应温度下降；反之，反应温度升高。控制反应进料量平稳，保持反应温度平稳
TIC10604 控制阀的开度（热高分）	TIC10604 控制阀的开度减小，反应器入口温度上升；反之，反应器温度下降。在保证热高分入口温度的前提下，尽量关 TIC10604 控制阀

异常处理：见表 5-5。

表 5-5　加氢反应器入口温度异常处理

异常	原因	处理方法
反应器入口温度快速上升	燃料气压力上升	内操通过 TIC10309、TIC10310 分别串级 F-101 燃料气流控 FIC10309、FIC10306 调节，减少燃料气用量来保证炉出口稳定
	进料或者循环氢中断	进料或者循环氢任一中断，反应器入口温度会快速上升，应及时将 F-101 燃料气流控 FIC10309、FIC10306 改手动，撤瓦斯
反应器入口温度快速下降	反应炉主火嘴手阀全关	内操手动调整进料量，查明原因，恢复燃料气压力；外操按规定重新点加热炉主火嘴
	原料带水	内操手动控制反应温度和反应压力；外操加强原料罐脱水，必要时联系调度和上游装置切换进料
反应器入口温度大幅度波动	燃料气组分变化或带油	燃料气罐加强切液；联系调度和上游装置将燃料气脱液
	反应器入口温度假指示	对照反应炉两路进料出口温度指示，联系仪表处理

2. 反应器 R-101 床层温度控制

床层温度是判断反应温度分布是否均匀及是否上下合理，反应是否正常和加氢深度的标志。反应器床层温度主要是通过反应器入口温度和通过二床层入口温度 TIC10506C 控制下床层冷氢注入量 FIC10501 来调节的。

控制目标：最高点温度 - 反应入口温度不大于 50℃。

控制范围：330 ～ 385℃。

控制方式：反应器床层温度主要是通过反应器入口温度和通过二床层入口温度 TIC10506C 控制下床层冷氢注入量 FIC10501 来调节的。反应器床层温度控制如图 5-8 所示。

正常调整：见表 5-6。

表 5-6　反应器 R-101 床层温度控制正常调整

影响因素	调整方法
反应入口温度	见加氢反应器 R-101 入口温度
循环氢流量	循环机转速增大，循环氢量增大，床层温度降低；防喘振阀关小，混合氢流量增大，床层温度降低。反之升高
冷氢注入量	冷氢温控阀开大，冷氢流量增大，床层温度降低；反之升高

续表

影响因素	调整方法
反应进料量	反应进料量增加，床层温度下降；反之，床层温度升高
焦化汽油和焦化柴油量	在总反应进料量不变的情况下，焦化汽油和焦化柴油量增大，床层温度上升；反之，床层温度下降。控制焦化汽油和焦化柴油的进料配比，保持反应温度平稳
循环氢纯度	增大废氢排放量，关小循环氢脱硫塔跨线控制阀，循环氢纯度提高，床层反应温度上升；反之，反应温度下降
催化剂活性	催化剂活性高，床层反应温度高；反之，床层反应温度低

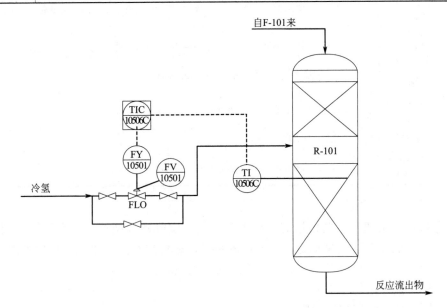

图 5-8　反应器 R-101 床层温度控制

异常处理：见表 5-7。

表 5-7　反应器 R-101 床层温度控制异常处理

异常	原因	处理方法
反应温度快速上升	反应器入口温度快速上升	处理见加氢反应器 R-101 入口温度调整
	原料油中焦化汽油、焦化柴油配比量增大	内操联系调度和上游有关单位降低原料油中焦化汽油、焦化柴油配比量，以控制床层反应温升不超标
	原料中杂质增多	内操开大冷氢量，控制床层温度上升，并根据精制油分析，确定降低炉出口温度
	冷氢温控阀全关	外操改温控阀副线，内操用副线维持床层反应温度正常；若仍上升，降反应温度至床层正常反应温度；查明原因，联系仪表处理
	防喘振阀开启	内操降低反应炉出口温度，检查防喘振阀开启原因，如仪表假指示，防喘振系统改手动，逐渐关至正常；如阀门故障，则外操现场挂手轮操作；联系仪表处理
	原料油量降低	内操对照原料油进装置量，改手动调节反应进料，联系仪表处理反应进料流控
	脱硫塔跨线控制阀开度小	内操调整开大脱硫塔跨线控制阀，降低循环氢纯度

续表

异常	原因	处理方法
反应温度 快速下降	反应器入口 温度下降	处理见加氢反应器 R-101 入口温度调整
	原料油中直 馏组分增加	根据产品质量，提高反应器入口温度
	原料带水	内操手动控制反应温度和反应压力；外操加强原料罐脱水，必要时联系调度和上游装置切换进料
反应温度 快速下降	冷氢温控阀全开	外操关闭温控阀上下游阀，改副线，内操用副线维持床层反应温度正常；查明原因，联系仪表处理
	原料油量增大	内操对照原料油进装置量，改手动调节反应进料，联系仪表处理反应进料流控
	脱硫塔跨线控制 阀开度大	内操调整关小脱硫塔跨线控制阀，提高循环氢纯度
反应温度大 幅度波动	反应入口 温度波动	见加氢反应器 R-101 入口温度调整
	反应压力波动	见反应压力调整
	反应温度指示 表故障	参考反应器其他点温度指示，联系仪表处理

3. 反应进料量的操作调整

反应进料量（空速）主要根据调度要求和装置的实际情况调整，通常不作为调节手段。正常操作时，保证原料油流量稳定，装置提降量时，缓慢进行，应以先提量后提温、先降温后降量为原则，防止对反应温度和高分液位造成较大波动。

控制目标：指令值的 ±1.0t。

控制范围：依据装置规模而定。

控制方式：反应进料量的调整操作是通过进料流控阀 FIC10203 控制 P-101 出口进反应系统的原料油流量来调节的，如图 5-9 所示。

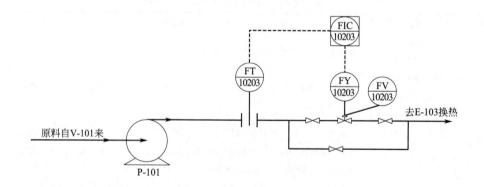

图 5-9 反应进料量的操作调整

正常调整：见表 5-8。

表 5-8 反应进料量的操作调整

影响因素	调整方法
泵出口流控阀开度	反应进料流量由流控阀控制，泵出口流控阀开大，进料流量增大；反之降低
混氢流量	反应压力不变，混氢量增大，进料流量减小；反之降低
反应系统压力	反应系统压力升高，进料流量降低；反之升高

异常处理：见表 5-9。

表 5-9 反应进料量异常处理

异常	原因	处理方法
反应进料量快速上升	反应系统压力降低	见反应系统压力控制
	流量假指示	内操将流控阀改手动，维持原阀位，联系仪表处理
反应进料量快速下降	V-101 压力过低，进料泵压头不足易汽蚀	内操调整 V-101 顶分程控制阀，使 V-101 顶压力正常
	反应进料泵故障	内操通知调度及上游装置，并做好装置稳定；外操切换至备用泵运转；联系有关单位查明原因，排除故障
	进料量控制阀关小	首先手动控制反应温度和反应压力，外操现场控制进料量平稳，联系仪表处理
反应进料量大幅度波动	反应系统压力不稳	调整塔顶气体外排流量，稳定塔顶压力
	进料流控阀故障	内操改手动，并联系仪表处理

4. 反应器床层压降

反应系统压差过大，会带来一系列的问题，如压缩机的负荷加大、反应器或管道的物流会变得混乱、影响加氢效果或换热效果。所以，对反应器压差从投用到正常操作要严格控制。

控制目标：不大于 0.35MPa。

控制范围：0.1 ～ 0.3MPa。

控制方式：控制压差变大的手段。

① 选择合适的催化剂形状、种类、大小，同时也要选择合适的催化剂装填方法。

② 原料油性质分析要定时，不合格的原料油不能进装置，因为原料油是引起催化剂床层压差的主要原因。同时要对原料油进行过滤，脱除机械杂质，防止堵塞催化剂空隙。

③ 定时观察记录系统压差，特别是要分别记录每个反应器进出口压差、换热器进出口压差等较容易发生压差的地方，以便在需要处理压差时，能准确判断压差形成的位置、形成原因及解决办法。反应器床层压降控制如图 5-10 所示。

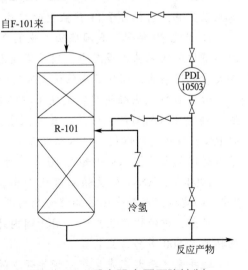

图 5-10 反应器床层压降控制

正常调整：见表 5-10。

表 5-10　反应器床层压降正常调整

影响因素	调整方法
反应进料量	进料量稳定在工艺允许的波动范围内
原料油组分	原料油中焦化柴油和焦化汽油组分增加，床层压降上升；反之降低
混合氢流量	混合氢流量增大，床层压降上升；反之降低
反应压力波动	反应压力波动越大，床层压降上升越快

异常处理：见表 5-11。

表 5-11　反应器床层压降异常处理

异常	原因	处理方法
反应器床层 差压上升	反应进料量上升过快	反应进料缓慢提量，延缓反应器上升速度
	混合氢流量上升过大	内操缓慢提循环氢转速，逐步提高循环氢流量，防止产生阻滞
	反冲洗过滤器 滤芯破或走短路	定期检查反冲洗过滤器，当过滤器差压长期低时，内操应检查和判断是否是过滤器滤芯破或走短路，防止原料油杂质带入反应器
	原料组分变化	内操联系调度和上游单元，降低原料油中焦化柴油和焦化汽油组分含量
反应器床层 压降波动	原料油性质不稳	内操联系调度和上游单元，控温原料油量
	反应压力波动	内操平稳控制反应系统压力

 拓展阅读

情系中国炼油事业　见证炼油技术发展——李大东

李大东，1938 年生于北京市，石油炼制催化剂及工艺专家，石油化工科学研究院学术委员会主任，1994 年当选为中国工程院院士。

1978 年，李大东先生进入石油化工科学研究院新组建的基础研究室工作。催化剂对炼油工业很关键，它相当于 IT 产业里的芯片，至关重要。

20 世纪 80 年代，我国炼油工业主要加工的是大庆原油，大庆原油具有氮多硫少的特点，因而催化柴油容易出现沉渣，用于柴油发动机时会堵塞喷嘴，而在当时，农业生产等部门需要大量使用柴油，因此解决催化柴油沉渣问题变得尤为迫切。

时任石科院基础研究室主任工程师兼加氢催化剂组组长的李大东先生承担了这项重任，他带领项目组创新研究方法，反复探索，经过数年、无数次的试验，终于在 1987 年将开发的 RN-1 加氢精制催化剂进入试验阶段。相关人士表示："就加氢脱氮性能而言，RN-1 领先了当时国际上的技术水平超过 10 年，对中国油品质量的提升做出了巨大贡献"。

1994 年，RN-1 加氢精制催化剂出口意大利塔兰托炼厂，实现了中国炼油催化剂出口"零"的突破，也是我国炼油催化剂由进口到出口的重要转折点，具有重要的里程碑意义。

目前，该催化剂已广泛应用于国内外 52 套工业装置，该催化剂家族的 80 多个品种的应用拓展至 500 多套工业装置。

近年来，李大东先生组织领导开发的多项清洁燃料生产技术，广泛应用于工业生产，为推进车用燃料清洁化进程做出了重大贡献。

正如 2007 年度感动石化中国组委会授予李大东的颁奖词所描述的：人生为一大事来，为国家谋，为炼油强。从"根"做起，十年潜心砺"剑"出。深耕反应之道，雕琢现有之业，始置再生之术。李大东先生，让"混沌"变得清澈，用担当谱写蓝图。霜鬓不坠青云志，锐意创新意犹酣。以身为烛，德厚流光；石化风骨，国之栋梁。

 习题

一、选择题

1. 加氢精制反应过程中，（   ）反应最易进行。

A. 脱硫　　　　　　B. 脱氮　　　　　　C. 脱氧　　　　　　D. 脱金属

2. 加氢精制中，（   ）键最难断裂。

A. C—O　　　　　　B. C—N　　　　　　C. C—C　　　　　　D. C—S

3. 随着使用时间的延长，催化剂活性会有所降低，一般用（   ）的办法来维持一定的转化率。

A. 降低温度　　　　B. 增大压力　　　　C. 减小压力　　　　D. 升高温度

4. 加氢精制主要操作条件有：反应压力、反应温度、（   ）、氢油比。

A. 进料流量　　　　B. 空速　　　　　　C. 新氢压力　　　　D. 以上均不正确

5. 循环氢系统压力降低，循环氢脱硫效果将（   ）。

A. 变好　　　　　　B. 变差　　　　　　C. 没有影响　　　　D. 以上均不正确

6. 反应器床层过高的反应温度将导致的主要后果是（   ）。

A. 聚合反应减少　　B. 氧化反应增加　　C. 裂解反应增加　　D. 还原反应增加

7. 加氢催化剂预硫化的目的是（   ）。

A. 保持活性　　　　B. 提高活性　　　　C. 提高选择性　　　D. 降低活性

8. 加氢催化剂失活的主要原因是（   ）。

A. 反应结焦　　　　B. 氢气还原　　　　C. 硫化物的中毒　　D. 氮气的作用

9. 在加氢精制装置实际生产过程中，提高反应深度的最主要手段是（   ）。

A. 提高反应压力　　B. 提高反应温度　　C. 提高氢油比　　　D. 提高空速

10. （   ）不是加氢裂化产品。

A. 液化气　　　　　B 汽油　　　　　　C 润滑油　　　　　D. 沥青

11. 在加氢裂化催化剂中，可根据不同的生产方案调制成不同的复合型酸性载体的是（   ）。

A. 活性炭　　　　　B. 活性氧化铝　　　C. 无定形硅酸铝　　D. 沸石

12. 加氢裂化三种流程方案中灵活性最大的是（   ）。

A. 单段流程　　　　B. 一段串联流程　　C. 两段流程　　　　D. 不确定

13. 加氢裂化的硫化氢腐蚀程度主要取决于硫化氢的浓度和（   ）。

A. 操作压力　　　　B. 空速　　　　　　C. 氢油比　　　　　D. 操作温度

14. 加氢过程中反应深度增大，则反应热的变化是（   ）。

A. 增大　　　　　　B. 减小　　　　　　C. 不变　　　　　　D. 不确定

15. 加氢裂化装置的高压分离器操作压力升高，氢气的溶解损失（   ）。

A. 增大　　　　　　B. 减小　　　　　　C. 不变　　　　　　D. 不确定

二、判断题

1. 在加氢精制过程中，氮化物在氢作用下转化为 NH_3 和烃，从而脱除石油馏分中的氮，达到精制的要求。   （   ）

2. 当分子结构相似时，三种杂环化合物的加氢稳定性依次为：含氮化合物＞含硫化合物＞含氧化合物。   （   ）

3. 在高温条件下，硫化氢的存在增加催化剂对 C—N 键断裂的催化活性，从而加快了总的脱氮反应，促进作用更为明显。   （   ）

4. 提高加氢精制的反应温度，反应速率将减慢。   （   ）

5. 柴油加氢装置反应空速的控制是通过进料量实现的。   （   ）

6. 加氢催化剂活性降低后可通过适当升温来进行弥补。   （   ）

7. 高压分离器主要起气液及油水分离作用，防止生成油窜入循环氢压缩机，造成严重液击事故。   （   ）

8. 加氢精制过程中氢油比越大越好。   （   ）

9. 精制柴油的腐蚀不需控制。   （   ）

10. 加氢裂化是一个进行平行 - 顺序反应的过程。   （   ）

11. 加氢裂化的反应机理可以用碳正离子学说来解释。   （   ）

12. 在加氢裂化过程中，烷烃和烯烃都会发生异构化反应。   （   ）

13. 降低空速，对于提高加氢反应的转化率和装置的处理能力是有利的。   （   ）

14. 两段加氢裂化的第一段可以只进行加氢精制，也可以除进行加氢精制外还进行部分加氢裂化。   （   ）

15. 与单段工艺相比，一段串联工艺的加氢裂化使用了性能更好的精制催化剂和裂化催化剂组合。   （   ）

三、简答题

1. 加氢精制主要发生哪些反应？

2. 加氢处理催化剂的使用要求有哪些？

3. 影响加氢处理反应过程的因素有哪些？

4. 渣油加氢处理工艺流程与一般馏分油的加氢处理流程有哪些不同？

5. 氢油比对加氢过程的影响主要有哪些方面？

6. 加氢裂化的特点 有哪些？

7. 什么叫加氢裂化的双功能催化剂？

8. 加氢裂化催化剂的使用要求有哪些？

9. 两段加氢裂化有哪些特点？

10. 加氢反应器床层温度控制有哪些参数？

第六章
催化重整工艺

 学习目标

知识目标

1. 熟悉催化重整的化学反应和特点。
2. 了解催化重整催化剂的组成、性能和使用。
3. 熟悉催化重整对原料的要求和预处理工艺。
4. 熟悉连续重整工艺的原理和流程。
5. 了解芳烃抽提、芳烃精馏的工艺原理和流程。
6. 理解催化重整操作的影响因素及主要控制点。

技能目标

1. 能对影响催化重整生产过程的因素进行分析和判断。
2. 能独立完成催化重整装置仿真软件开、停工操作任务。
3. 能进行催化重整事故判断分析和处理。

素质目标

1. 培养吃苦耐劳、团结合作、严谨细致的工作态度。
2. 培养细心、严谨的工作作风。
3. 培养努力提升分析问题、解决问题能力的责任感。
4. 培养忠诚事业、振兴石化、产业报国的家国情怀。

第一节 概述

一、催化重整在石油加工中的地位

以 $C_5 \sim C_{11}$ 石脑油馏分为原料，在一定温度、压力、氢油比和催化剂的作用下，烃类分子结构发生重新排列（如脱氢、环化、异构化、裂化等）使石脑油转变成富含芳烃的重整生成油，并副产氢气的过程，称为催化重整。催化重整是一个以汽油馏分（主要是直馏汽油）为原料生产高辛烷值汽油及轻芳烃（苯、甲苯、二甲苯，简称 BTX）的重要石油加工过程，同时也生产相当数量的副产氢气。

催化重整、催化裂化、催化加氢三大工艺已成为炼油工业的三大支柱，在现代炼油厂中占有重要地位。一般催化重整装置加工能力占原油一次加工能力的 10% ～ 20%（质量分数）。

我国的重整加工能力不足，目前我国的车用汽油中，重整油的比例较低，而车用汽油的产品升级非常需要催化重整油，因而，我国的催化重整具有较大的发展潜力。

二、催化重整工艺技术发展

催化重整工艺技术的发展与重整催化剂的发展紧密联系。从重整催化剂的发展过程来看，大体经历了三个阶段。

第一阶段是从 1940 年到 1949 年。1940 年美国建成了第一套用氧化钼／氧化铝作催化剂的催化重整装置，以后又建成用氧化铬／氧化铝作催化剂的工业装置。这些过程也称铬重整（或钼重整）或临氢重整，所得汽油的辛烷值可达 80 左右，安定性较好，汽油收率较高，所以在第二次世界大战期间得到快速发展。但钼（或铬）催化剂活性不高，且易结焦失活，因此反应期短、处理量小、操作费用大，所以第二次世界大战以后就停止了发展。

第二阶段是从 1949 年到 1967 年。1949 年美国环球油公司开发了铂催化剂，使催化重整得到了迅速发展。铂催化剂具有比氧化钼催化剂更高的活性，可以在比较缓和的条件下进行反应，得到辛烷值较高的汽油。使用固定床反应器时，可连续生产 1 年以上不需要再生，所得汽油收率为 90% 左右，辛烷值达 90 以上，安定性也好。在铂重整生成油中含芳烃 30% ～ 70%，所以也是生产芳烃的重要来源。

第三阶段是从 1967 年到现在。1967 年开始出现铂铼双金属重整催化剂，以后又出现了多金属催化剂。铂铼催化剂的突出优点是容炭能力强，有较高的稳定性，可以在较高的温度和较低的氢分压下操作而保持良好的活性，从而促进了催化重整工艺的不断提高。为此，连续重整工艺正在逐渐取代半再生式、循环再生式工艺。

三、重整技术发展趋势

① 向重整反应热力学有利的方向发展　反应压力降低；反应苛刻度升高（反应温度升高、空速降低）。

② 满足社会及企业的实际要求　氢油比降低；操作周期延长。

同时，需要解决的问题也很明显，即具有低积炭速率、高水热稳定性和再生性能的重整催化剂；安全可靠的催化剂再生技术。

第二节　催化重整工艺原理

一、催化重整化学反应

下列发生的重整化学反应，在很大程度上取决于操作苛刻度、原料性质和催化剂的类型。

（一）芳构化反应

凡是生成芳烃的反应都可以称为芳构化反应。在重整条件下，芳构化反应主要包括以下几个方面。

1. 六元环的脱氢反应

2. 五元环烷烃的异构脱氢反应

3. 烷烃环化脱氢反应

$$n\text{-}C_6H_{14} \xrightleftharpoons{M.A} \bigcirc + 4H_2$$

$$n\text{-}C_7H_{16} \xrightleftharpoons{M.A} \bigcirc\!CH_3 + 4H_2$$

其中，M.A 分别指的是催化重整反应中催化剂的金属和酸性功能。

芳构化反应具有以下几个特点：

① 总的热效应为强吸热　其中，相同碳原子烷烃环化脱氢吸热量最大，五元环烷烃异构脱氢吸热量最小。因此，实际生产过程中必须不断补充反应过程中所需的热量。

② 芳构化反应是体积增大的反应。

③ 可逆反应　实际过程中可控制操作条件，提高芳烃产率。

六元环烷烃脱氢反应进行得很快，在工业条件下能达到化学平衡，是生产芳烃的最重要的反应；五元环烷的异构脱氢反应比六元环烷的脱氢反应慢很多，但大部分也能转化为芳烃；烷烃环化脱氢反应的速率较慢，在一般铂重整过程中，烷烃转化为芳烃的转化率很小。铂铼等双金属和多金属催化剂重整的芳烃转化率有很大的提高，主要原因是提高了烷烃转化为芳烃的反应速率。

（二）异构化反应

1. 直链烷烃的异构化反应

2. 环烷烃和烷烃的异构反应

$$\square\!-\!R \xrightleftharpoons{A} \bigcirc\!-\!R' + 3H_2$$

$$\square\!\begin{matrix}CH_3\\CH_3\end{matrix} \xrightleftharpoons{} \bigcirc\!-\!CH_3 + 3H_2$$

在重整条件下，各类烃类都能发生异构化反应，且发生的是弱的放热反应。五元环烷烃在重整原料的环烷烃中占有相当大的比例。五元环烷烃的异构脱氢反应有利于生成芳烃。正构烷烃异构化可提高汽油的辛烷值，同时，异构烷烃比正构烷烃更易于进行环化脱氢反应。

（三）加氢裂化反应

$$n\text{-}C_7H_{16} + H_2 \xrightarrow{A} CH_3-CH_2-CH_3 + CH_3-\overset{\underset{\textstyle CH_3}{|}}{CH}-CH_3$$

加氢裂化反应实际上是包括加氢、裂化、异构化的综合反应。它主要是按碳正离子机理进行反应，因此产物中小于 C_3 的小分子很少，加氢裂化反应生成较小的分子和异构产物，有利于汽油辛烷值的提高，但由于同时也生成小于 C_5 的小分子烃而使汽油的产率下降，因此加氢裂化反应要适当控制。

加氢裂化是中等强度的放热反应，可以认为是不可逆的，所以一般只研究它的反应速率问题。压力增大有利于加氢裂化反应。加氢裂化反应的反应速率较低，主要原因是在催化重整的最后一个反应器中进行。

（四）加氢脱烷基反应

$$R-C-C-C-C + H_2 \longrightarrow R-C-C-CH + CH_4$$

$$\bigcirc\!\begin{matrix}CH_3\\CH_3\end{matrix} + H_2 \xrightleftharpoons{M} \bigcirc\!-\!CH_3 + CH_4$$

$$\bigcirc\!-\!CH_3 + H_2 \xrightleftharpoons{M} \bigcirc + CH_4$$

芳烃脱甲基反应与芳烃脱烷基反应相似，不同之处仅仅是从环上脱去的部分大小不同而已。脱甲基反应一般只发生在非常苛刻的重整操作条件（高温、高压）下。在某些条件下，在装置的运转中更换催化剂或再生还原后可能发生脱甲基反应。若烷基侧链足够大，脱烷基反应可被形象地认为是被酸性功能作用的支链上的碳离子的裂化，高温、高压有利于脱烷基反应的进行。

（五）缩合生焦反应

在重整条件下，烃类还可以发生叠合和缩合等分子增大的反应，最终缩合成焦炭，覆盖在催化剂表面，使其失活。因此，这类反应必须加以控制。关于生焦反应的机理目前还不十分清楚。一般来说，生焦倾向的大小同原料分子大小及结构有关，馏分越重，含烯烃较多的原料通常容易生焦。

在生产中，随着催化剂使用时间延长，生焦速度下降，因此在操作中提温也是开始时提得快而后来提得慢。

二、重整反应的热力学与动力学分析

在催化重整条件下，原料中的碳原子数 $\geqslant 6$ 的烷烃可以发生脱氢环化反应，转化为芳烃。

但烷烃环化脱氢的速度很慢，为强吸热反应，在较高的反应温度下的平衡转化率是比较高的。

1. 反应热效应

（1）芳构化反应热效应

六元环烷烃脱氢反应的热力学参数分析见表6-1。

表6-1　六元环烷烃脱氢反应的热力学参数（700K）

反应	$\Delta_r H_m$/（kJ/mol）	$\Delta_r G_m$/（kJ/mol）	K_P
环己烷 ⇌ 苯 +3H_2	220	-57.0	1.81×10^4
甲基环己烷 ⇌ 甲苯 +3H_2	216	-60.7	3.39×10^4
二甲基环己烷 ⇌ 二甲苯 +3H_2	213	-70.3	1.77×10^5

从表6-1可知，六元环烷烃脱氢是催化重整中最重要的生成芳烃的反应。此类反应是强吸热反应，其热效应在210～220kJ/mol之间，反应的平衡自由能变及平衡常数都很大，其中带侧链的六元环烷烃脱氢反应的自由能变及平衡常数更大。

烷烃脱氢环化反应分析：分子中含有6个碳原子以上的直链烷烃都有可能脱氢环化转化为芳烃，此反应为强吸热反应，其热效应比六元环烷烃脱氢反应还要大，约为250kJ/mol。

表6-2　C_6～C_9正构烷烃脱氢环化为芳烃的平衡常数

反应	平衡常数（K_P）		
	400K	600K	800K
n-$C_6H_{14}\longrightarrow C_6H_6$+4$H_2$	3.82×10^{-12}	0.67	3.68×10^5
n-$C_7H_{16}\longrightarrow C_6H_5CH_3$+4$H_2$	6.54×10^{-10}	31.77	9.03×10^6
n-$C_8H_{18}\longrightarrow C_6H_5C_2H_5$+4$H_2$	7.18×10^{-10}	39.54	1.17×10^7
n-$C_9H_{20}\longrightarrow C_6H_5C_3H_7$+4$H_2$	1.42×10^{-9}	65.02	1.81×10^7

由表6-2可知，在较高的反应温度下，烷烃脱氢环化的平衡转化率是较高的，由于反应产物的分子数是反应物的5倍，因而提高反应压力对反应是不利的。

（2）异构化反应的热力学参数分析

各族烃的异构化反应是浅度的放热可逆反应，该反应的平衡常数也随着反应温度的升高显著减小。正构烷烃的异构化反应本身能使产物的辛烷值有较大幅度的提高，同时异构烷烃又比正构烷烃更容易环化脱氢生成芳烃，这些反应对提高催化重整产物的质量是有利的。

五元环烷烃异构化成六元环烷烃的反应是浅度的放热反应，同时随着反应温度的升高，其平衡常数显著减小。

（3）加氢裂化反应的热力学参数分析

表6-3　C_6异构物加氢裂化反应产物组成（摩尔分数）　　单位：%

产物	加氢裂化（420℃）			
	正己烷	2-甲基正戊烷	3-甲基正戊烷	2,3-二甲基丁烷
甲烷	7	6	9	7
乙烷	28	28	36	2
丙烷	35	30	11	82

续表

产物	加氢裂化（420℃）			
	正己烷	2-甲基正戊烷	3-甲基正戊烷	2,3-二甲基丁烷
正丁烷	21	—	23	—
异丁烷	6	28	13	2
正戊烷	3	6	5	1
异戊烷	—	2	3	6

由表 6-3 可知，在 420℃时，预硫化抑制了催化剂的金属中心的氢解活性，而催化剂酸性中心的活性较高，因而主要发生加氢裂化反应，而且有一定的选择性，产物中甲烷很少。

由以上反应分析可知，六元环烷烃脱氢以及烷烃脱氢环化均直接生成芳烃，使产物的辛烷值提高。异构化反应也是有利的反应，而加氢裂化反应都是需要抑制的副反应，积炭反应则是有害的反应。

2. 动力学分析

各种烃类的相对反应速率见表 6-4，反应速率以正己烷脱氢环化速率为基准。反应条件：催化剂 Pt/Al_2O_3，反应温度 450℃，反应压力 1MPa。

表 6-4　各种烃类的相对反应速率

反应类型	直链烷烃		烷基环戊烷		烷基环己烷	
	C_6	C_7	C_6	C_7	C_6	C_7
烷烃异构化	10	13	—	—	—	—
环烷烃异构化	—	—	10	13	—	—
脱氢环化	1.0	4.0	—	—	—	—
加氢裂化	3.0	4.0	—	—	—	—
开环	—	—	5	3	—	—
脱氢	—	—	—	—	100	120

从反应速率来看，催化重整的各类反应有明显的差别：六元环烷烃脱氢反应的反应速率最大；烷烃与环烷烃异构化的反应速率较小；烷烃的脱氢环化与加氢裂化反应速率则更小。

由表 6-4 可以看出：烷烃生成芳烃的反应速率是很低的，在催化重整条件下，主要发生异构化反应，并伴随加氢裂化反应；烷基环戊烷异构化反应速率大于开环裂化反应速率，因此可以较大比例地转化为芳烃；烷基环己烷脱氢转化为芳烃的反应速率快，几乎可以定量地转化为芳烃。

通过对热力学和动力学的整体分析：元环烷烃脱氢是催化重整过程最重要的反应，其平衡常数和反应速率最大；烷烃脱氢环化的平衡常数虽然较大，但是其反应速率较小，因而其实际转化率较低；六元环烷烃脱氢以及烷烃脱氢环化都是强吸热反应，异构化反应是轻度的放热反应，加氢裂化则是中等放热反应，总之催化重整是强吸热反应。

第三节　催化重整催化剂

一、重整催化剂的种类

工业用重整催化剂可分为两大类，即非贵金属催化剂和贵金属催化剂。非贵金属催化剂有 Cr_2O_3/Al_2O_3、MOO_3/Al_2O_3 等，这类催化剂的活性不如贵金属催化剂，目前在工业上已基本被淘汰。

贵金属催化剂的主要活性组分有铂、钯、铱、铑等，目前应用的有 3 类：单金属催化剂，如铂催化剂；双金属催化剂，如铂铼催化剂等；以铂为主体金属的三元或四元的多金属催化剂。

二、重整催化剂的组成

催化重整催化剂属于负载型的催化剂，即金属组分负载在用卤素改性的氧化铝上。其主要由如下三部分组成：活性组分、助催化剂、载体。

（一）活性组分

活性组分是催化剂的核心。重整催化剂应具备脱氢和裂化、异构化两种活性功能，即重整催化剂的双功能。一般由一些金属元素提供环烷烃脱氢生成芳烃、烷烃脱氢生成烯烃等脱氢反应功能，也称为金属功能，这类金属一般属于过渡金属。一般由卤素提供烯烃环化、五元环异构等异构化反应功能，也称为酸性功能。如何保证这两种功能得到适当的配合，是制备重整催化剂和实际生产操作的一个重要问题。

1. 铂

活性组分中所提供的脱氢活性功能的物质，催化重整的主要金属组分无一例外都是铂。工业用单铂催化剂中含铂 0.3% ～ 0.7%（质量分数），若含量太低，催化剂容易失活；若含量太高，会增加催化剂的成本，也不能显著改善其催化性能。由于铂的价格昂贵，工业上催化重整催化剂应尽量降低铂的含量。

近 20 多年来，双金属催化剂发展迅速。铂铼双金属重整催化剂已取代了单铂催化剂。铼的主要作用是减少或防止金属组分"凝聚"，提高催化剂的容炭能力和稳定性，延长运转周期，特别适用于固定床反应器。工业用铂铼催化剂中的铼与铂的含量比一般为 1 ～ 2。较高的铼含量对提高催化剂的稳定性有利。

铂锡重整催化剂在高温低压下具有良好的选择性能和再生性能。而且锡比铼价格便宜，新鲜剂和再生剂不必预硫化，生产操作比较简便。虽然铂锡催化剂的稳定性不如铂铼催化剂好，但是其稳定性也足以满足连续重整工艺的要求，因此，近年来已广泛应用于连续重整装置。

2. 卤素

重整催化剂的脱氢 - 加氢和酸性功能必须很好地协调配合，才能达到较理想的效果。作为载体的氧化铝本身具有一些酸性，但其酸性太弱，不足以保证催化剂有足够的促进异构化等碳正离子反应的能力，自然也就限制了芳烃的产率。

为了提高催化重整催化剂的酸性，一般加入一定量电负性较强的氯、氟等卤素组分。目前用得较多的是氯，而且加入量必须适当。若加入量太多，其酸性太强，会导致裂解活性太高，使液体收率降低；若加入量太少，酸性较弱，异构化能力较差，芳烃收率较小，辛烷值较低。一般卤素的加入量为催化剂的 0.4% ～ 1.2%（质量分数）。卤素对提高重整催化剂的酸性作用，一般认为是诱导效应，增加了载体表面质子酸的活性。

（二）助催化剂

近年来重整催化剂的发展趋势主要是引进其他金属作为助催化剂。

1. 铂铼系列

与铂催化剂相比，初活性没有很大改进，但活性、稳定性大大提高，且容炭能力增强，主要用于固定床重整工艺。

2. 铂铱系列

在铂催化剂中引入铱，可以大幅度提高催化剂的脱氢环化能力。铱是活性组分，它的环化能力强，其氢解能力也强，因此在铂铱催化剂中常常加入第三组分作为抑制剂，改善其选择性和稳定性。

3. 铂锡系列

铂锡催化剂的低压稳定性非常好，环化选择性也好，其较多地应用于连续重整工艺。

（三）载体

载体旧称担体，它并不是活性组分简单的支承物，在负载型催化剂中它具有如下的功能：

① 载体的比表面积较大，可使活性组分很好地分散在其表面。

② 载体具有多孔性，适当的孔径分布有利于反应物扩散到内表面进行反应。

③ 载体一般为熔点较高的氧化物，当活性组分分散在其表面时，可提高催化剂的热稳定性，不容易发生熔结现象。

④ 可提高催化剂的机械强度，减少损耗。

⑤ 对于贵金属催化剂，可节约活性组分，降低催化剂的成本。

⑥ 由于载体与活性组分的相互作用，有时还可以改善催化剂的活性、稳定性和选择性。

工业上常用的载体一般为氧化铝、二氧化硅、分子筛、活性炭等，对于重整催化剂，一般用氧化铝作载体。它又分为 $\eta\text{-}Al_2O_3$ 和 $\gamma\text{-}Al_2O_3$ 两种形式。目前多使用 $\gamma\text{-}Al_2O_3$，其主要作用是支承（担载）活性组分，并且与氯共同承担酸性功能。

三、催化剂的失活

重整催化剂在生产过程中失活（活性降低）的原因很多，如催化剂积炭、铂晶粒的聚结、被原料中的杂质中毒等。一般正常生产中，催化剂活性下降主要是催化剂表面积炭引起。

1. 催化剂积炭失活

对于一般铂催化剂，当积炭增至3%～10%时，其活性丧失大半；对于铂铼催化剂，则当积炭达20%时，其活性丧失大半。

催化剂因积炭引起的活性降低可以采用提高反应温度的办法来补偿，但是提高反应温度有一定的限制。国内的铂重整装置一般限制反应温度最高不超过520℃，此时，催化剂上的积炭量为8%～10%。当反应温度提高到限制温度，活性仍然不能满足要求时，就只能采用催化剂再生的办法烧去积炭来恢复其活性。

催化剂积炭的速度与原料性质和操作条件有关。原料的终馏点高、不饱和烃含量高时积炭速度快。反应条件苛刻（如高温、低空速、低氢油比等）也会增大积炭速度。

2. 铂晶粒的聚结失活

铂晶粒的分散度与其活性密切相关，在操作过程中由于催化剂上的铂晶粒长期处于高温以及原料中的杂质与水的存在会逐渐聚结长大，从而导致活性降低。

3. 催化剂中毒失活

重整催化剂的中毒有两种类型：一类是永久性的中毒，催化剂的活性再也不能恢复；另一类是暂时性中毒，此类中毒只要排除毒物后催化剂的活性便可以恢复。

（1）永久性毒物

① 砷（As）和铂有很大的亲和力，能与催化剂表面的铂晶粒形成铂砷化合物，造成催化剂永久性中毒。通常铂催化剂上砷含量 $> 200 \times 10^{-6}$ 时，催化剂的活性在再生后也不能恢复，这种中毒称为永久性中毒。因此，对铂重整原料的含砷量应严格控制，通常铂重整原料的含砷量限制在 $1 \times 10^{-9} \sim 2 \times 10^{-9}$ 以下。

② 铅、铜、汞、铁、钠等金属也都可以引起催化剂永久中毒，因此，要注意重整原料油不要被加铅汽油污染，检修时要尽量避免铜屑、铁屑、汞等进入系统，并禁止使用氢氧化钠等钠化合物处理原料。

（2）非永久性毒物

① 硫　原料中的含硫化合物在重整反应条件下会产生 H_2S，H_2S 能与铂反应生成金属硫化物，从而降低催化剂中脱氢-加氢活性，这个反应是可逆的，当原料中不含有硫时，在氢压下铂的活性可以恢复。但是铼对于硫更加敏感，一旦中毒则不易恢复。

研究表明，如果催化剂长时间与硫接触，也会产生永久性中毒。对于新鲜或刚刚再生过的铂铼、铂铱系列催化剂，在开工初期为了抑制其过高的氢解活性，还需要加硫进行预硫化，但不能过度。

② 氮　原料中含氮化合物在重整反应条件下会产生 NH_3，NH_3 能吸附在催化剂的酸性中心或与氯反应生成氯化铵，从而使催化剂的酸性功能减弱，异构化活性降低。只要原料中不再含有氮，同时适当补氯，催化剂的活性就能恢复。

③ 一氧化碳和二氧化碳　一氧化碳能与铂生成络合物，造成永久性中毒。二氧化碳可还原成一氧化碳，也是毒物。原料中一般不含一氧化碳，生成气中也不会有。它的主要来源是开工时引入系统内的工业氢或置换氮带入的，通常要求使用气体中的一氧化碳 $< 0.1\%$，二氧化碳 $< 0.2\%$。

四、重整催化剂使用方法及操作技术

1. 运转催化剂的活性保护

在正常运转中，欲使装置长周期运转，除了合理调整工艺参数外，还必须了解催化剂的工作性能，才能很好地保护它的活性。活性指标中最主要的是预防催化剂的迅速积炭，保持催化剂的双功能组分，维持水和氯的平衡。

（1）水氯平衡

催化重整中对氯和水的含量有严格的要求。控制氯含量的目的是控制双功能催化剂中酸性组分与金属组分的比例。在反应器内气相（原料和循环氢）中的氯与催化剂上的氯有平衡关系，当原料中含氯过多时，铂催化剂上的氯含量增加，使催化剂的酸性功能增强。因此，对原料中的含氯量要有限制。

原料或循环氢中含少量水可保证氯的良好分散，但水多时会促使催化剂上氯损失。因此，对原料中含水量要有限制。

维持氯水平衡的办法是定期从反应器进料、生成油及进出气体处采样分析氯水摩尔比，也可根据操作情况判断，例如根据产品辛烷值、反应器总温降、循环氢纯度的变化来判断是否要注水或注氯。当催化剂上含氯少时，可向原料中注入二氯乙烷、氯化丙烷等有机氯化物。当催化剂上含氯多时，可以向原料中注入水（注水通常用醇类，醇类可以避免腐蚀）。

当原料中含水多时，应适当补氯。

（2）合理控制积炭

防止积炭加剧的有效方法就是加大氢油比。在任何情况下操作，氢油比不应低于操作规程的指标，否则会使积炭加剧，缩短运转周期。应当指出，新鲜重整催化剂开工时初活性的控制很重要，如果不控制新鲜催化剂的强烈裂解，就会迅速产生积炭而影响运转周期。

（3）控制催化剂毒物

① 抑制加氢裂解和异构化的毒物　加氢裂解和异构化的毒物主要是水、氯，在运转中发生过量水（或氯）的污染时，将会使反应产物中的甲烷含量骤然下降。

控制水污染的有效方法是加强系统干燥和原料油的脱水。当发现系统含水量过高时，应适当降低反应温度，并调整预加氢汽提塔的操作，直至含水量合格，再逐渐将温度提至所需的反应温度。在必要时为抵消水的作用，常采用注氯的办法，在原料中加入有机氯化物。

② 抑制增强裂解活性的物质　最常见的是氯，过多的氯会破坏重整催化剂的双功能机能的平衡。为了洗去催化剂上的氯或抑制原料中多余的氯，可以采用注水的办法。

2. 催化剂的再生

催化剂使用过程中，活性因积炭而逐渐下降，就需要再生。催化剂经再生后，活性可以恢复。再生好坏取决于催化剂的再生性能及再生操作是否恰当。

再生过程是用少量含氧的惰性气体（如氮气）缓慢烧去催化剂表面上的积炭。再生燃烧时产生的二氧化碳、一氧化碳、水等随烧焦用的惰性气体带出，反应器内硫化铁屑、加热炉管内少量积炭等，全可呈氧化物被带出。重整催化剂的再生过程包括烧焦、氯化更新和干燥三个程序。

（1）烧焦

重整催化剂表面上的积炭实际上就是高度缩合的烃类化合物，H/C 为 $0.5 \sim 1.0$，含碳量约为 95%。在烧焦时，由于焦炭中的氢燃烧速度比碳的燃烧速度快得多，故烧焦初期生成的水比较多。

重整催化剂的金属中心和酸性中心均有积炭，在铂表面的积炭量较少，这种焦炭也比较容易燃烧。而大部分积炭主要沉积在载体上，这种焦炭较难燃烧。由于重整催化剂上存在着燃烧性能差别较大的焦炭，因此工业上常采用分阶段逐步升温的方法来烧焦：首先在 300℃ 左右烧去少量比较容易燃烧的焦炭；然后升温至 400℃ 左右烧去大部分焦炭；最后再升温至 480℃ 左右烧去剩余的最难燃烧的焦炭，最高烧焦温度不能超过 500℃。

烧焦过程中最重要的是控制烧焦的温度，过高的温度会使催化剂结构破坏，导致永久性失活。控制含氧量是控制烧焦温度的主要手段。烧焦速度与系统氧分压有关，在氧含量一定时，烧焦压力越高，氧分压也越大，由于压力高，循环量大，燃烧所产生的热量能更快排出燃烧区，而使催化剂床层温度容易控制，使床层温升减小，建议有条件的装置采取高压烧焦（主要受风压的限制）。

（2）氯化更新

在烧焦过程中，催化剂上的氯会大量流失，铂晶粒也会聚集，氯化更新的作用就是补充氯并使铂晶粒重新分散，以便恢复催化剂的活性。

氯化是在催化剂烧焦以后，在一定的条件下通入含氯的化合物，工业上一般选用二氯乙烷，要求其在循环气中的浓度（体积分数）稍低于 1%。循环气采用空气或含氧量高的惰性气体。氯化多在 510℃、常压下进行，一般是进行 2h。

更新是在适当的温度下用干空气处理催化剂，使铂的表面再氧化，以防止铂晶粒的聚结，以保持催化剂的表面积和活性。

（3）干燥

干燥工序多在 540℃ 左右进行。烃类化合物会影响铂晶粒的分散度，采用空气或高含氧量的气体作循环气可以抑制烃类化合物的影响。研究表明，在氮气流下，铂铼和铂锡催化剂在 480℃ 时就开始出现铂晶粒聚集现象，但是当氮气流中含有 10% 以上的氧气时，能显著地抑制铂晶粒的聚集。因此，催化剂干燥时的循环气体采用空气为宜。

3. 催化剂的还原和硫化

从催化剂厂来的新鲜催化剂及经再生的催化剂中的金属组分都是处于氧化状态，必须先还原成金属状态后才能使用。还原过程是在 480℃ 左右及氢气气氛下进行。还原过程中有水生成，应注意控制系统中的含水量。

铂铼催化剂和某些多金属催化剂在刚开始进油时可能会表现出强烈的氢解性能和深度脱氢性能。前者导致催化剂床层产生剧烈的温升，严重时可能损坏催化剂和反应器；后者导致催化剂迅速积炭，使其活性、选择性和稳定性变差。因此，在进原料油以前需进行预硫化以抑制其氢解活性和深度脱氢活性。铂锡催化剂不需预硫化，因为锡能起到与硫相当的抑制作用。

预硫化时采用硫醇或二硫化碳作硫化剂，用预加氢精制油稀释后经加热进入反应系统。硫化剂的用量一般为催化剂量的 0.0001% ～ 0.0005%（按硫计算），预硫化温度为 350 ～ 390℃，压力为 4 ～ 8atm（1atm=101325Pa）。

第四节　催化重整原料预处理

一、催化重整装置的基本构成

催化重整装置按其生产目的不同可分为两类：一类用于生产高辛烷值汽油调和组分；另一类则用于生产芳烃（苯、甲苯、二甲苯，简称 BTX），作为石油化工基本原料。全球约有 70% 的催化重整装置用于生产汽油，提高辛烷值，研究法辛烷值（RON）为 95 ～ 102；全球约有 30% 的催化重整装置用于 BTX 石化产品的生产。

由于生产目的不同，催化重整装置也有所差别。对于以生产高辛烷值汽油调和组分为目的的催化重整装置，包括原料预处理、催化重整反应和产品稳定三部分。对于以生产芳烃为目的的催化重整装置，除了上述三部分以外，还包括芳烃抽提和芳烃精馏两部分。图 6-1 为催化重整装置的基本构成。

1. 原料预处理部分

催化重整所用的贵金属催化剂对硫、氮、砷、铅、铜等化合物的中毒作用十分敏感，因此对原料中杂质的限制要求也极其严格。原料预处理的目的是得到馏分范围、杂质含量都合乎要求的重整原料。

2. 催化重整反应部分

催化重整反应系统主要是将低辛烷值的石脑油转化成高辛烷值的汽油组分，或者生产高芳烃含量的化工原料，同时副产氢气。它是在一定温度、压力和催化剂作用的临氢条件下进行。根据催化剂再生方式的不同，催化重整工艺主要有三种类型：半再生重整、循环再生重整、连续重整。

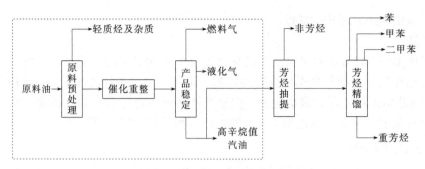

图 6-1　催化重整装置基本构成

3. 催化重整稳定部分

从重整反应器出来的重整生成油中除 C_{6+} 烃类外，还含有少量 $C_1 \sim C_5$ 轻烃，在送出装置以前，先要经过稳定塔（脱丁烷塔）或脱戊烷塔脱除这些轻组分。

4. 芳烃抽提和精馏部分

芳烃抽提也称芳烃萃取，是用萃取剂从烃类混合物中分离芳烃的液液萃取过程，主要用于从催化重整稳定塔脱戊烷油中回收轻质芳烃（苯、甲苯、各种二甲苯），有时也用于从催化裂化柴油中回收萘。抽出芳烃以后的非芳烃剩余称抽余油，抽出的芳烃为混合芳烃，包括苯、甲苯、混合二甲苯和重芳烃。为了获得单体芳烃，采用精馏法加以分离而获得高纯度的苯类产品。

二、催化重整对原料的要求

按照现在的炼油工艺及技术，能够提供满足重整所需要的原料类型有直馏石脑油、加氢裂化石脑油、焦化石脑油、催化裂化石脑油、乙烯裂解石脑油、抽余油等。绝大部分炼油厂的催化重整装置主要是用于加工常减压蒸馏装置得到的低辛烷值直馏石脑油（粗汽油）。部分炼油厂还将加氢裂化装置的重石脑油与直馏石脑油一起作为重整原料。有些炼油厂，为了提高全厂汽油的辛烷值，将低辛烷值焦化石脑油、减黏石脑油经加氢精制后也作为催化重整原料。我国目前由于石脑油缺乏，为了解决重整装置与乙烯装置争料问题，以及为了改善催化裂化石脑油的品质，使汽油达到环保要求，也开始将催化裂化石脑油作为催化重整原料。

催化重整对原料的要求比较严格，一般包括以下三方面的要求：馏程、族组成和杂质含量。

1. 原料的馏程

馏分范围是根据重整过程的目的来选定的。生产高辛烷值汽油时，一般采用 $80 \sim 180℃$ 馏分；生产苯、甲苯和二甲苯时，宜分别采用 $60 \sim 85℃$、$85 \sim 110℃$ 和 $110 \sim 145℃$ 馏分；生产苯、甲苯和二甲苯时，宜采用 $60 \sim 145℃$ 馏分；生产轻质芳香烃和汽油时，宜采用 $60 \sim 180℃$ 馏分。

2. 原料的族组成

催化重整产物的辛烷值以及其中含有的芳烃含量与原料中的族组成直接相关。重整原料的族组成主要看环烷烃的含量。在使用铂催化剂时，芳烃的生成主要靠六元环烷脱氢和分子大于 C_5 的五元环烷的异构脱氢，至于烷烃的环化脱氢反应则进行得很少。因此，含较多环烷烃的原料是良好的重整原料。

在实际工作中，用芳烃的潜含量衡量原料油的品质。通常生产中把原料中的全部环烷烃转化为芳烃（一般指 $C_6 \sim C_8$ 芳烃），再加上原料中原有的芳烃总和，称为芳烃潜含量。重整生成油中的实际芳烃含量与原料的芳烃潜含量之比称为芳烃转化率或重整转化率。具体计算公式如下：

$$芳烃潜含量（\%，质量分数）＝苯潜含量（\%，质量分数）＋甲苯潜含量（\%，质量分数）＋$$
$$C_8 芳烃潜含量（\%，质量分数）$$

$$苯潜含量（\%，质量分数）＝C_6 环烷（\%，质量分数）×78÷84＋苯（\%，质量分数）$$

$$甲苯潜含量（\%，质量分数）＝C_7 环烷（\%，质量分数）×92÷98＋甲苯（\%，质量分数）$$

$$C_8 芳烃潜含量（\%，质量分数）＝C_8 环烷（\%，质量分数）×106÷112＋C_8 芳烃（\%，质量分数）$$

$$重整转化率（\%，质量分数）＝芳烃产率（\%，质量分数）÷芳烃潜含量（\%，质量分数）$$

式中，78、84、92、98、106、112 为苯、C_6 环烷、甲苯、C_7 环烷、C_8 芳烃、C_8 环烷烃的分子量。

在适宜的条件下，原料芳烃潜含量越高，经重整后得到的芳烃越多。潜含量只能说明原料油可以提供芳烃的潜在能力，但并不是生成芳烃的最高数值。这是因为原料油中的烷烃反应后仍然能转化为芳烃，所以实际生产中就可能获得比潜含量更高的芳烃产量。

$$重整芳烃转化率（\%，质量分数）＝芳烃产率（\%，质量分数）/芳烃潜含量（\%，质量分数）$$

重整芳烃转化率是评价重整催化剂活性的重要指标，一般都大于 100%。连续重整装置反应转化率一般大于 150%。

3. 原料的杂质含量

为了使重整催化剂能长期维持高活性，必须严格限制重整原料中的杂质含量，如砷、铅、铜、硫、氮等。一般重整原料的杂质含量超过规定的限制量时，都必须经过预处理。因此，对重整进料中的杂质含量提出了更为严格的要求。表 6-5 列举了相应的杂质含量要求。

表 6-5　双（多）金属重整催化剂对原料中杂质含量的要求与限制

杂质	半再生催化剂	连续重整催化剂	杂质	半再生催化剂	连续重整催化剂
As/（ng/g）	＜1	＜1	S/（μg/g）	＜0.5	0.25～0.5
Pb/（ng/g）	＜10	＜10	Cl/（μg/g）	＜0.5	＜0.5
Cu/（ng/g）	＜10	＜10	H_2O/（μg/g）	＜5	＜5
N/（μg/g）	＜0.5	＜0.5			

三、原料预处理工艺流程

重整原料预处理的目的是切取符合重整要求的馏分和脱除对重整催化剂有害的杂质及水分，满足重整原料的馏分、族组成和杂质含量的要求。原料预处理过程由原料预分馏、预加氢和脱水等单元组成。其工艺流程见图 6-2。

1. 预分馏

重整装置目的产品不同，要求进料的流程也不同。此外，重整进料中不应该含有 C_5 以下的轻烃，因为轻烃不仅不能生产芳烃，而且会增加装置能耗，降低产氢纯度等。因此，为了提高重整装置的经济性，需要通过原料预分馏来选取合适的馏分。

原料油的预分馏单元由分馏塔及其所属系统构成。根据分馏塔在预处理系统中的先后位置不同，可分为前分馏流程和后分馏流程。所谓的前分馏流程，顾名思义，就是先分馏后加氢，而后分馏流程则是先加氢后分馏。

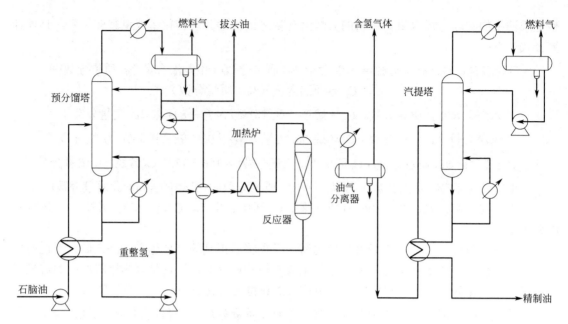

图 6-2　重整原料的预处理典型流程

2．预加氢

预加氢是在钼钴镍催化剂和氢压的条件下，将原料中的杂质脱除。

① 含硫、氮、氧等化合物在预加氢条件下发生氢解反应，生成硫化氢、氨和水等，经预加氢汽提塔或脱水塔分离出去。

② 烯烃通过加氢生成饱和烃。烯烃饱和程度用溴价或碘价表示，一般要求重整原料的溴价或碘价＜ 1g/100g 油。

③ 砷、铅、铜等金属化合物在预加氢条件下分解成单质金属，然后吸附在催化剂表面。

3．预脱砷

原料中极少量的砷化物就能促使催化剂发生永久性中毒失活，特别是重整催化剂中的铂对砷更敏感，它能与 As 结合生成 PtAs，使催化剂永久性失活。通常催化重整装置要求进料中的砷含量小于 1ng/g。

预脱砷方法有三种：吸附法、氧化法和加氢法。目前，工业上主要采用加氢法。

加氢法是采用加氢预脱砷反应器与预加氢精制反应器串联，两个反应器的反应温度、压力及氢油比基本相同。预脱砷所用的催化剂是四钼酸镍加氢精制催化剂。目前，国内用在预加氢装置的脱砷剂有 DAs-2、FDAs-1、RAs-2、RAs-20 以及 RAs-3 等。

第五节　重整反应部分工艺流程

为了解决因强化操作而引起的催化剂结焦的问题，除改进催化剂的性能外，在催化剂再生方式上开辟了以下三种途径：①固定床半再生，即经过一个周期的运转后，把重整装置停下，催化剂就地进行再生；②固定床循环再生，设几个反应器，每一个反应器都可在不影响装置连续生产的情况下脱离反应系统进行再生；③连续再生，催化剂可在反应器与再生器之间流动，在催化重整正常操作的条件下，一部分催化剂被送入专门的再生器中进行再生，再生后的催化剂再返回反应器。

本节介绍固定床半再生式和移动床连续再生式两种工艺。

一、固定床半再生式工艺

1. 典型铂铼重整工艺流程

铂铼重整工艺流程如图 6-3 所示。经预处理合格的原料油与循环氢混合，进入加热炉加热后，进入重整第一反应器，进行重整反应。由于重整反应为强吸热反应，反应器床层温度随之下降。为了维持较高的反应温度，以保持较高的反应速率，需要不断地在反应过程中补充热量。因此，一般重整反应器由 3～4 个反应器串联，反应器之间由加热炉加热至所需的反应温度。

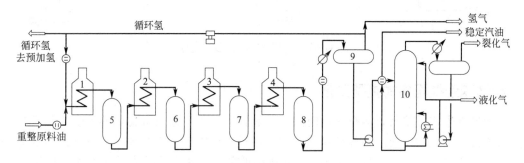

图 6-3 铂铼重整工艺流程图

1～4—加热炉；5～7—重整反应器；8—后加氢反应器；9—高压分离器；10—稳定塔

自反应器出来的重整生成油，进入后加氢反应器。后加氢目的是将重整生成油中少量的烯烃加氢饱和，以利于芳烃抽提操作和保证取得芳烃产品的酸洗颜色合格。

后加氢反应产物经冷却后，进入高压分离器进行油气分离，分出的含氢气体少部分用于预加氢汽提，大部分经循环氢气压机升压后与重整原料混合循环用。

重整生成油自高压分离器出来经换热进入稳定塔，在稳定塔中蒸出溶解在生成油中的少量 H_2S、C_1～C_4 等气体，以使重整汽油的饱和蒸气压合格。稳定塔的塔顶产物为燃料气或液化气，塔底产物为脱丁烷的重整生成油（或称稳定汽油），可作高辛烷值汽油。对于以生产芳烃为目的产品的装置，还需在塔中脱去戊烷，所以该塔又被称为脱戊烷塔，塔底出料称为脱戊烷油，可作为抽提芳烃的原料。

2. 麦格纳重整工艺流程

麦格纳重整工艺流程如图 6-4 所示。该工艺将循环氢分段加入，以提高液收和改进操作性能。在缓和条件下操作，大约一半的循环氢进入前两个反应器；在苛刻条件下操作，全部循环氢进入后部反应器。循环氢的分流，降低了临氢系统的压力降，可以减小压缩机的功率。

该过程是对普通的固定床半再生式过程的改进。该工艺在前面的反应器采用高空速、低氢油比、低温操作，以利于环烷脱氢反应，抑制加氢裂化反应；后面的反应器采用低空速、高温、高氢油比操作，有利于烷烃脱氢环化反应，防止催化剂积炭失活，延长催化剂周期寿命。工艺优点：反应系统简单，运转、操作与维护比较方便，建设费用较低，应用最广泛。

工艺缺点：由于催化剂活性变化，要求不断变更运转条件（主要是反应温度），到了运转末期，反应温度相当高，导致重整油收率下降，氢纯度降低，气体产率增加，而且停工再生影响全厂生产，装置开工率较低。

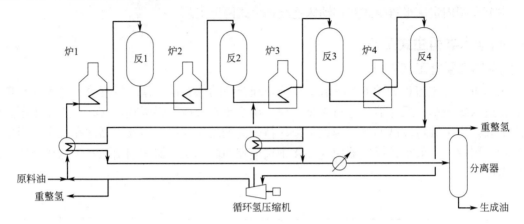

图6-4 麦格纳重整工艺流程

二、移动床连续再生式重整工艺

由于半再生式重整装置运行一段时间后，装置应停下来进行催化剂的再生，反应与再生是间断进行，因此为了能经常保持催化剂的高活性，同时保证连续地供应氢气，满足加氢工艺的要求，美国UOP公司和法国IFP公司分别研究和发展了移动床反应器连续再生式重整（简称连续重整）工艺。该工艺主要特征是设有专门的再生器，反应器和再生器均采用移动床，催化剂在反应器和再生器之间连续不断地进行循环反应和再生，一般每3～7天催化剂全部再生一遍。

1. UOP连续重整反应系统的工艺流程

在UOP连续重整装置中，再生系统由分离料斗、再生器、流量控制料斗、缓冲罐、还原区及有关管线、特殊阀组和设备组成，并由专用程序逻辑控制系统进行监测和控制。三个反应器是叠置的，催化剂由上而下依次通过，然后提升至再生器再生。恢复活性后的再生剂返回第一反应器又进行反应。催化剂在系统内形成一个闭路循环。该工艺流程如图6-5所示。

从工艺角度来看，由于催化剂可以频繁地再生，就有条件采用比较苛刻的反应条件，即较低的反应压力、较低的氢油比和较高的反应温度，其结果是更有利于烷烃的芳构化反应，重整生成油的辛烷值可达100（研究法）以上，液体收率和氢气产率高。

2. IFP连续重整反应部分工艺流程

在连续重整装置中，催化剂连续地依次流过串联的三个（或四个）移动床反应器，从最后一个反应器流出的待生催化剂含炭量为5%～7%。待生催化剂依靠重力和气体提升输送设备到再生器进行再生。恢复活性后的再生催化剂返回第一反应器又进行反应。催化剂在系统内形成一个循环。由于催化剂可以频繁地进行再生，可采用比较苛刻的反应条件，即低反应压力（0.8～0.35MPa）、低氢油比（4～1.5）和高反应温度（500～530℃）。其结果是更有利于烷烃的芳构化反应，重整生成油的辛烷值（RON）可高达100，甚至105以上，液体收率和氢气产率高。IFP 连续重整反应系统具体流程如图 6-6 所示。

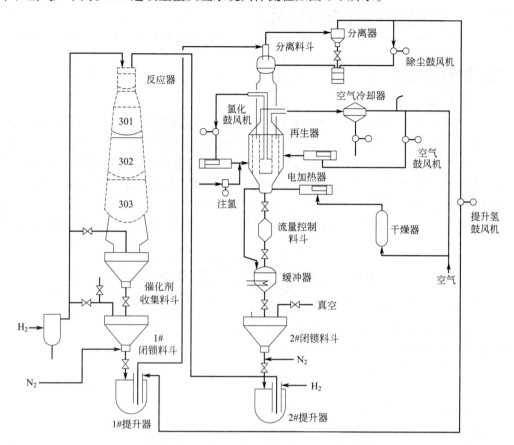

图 6-5 UOP 连续重整反应系统的流程

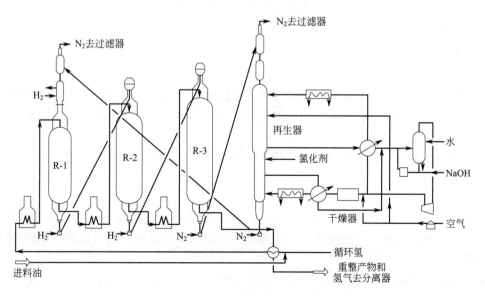

图 6-6 IFP 连续重整反应系统的流程

第六节　芳烃抽提和芳烃精馏

一、芳烃的抽提过程

1. 芳烃抽提的基本原理

溶剂液 - 液抽提原理是根据某种溶剂对脱戊烷油中芳烃和非芳烃的溶解度不同，从而使芳烃与非芳烃分离，得到混合芳烃。在芳烃抽提过程中，溶剂与脱戊烷油混合后分为两相（在容器中分为两层）：一相由溶剂和能溶于溶剂中的芳烃组成，称为提取相（又称富溶剂、抽提液、抽出层或提取液）；另一相为不溶于溶剂的非芳烃，称为提余相（又称提余液、非芳烃）。两相液层分离后，再将溶剂和芳烃分开，溶剂循环使用，混合芳烃作为芳烃精馏原料。

衡量芳烃抽提过程的主要指标有芳烃回收率、芳烃纯度和过程能耗。芳烃回收率的计算公式为：

$$芳烃回收率 = \frac{抽出产品芳烃量}{脱戊烷油中芳烃量} \times 100\%$$

在选择溶剂时必须考虑如下三个基本条件：

① 对芳烃有较高的溶解能力；

② 对芳烃有较高的选择性；

③ 溶剂与原料油的密度差要大。

目前，工业上采用的主要溶剂有：二乙二醇醚、三乙二醇醚、四乙二醇醚、二丙二醇醚、二甲基亚砜、环丁砜和 N- 甲基吡咯烷酮等。

2. 抽提方式

工业上多采用多段逆流抽提方法，其抽提过程在抽提塔中进行。为提高芳烃纯度，可采用打回流方式，即以一部分芳烃回流打入抽提塔，称为芳烃回流。工业上广泛用于重整芳烃抽提的抽提塔是筛板塔。

3. 操作条件的选择

（1）操作温度

温度升高，溶解度增大，有利于芳烃回收率的增大。但是，随着芳烃溶解度的增加，非芳烃在溶剂中的溶解度也会增大，而且比芳烃增加得更多，而使溶剂的选择性变差，使产品芳烃纯度下降。

抽提塔的操作温度一般为 125～140℃。而对于环丁砜来说，操作温度在 90～95℃ 范围内比较适宜。

（2）溶剂比

溶剂比增大，芳烃回收率增大，但提取相中的非芳烃量也增加，使芳烃产品纯度下降。同时溶剂比增大，设备投资和操作费用也增加。所以，在保证一定的芳烃回收率的前提下应尽量降低溶剂比。

对于不同原料和溶剂应选择适宜的温度和溶剂比，一般选取溶剂比为 15～20。

（3）回流比

调节回流比是调节产品芳烃纯度的主要手段。回流比大则产品芳烃纯度高，但芳烃回收率有所下降。回流比的大小，应与原料中芳烃含量多少相适应，原料中芳烃含量越高，回流比可越小。减小溶剂比时，产品芳烃纯度提高，起到提高回流比的作用；反之，增大溶剂比具有降低回流比的作用。

一般选用回流比为 1.1 ～ 1.4，此时，产品芳烃的纯度可达 99.9% 以上。

（4）溶剂含水量

含水愈高，溶剂的选择性愈好。因此，溶剂中含水量是用来调节溶剂选择性的一种手段。但是，溶剂含水量的增加，将使溶剂的溶解能力降低。

（5）压力

抽提塔的操作压力对溶剂的溶解度性能影响很小，因而对芳烃纯度和芳烃回收率影响不大。

二、芳烃抽提的工艺流程

芳烃抽提的工艺流程一般包括抽提、溶剂回收和再生三部分。典型的二乙二醇乙醚抽提工艺流程如图 6-7 所示。

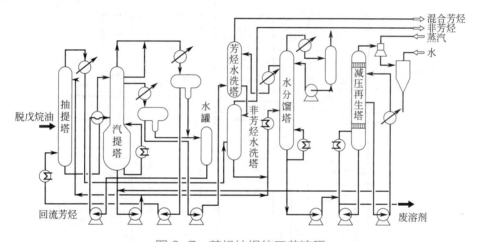

图 6-7 芳烃抽提的工艺流程

1. 抽提部分

脱戊烷油从抽提塔的中部进入，溶剂从塔的顶部进入与原料在抽提塔（筛板塔）中进行逆流接触抽提。从塔底出来的提取液，其主要是溶剂和芳烃，从塔顶出来的提取液送入溶剂回收部分的汽提塔，以分离溶剂和芳烃。为了提高芳烃的纯度，抽提塔底打入经加热的回流芳烃。

2. 溶剂回收部分

溶剂回收部分的任务是从提取液、提余液和水中回收溶剂并使之循环使用。溶剂回收部分的主要设备有汽提塔、水洗塔和水分馏塔。

3. 溶剂再生部分

二乙二醇乙醚在使用过程中由于高温及氧化会生成大分子的叠合物和有机酸，导致堵塞和腐蚀设备，并降低溶剂的使用性能。为了保证溶剂的质量：一方面要注意经常加入单乙醇胺，以中和生成的有机酸，使溶剂的 pH 值经常维持在 7.5 ～ 8.0；另一方面要经常从汽提塔底抽出的贫溶剂中引出一部分溶剂去减压再生塔再生。

三、芳烃精馏

1. 温差控制的基本原理和操作特点

实现精馏的条件是精馏塔内的浓度梯度和温度梯度。温度梯度越大，浓度梯度也就越大。但是，塔内浓度变化不是在塔内自上而下均匀变化的，温差控制就以灵敏塔盘为控制点，选择塔顶或某层塔板作参考点，通过这两点温差的变化就能很好地反映出塔内的浓度变化情况。

只有在远离上、下限时的温差才是合理的温差，只有在合理的温差下操作，才能保证塔顶温度稳定，才能起到提前发现、提前调节、保证产品质量的作用。

2. 芳烃精馏工艺流程

芳烃精馏的工艺流程有两种类型：一种是三塔流程（见图 6-8），用来生产苯、甲苯、混合二甲苯和重芳烃；另一种是五塔流程，用来生产苯、甲苯、邻二甲苯、乙基苯和重芳烃。

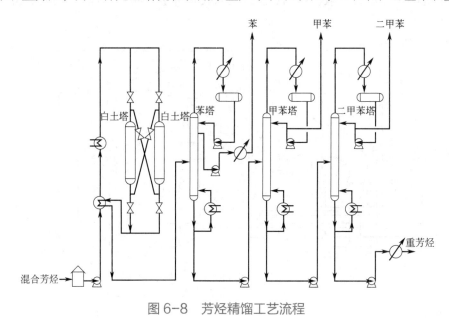

图 6-8　芳烃精馏工艺流程

第七节　催化重整反应的主要控制点

一、重整反应的主要操作参数

1. 反应温度

无论从反应速率还是从化学平衡方面来考虑，提高反应温度对催化重整都有利，但反应温度还受以下因素的限制：

　① 设备材质；

　② 催化剂的耐热稳定性（金属颗粒聚结）和容炭能力等；

　③ 非理想的副反应，提高反应温度则加氢裂化反应加剧，催化剂积炭加快，液体产率

下降；

④ 重整汽油辛烷值。

过高的反应温度会导致裂化反应加剧，从而降低液体产物的收率和使催化剂上的积炭速度加快，缩短操作周期。同时，过高的反应温度还会使催化剂上的铂晶粒聚结及载体的比表面积减少，降低催化剂的活性。特别是当反应温度超过适宜温度后，不希望发生的非理想反应加剧，所以选择操作温度时要从多方面考虑，通常重整的反应温度范围为 480～520℃。

由于重整反应是强吸热反应，所以在每个绝热反应器中体系的温度都会明显降低，而且催化剂的活性越好，其温降也越大。在第一个反应器中温降可达 40～80℃，因为反应速率最大且吸热最多的六元环烷烃脱氢反应主要在第一个反应器中进行。最后一个反应器温降最小，因为反应速率较小的烷烃脱氢环化以及加氢裂化主要在其中进行，这两个反应的转化率均较低，而且前者是吸热反应，后者是放热反应，其热效应要相互抵消一部分，所以温降一般只有 10℃左右。

各反应器操作温度应有所差异，各反应器催化剂装填量或停留时间不同，一般两段混氢选择温度递升方式比较妥当，而半再生可采用等温方式或递降方式为宜。在生产过程中，结合各反应器内催化剂的失活情况，可逐步提高操作温度，以保持重整油辛烷值或芳烃产率不变。

催化重整常采用加权平均温度来表示反应温度，表示方法如下：

$$加权平均进口温度 = C_1 T_{1,入} + C_2 T_{2,入} + C_3 T_{3,入}$$

$$加权平均床层温度 = \frac{1}{2} C_1 (T_{1,入} + T_{1,出}) + \frac{1}{2} C_2 (T_{2,入} + T_{2,出}) + \frac{1}{2} C_3 (T_{3,入} + T_{3,出})$$

一般催化重整加权平均床层温度采用 490℃。在运转过程中，由于积炭而导致催化剂的活性逐渐降低，为了维持足够的反应速率，反应温度应随着催化剂活性的逐渐降低而逐步提高。

2. 反应压力

从化学平衡的角度来看，提高反应压力对生成芳烃的六元环烷烃脱氢及烷烃脱氢环化的反应是不利的，而有利于加氢裂化反应等副反应。因此，采用较低的反应压力有利于得到较高的液体收率和芳烃产率。同时，氢气产率与纯度也比较高。

由图 6-9 可知，从动力学的角度分析在相同的反应压力下，若氢压高于 2.0MPa 时，六元环烷烃脱氢的反应速率最大，其次是异构化，再次是加氢裂化，烷烃脱氢环化的反应速率较小。若氢压低于 2.0MPa 时，六元环烷烃脱氢的反应速率最大，其次是异构化，再次是烷烃脱氢环化，加氢裂化的反应速率较小。综上所述，压力的变化对环烷烃脱氢和异构化的反应速率影响最小，对加氢裂化和脱氢环化的影响较大。降低压力会使加氢裂化反应速率减小，

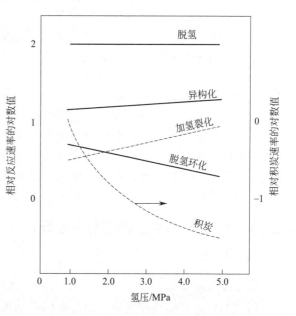

图 6-9 催化重整中不同反应的反应速率与压力的关系

而脱氢环化与积炭的速率增大。

在较低的反应压力下，重整油的收率及辛烷值都较高。而当压力太低时，催化剂上的积炭速率会大大加快，导致装置的操作周期缩短。因此，需要综合考虑压力的影响，选用不太高的压力，既能得到较高的重整转化率，又能使催化剂保持较长的操作周期。

半再生式铂铼重整采用 1.8MPa 左右的反应压力；铂重整采用 2 ～ 3MPa 的反应压力；连续再生重整的压力可以降低至 0.8MPa，新一代连续重整装置的压力已经降低至 0.35MPa。

3. 空速

对于一定的反应器，空速越大，表示其处理能力也就越大，但其反应时间越短，重整转化率越低。对于反应速率较大的六元环烷烃脱氢，空速的影响不大；对于反应速率较小的烷烃脱氢环化反应，空速的影响比较显著。对于中间基和环烷基的原料，采用较高的空速，而对于石蜡基原料，则采用较低的空速。

降低空速可以同时增加加氢裂化、脱氢和环化脱氢反应，但加氢裂化反应增加较多，虽能提高芳烃转化率或汽油辛烷值，但降低了液体产品收率。空速越低，操作越苛刻，加氢裂化反应越剧烈，产品的液体收率越低，造成催化剂结焦速率的增大。

对于同一种原料而言，提高空速会使其液体产率增加，同时重整转化率降低，辛烷值也降低。铂铼重整采用的空速一般为 $1.0 \sim 2.0h^{-1}$。

4. 氢油比

催化重整过程产生氢气，同时装置又都采取氢气循环的方式来抑制催化剂上的积炭反应。催化重整过程中的氢油比是指循环气中的氢气与反应进料的摩尔比。在重整反应中，除反应生成的氢气外，还要在原料油进入反应器之前混合一部分氢，这部分氢不参与重整反应，工业上称为循环氢。通入循环氢起如下作用：

① 稀释原料，使原料在床层均匀分布。

② 起热载体的作用，减小床层温降，提高反应器里的平均温度。

③ 抑制生焦反应，保护催化剂。

④ 加入循环氢是调节氢油比的重要手段，而氢油比又影响反应压力，反应压力又对重整化学反应起着至关重要的作用。

当总压不变时，提高氢油比，也就提高了氢分压，有利于积炭前身物的加氢，使其不致形成积炭。但提高氢油比，循环氢气量大，压缩机消耗功率增加，在氢油比过大时会由于减少反应时间而降低了转化率。氢油比在一定的范围内波动并无危害，但氢气循环量过低，氢油比下降到某一转折点时，将会导致催化剂积炭迅速增加，最终将缩短装置周期。

目前，催化重整的氢油比一般为 3.5 ～ 7.0，对于连续重整，氢油比可以降低至 2.0。

二、连续重整反应的主要控制点分析

（一）连续重整反应的质量控制

1. 精制油质量控制

精制油作为重整反应进料，质量指标要求极高。不合格的精制油会大大降低重整催化剂的活性，使催化剂中毒，甚至导致催化剂彻底失活报废。因此，必须严格控制精制油质量，一旦发现精制油质量不合格，立即改出重整，引罐区精制油作为重整原料。

影响精制油质量的主要因素有：预加氢精制反应操作，汽提塔操作、石脑油分馏塔操作。

控制指标：

硫：0.25～0.5mg/kg。氮：＜0.5mg/kg。砷：＜1mg/kg。铅：＜10μg/kg。铜：＜10μg/kg。

2. 预加氢反应系统

在预加氢精制过程中，原料油的性质、催化剂的性能和工艺参数（反应温度、反应压力、体积空速、氢油体积比）对预加氢精制的效果均有直接影响。在原料油方案和催化剂选定以后，影响加氢脱硫、加氢脱氮、加氢脱金属、加氢脱氧、烯烃饱和等加氢精制反应的主要工艺参数是反应温度、反应压力、氢油体积比和体积空速（表 6-6）。预加氢反应系统异常处理见表 6-7。

表 6-6　预加氢反应系统正常调整

影响因素	处理方法
反应温度	降低反应温度，反应深度降低，精制油质量变差；提高反应温度，反应深度提高，精制油质量好，但反应温度应＜320℃
反应压力	反应压力的影响是通过氢分压来体现的，系统的氢分压取决于操作压力（总压）、氢油比、补充氢和循环氢纯度。氢分压高，有利于提高产品质量
氢油体积比	氢油体积比高有利于加氢反应，有利于提高产品质量。氢油体积比过大，增大能耗，没有必要；氢油体积比过小，催化剂表面结焦速度加快，影响催化剂寿命和再生周期
体积空速	体积空速大，加氢反应深度下降，产品质量下降；体积空速小，加氢反应深度提高，产品质量上升

表 6-7　预加氢反应系统异常处理

原因	表现特征	处理方法
原料中砷、铅、铜等金属杂质或硫、氮、氧等非金属杂质含量过高	①化验分析原料、精制石脑油中杂质含量超标 ②重整反应总温降迅速下降，重整催化剂表现中毒现象	引罐区精制油进重整，预加氢系统系统改循环，适当提高反应温度，切换合格原料，产品合格后再改进重整
预加氢催化剂活性下降	①预加氢反应温升下降 ②化验分析精制石脑油中杂质含量超标	提高反应温度，若超过320℃，预加氢反应系统停工，更换催化剂
E-101 或 E-102 混合进料换热器内漏	①化验分析反应后精制石脑油进 E-101 前有机硫含量低于出 E-101 后的含量 ②E-102 内漏判断同 E-101	重整改用精制石脑油，预加氢抢修 E-101 或 E-102
反应温度太低	①R-101 入口温度 TIC10301 降低 ②化验分析精制石脑油中杂质含量超标	提高反应温度，检查造成温度下降的原因，并排除
空速过大	预加氢进料 FI10401 突然变大	FIC10401 改手动，降低进料量。如果控制阀故障，改副线控制，联系处理仪表问题

3. 重整生成油辛烷值或芳烃产率质量控制

重整生成油辛烷值是重整产品中一项重要的质量指标，影响到汽油辛烷值的调和，芳烃产率的高低直接影响到后续芳烃产品的产量和装置的经济效益。在重整进料量、反应压力和催化剂活性一定的前提下，控制辛烷值的关键是控制重整反应温度。通常情况下，提高反应器入口温度 3℃，重整生成油的辛烷值提高 1 个单位。芳烃产率的影响因素有原料性质、各反应器入口温度和催化剂活性。

控制目标：重整生成油辛烷值（RON）不小于 100。

相关参数：重整进料量 FI20601，反应压力 PI20801，反应温度 TI20101、TI20201、TI20301、TI20401，注氯量 FI30901，系统含水量 AI20802。

重整生成油辛烷值正常调整、异常处理分别见表 6-8、表 6-9。

表 6-8　重整生成油辛烷值正常调整

影响因素	处理方法
重整反应压力	重整反应压力以 D-201 压力为准，控制（0.24±0.01）MPa，一般不做调整
氢油摩尔比	不小于 2.5，由装置处理量和压缩机工况确定，一般也不做调整
重整反应温度	重整反应温度升高，重整生成油辛烷值或芳烃产率上升；重整反应温度下降，重整生成油辛烷值或芳烃产率下降
重整进料空速	重整进料空速过高，重整生成油辛烷值或芳烃产率下降；重整进料空速过低，重整生成油辛烷值或芳烃产率上升，催化剂积炭量增加
催化剂活性	催化剂活性高，重整生成油辛烷值或芳烃产率上升；催化剂活性低，重整生成油辛烷值或芳烃产率下降。当催化剂初期活性高时，可适当降低重整反应温度；当催化剂末期活性低时，可适当提高反应温度
催化剂氯含量	水氯平衡，控制系统循环气中的水含量在 15～35mg/kg 之间，控制再生剂上的氯含量在 1.1%～1.3%（质量分数）
重整原料油芳烃潜含量	重整原料油芳烃潜含量高，重整生成油辛烷值或芳烃产率上升；重整原料油芳烃潜含量低，重整生成油辛烷值或芳烃产率下降

表 6-9　重整生成油辛烷值异常处理

异常	原因	处理方法
① D-201 压力 PI20801 下降 ② 循环氢纯度 AI20801 下降	重整反应压力低	① 增大 K-202 一级出口的返回量，如还不行，降低 K-202 转速 ② 关闭 D-201、D-202 顶部放火炬阀
① 循环氢流量 FI20602 下降 ② 重整进料量 FI20601 上升	氢油摩尔比过小	① 提高 K-201 转速 ② 若 K-201 转速已达允许上限值，则应降低重整进料量
TI20101、TI20102、TI20103、TI20104 波动	重整反应温度波动	① 将瓦斯压力调节阀改手动控制 ② 检查瓦斯分液罐的情况
① 重整进料量 FI20601 下降 ② D-201 液位 LI20801 下降 ③ 一反入口温度上升	重整进料量突然下降	① 查明原因（进料泵故障或抽空还是调节阀故障；C-102 底液位空） ② 及时采取相应措施处理
① 四个反应器的温降 ΔT_1、ΔT_2、ΔT_3、ΔT_4 大幅下降 ② 循环氢纯度 AI20801 下降 ③ 产氢量大幅减少	催化剂中毒	① 提高反应器进口温度 ② 增大循环氢分压，以减小固体物覆盖催化剂的概率

（二）连续重整反应器的工艺参数控制

1. R-201 入口反应温度的控制

重整反应温度调整主要是为了满足保护催化剂和产品质量这两个方面的要求，遵循先提量后提温、先降温后降量的原则。提降温的速度一定要缓慢，正常生产时要求各反应器入口温度控制在所要求的反应温度 ±1℃。

控制目标：不大于 527℃。

相关参数：R-201 入口温度 TI20101、F-201 燃料气压力 PI20102、重整进料量 FI20601。

控制方式：R-201（重整反应器）入口温度由入口温度控制器 TIC20102 与主火嘴燃料气压力控制器 PIC20102 串级控制。正常情况下，反应器入口温度通过温度控制器 TIC20102 控制主火嘴燃料气压力控制器 PIC20102 的给定值，再通过主火嘴燃料气压控阀的开度进行调节；异常情况下，通过手动调节主火嘴燃料气压控阀 PIC20102 的开度进行控制。若要提高反应器入口温度，则提高 TIC20102 的给定值，温度调节器输出信号变大，燃料气压控阀 PIC20102 给定值变大，压力调节器输出信号增大，燃料气压控阀开大。若要降低反应器入口温度，则降低 TIC20102 的给定值，温度调节器输出信号变小，燃料气流控阀 PIC20102 给定值减小，压力调节器输出信号减小，燃料气压控阀关小。具体控制方式方块图见图 6-10。

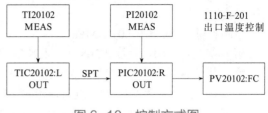

图 6-10　控制方式图

入口反应温度正常操作、异常处理分别见表 6-10、表 6-11。

表 6-10　R201 入口反应温度正常操作

影响因素	调整方法
F-201 燃料气阀开度	正常时 R-201 入口温度控制器 TIC20102 串级控制燃料气压力控制器 PIC20102 的给定值，控制阀门 PV20102 开度。可改自动操作，通过控制 PIC20102 的给定值，控制阀门 PV20102 开度。可改手动操作，当温度高时，减小 PV20102 开度；温度低时，增加 PV20102 开度
进料量的变化	进料量增大，R-201 入口温度降低；反之，温度升高
进料温度的变化	进料温度上升，R-201 入口温度上升；反之，温度则下降

表 6-11　R-201 入口反应温度异常处理

异常	原因	处理方法
温度迅速升高	四合一炉燃料气组成变量或带液	内操手动控制主火嘴燃料气压控阀 PIC20102，维持反应加热炉出口温度正常；外操现场加强对燃料气分液罐切液
	燃料气压力升高	内操手动控制燃料气分液罐压控阀 PIC50301，降低燃料气流量和压力；及时联系调度平衡燃料气管网压力；PIC50301 故障，外操现场改副线操作
	P-106 出现故障	内操手动控制反应温度和反应压力；外操及时切换备用泵、联系三修单位处理，尽快稳定进料量。若是因为 C-102 底液位低造成 P-106 抽空，内操迅速降低反应温度，平衡前部进料量，尽快将 C-102 塔底液位恢复正常
	进料控制阀 FIC20601 出现故障	内操先手动控制 FIC20601，若 FIC20601 需要处理，外操现场切出调节阀，改副线操作，联系仪表维修控制阀
	混氢流量不稳（循环氢压缩机转速低、D-201 压力波动等）	内操及时提转速，平稳混氢量，如效果不明显，外操应检查 K-201 是否发生故障，若出现故障，则及时处理恢复，严重时应及时停工、停机，并联系维修单位检修故障机组
温度迅速降低	F-201 燃烧不正常	内操手动控制主火嘴燃料气压控阀 PIC20102，维持反应加热炉出口温度正常；外操现场调整加热炉风门及烟道挡板的开度
	四合一炉主火嘴瓦斯联锁阀 UV20101 因联锁或发生故障而关闭	内操迅速查明联锁停炉的原因，待联锁条件解除后再重新点炉。若发生故障，外操联系仪表处理
	F-201 主火嘴瓦斯压控阀 PV20103 发生故障而关闭	外操手动打开燃料气压控阀副线，切出调节阀，联系仪表处理；内操维持反应器床层温度稳定
	四合一炉燃料组成或压力降低	内操手动控制主火嘴燃料气压控阀 PIC20102，外操稍开瓦斯罐压控阀副线，增加燃料气流量和压力
	重整进料量短时间内大幅增加	内操将 FIC20601 改为手动，将重整进料控制在正常值，必要时外操现场用手阀控制

注：重整四合一炉为 F-201～F-204。

2. D-201 压力控制

特别说明：重整反应压力和增压机机组防喘振控制均在机组控制系统 CCC 中实现，应特别注意。

控制目标：（0.24±0.01）MPa。

相关参数：D-201 压力 PI20801、重整氢增压机一级入口分液罐 D-202 压力 PI21001、重整氢增压机一级入口压力 PI26010 与温度 TI21002、重整氢增压机一级出口压力 PI26011 与温度 TI26011、重整氢增压机一级入口流量 FI21101。

控制方式："K-201 入口罐 D-201 压力 PIC20801-K-202 入口罐 D-202 压力 PIC21001A- 氢气增压机 K-202 转速控制器 SIC26404" 多串级控制，即通过调整 K-202 转速调整氢气外送量，从而达到控制 D-201 压力的目的。D-201 压力控制正常操作、异常操作见表 6-12、表 6-13。

表 6-12　D-201 压力控制正常操作

影响因素	调整方法
K-201 转速	为保证重整反应氢油比，以 K-201 转速调整混氢量
K-202 转速	当 D-201 压力低时，D-202 压力降低，PIC21001 输出信号减小，降低 K-202 的转速；当 D-201 压力高时，D-202 压力升高，PIC21001 输出信号增大，优先提高 K-202 转速，直至允许的最大值
FV21101 的开度	当 D-201 压力低时，开大 FV21101；当 D-201 压力高时，关小 FV21101

表 6-13　D-201 压力控制异常操作

异常	原因	处理方法
压力迅速升高	水氯失衡，出现过氯现象	内操将反应器温度控制在指标范围之内，平衡好系统压力；外操现场标定实际注氯量，减少注氯量，必要时停止注氯，增大注水量
	反应温度升高，导致重整转化率变化，产品组成发生改变	内操将反应器温度控制在指标范围之内；外操检查加热炉燃烧情况
	CCS 故障引起 K-201、K-202 转速大幅下降	内操手动调节 K-201、K-202 转速至正常
	K-201 故障	内操将 HV20802 打开泄压，将 D-201 压力控制在 0.24MPa
	重整氢增压机 K-202 故障	内操手动打开 PV21001B 泄压；外操将再接触部分停工，D-201 底油改至 C-201，将还原尾氢改至 D-201 入口，再生部分见 K-202 故障停工
	氢气管网压力高	内操联系调度，降低氢气管网压力；反应压力继续升高时，PIC21001 自动控制 D-202 顶放空阀 PV21001B 打开泄压
	D-201 压控仪表故障	内操将 PIC21001 改为手动；外操联系仪表处理
压力迅速降低	反应温度大幅降低，导致重整产氢量减少	内操调整反应温度至正常值
	水氯失衡，出现过湿现象	内操将反应器温度控制在指标范围之内，平衡好系统压力；外操现场增加注氯量，停止注水
	P-106 出现故障	内操手动控制反应温度和反应压力；外操及时切换备用泵，联系三修单位处理，尽快稳定进料量。若是因为 C-102 底液位低造成 P-106 抽空，内操迅速降低反应温度，平衡前部进料量，尽快将 C-102 塔底液位恢复正常
	进料控制阀 FIC20601 出现故障，导致进料量大幅降低	内操改手动控制 FIC20601，若 FIC20601 需要处理，外操现场切出调节阀，改副线操作，联系仪表维修
	D-201 顶部安全阀非事故起跳或内漏	外操迅速将发生故障的安全阀前截止阀关闭，联系三修处理，并投用备用安全阀
	CCC 故障引起 K-201、K-202 转速大幅升高	内操手动调节 K-201、K-202 转速至正常，及时联系仪表处理
	D-201 压控仪表故障	内操将 PIC21001 改为手动；外操联系仪表处理

注：D-201 为重整反应产物分液罐；K-201 为重整循环氢压缩机；K-202 为重整增压氢压缩机。

拓展阅读

以质量为生命 坚持"每一滴油都是承诺"

自 2010 年 3 月中下旬，河南焦作、新乡、安阳等地多家汽车 4S 店接到了大量故障车辆，这些故障车辆都有着相近的"病例体征"：轻则加油不顺、冒黑烟、尾气刺鼻，重则无法启动、零件损坏。而且这些汽车大部分是才开了 1 万公里以内的新车，但汽车的润滑系统已被破坏，导致气门声音发响，一些发动机的部分部件如活塞环、活塞连杆也有生锈等问题，社会反响强烈。这就是"中国石化河南汽油门事件"。

该事件发生的主要原因是中国石化安阳石油分公司在 3 月下旬外购 93 号乙醇汽油时，入库质检环节把关不严、操作失误，导致问题汽油流入市场。其中，引发质量问题的 93 号乙醇汽油，其溶剂洗胶质为 34.0mg/100mL，高于乙醇汽油国家标准不大于 5mg/100mL 的要求；锰含量为 0.022g/L，高于乙醇汽油国家标准不大于 0.018g/L 的要求。

河南问题汽油事件使中国石化几十年积累的质量信誉受到严重伤害。为深入汲取质量事故教训，举一反三，全面提升质量管理水平，从 2010 年起，中国石化把每年 4 月 7 日定为"中国石化质量日"。

2010 年 4 月 29 日，中国石化决定将"每一滴油都是承诺"作为公司社会责任口号。2010 年 8 月 18 日，在中国石化质量工作会议上，中国石化全面启动"每一滴油都是承诺"社会责任实践活动，大力实施以质取胜战略。在全系统举行"每一滴油都是承诺"大讨论，评选"每一滴油都是承诺"优秀社会责任案例，研究编写"每一滴油都是承诺"专著，探索中国石化社会责任的理论与实践，并在全公司开展社会责任系列培训，总结提升社会责任主题活动，系统总结创新实践和成功经验。

"每一滴油都是承诺"社会责任实践活动传播了社会责任理念，创新了社会责任工作，是中国石化推进企业社会责任工作的重要里程碑，也是引领中国企业社会责任工作的重大创新。

习题

一、选择题

1. 重整装置所生产的重整生成油可直接作为车用汽油的调和组分，不是重整生成油特点的是（　　）。

A. 辛烷值高 　　　　 B. 烯烃含量低 　　　　 C. 芳烃含量低 　　　　 D. 基本不含硫

2. 下列油品中，在催化重整装置不生产的是（　　）。

A. 汽油 　　　　 B. 氢气 　　　　 C. 芳烃 　　　　 D. 煤油

3. 通常原料经重整后其终馏点会（　　）。

A. 升高 　　　　 B. 降低 　　　　 C. 不变 　　　　 D. 不确定

4. 含有较多（　　）的原料是良好的重整原料。

A. 烷烃 　　　　 B. 烯烃 　　　　 C. 环烷烃 　　　　 D. 炔烃

5. 预加氢反应器一般选用的材质是（　　）。

A. 铬钼钢 　　　　 B. 高温钢 　　　　 C. 耐腐蚀钢 　　　　 D. 碳钢

6. 在催化重整阶段，烷烃和五元环烷烃的异构化都是（　　）。

A. 强放热反应   B. 强吸热反应   C. 微放热反应   D. 微吸热反应

7. 催化重整过程中，不主要发生的反应是（   ）。

A. 烷烃的脱氢环化反应   B. 六元环烷的脱氢反应

C. 烷烃的加氢裂化反应   D. 烯烃饱和反应

8. 六元环烷烃的脱氢反应主要是借助重整催化剂的（   ）。

A. 酸性功能   B. 金属功能

C. 助剂铼的功能   D. 金属＋酸性功能

9. 下列操作条件的变更中，有利于五元环烷烃脱氢反应的是（   ）。

A. 提高反应温度   B. 增加反应空速   C. 提高氢油比   D. 提高反应压力

10. 催化重整中速度最快且强吸热的六元环烷烃脱氢反应主要在第（   ）反应器中进行。

A. 一   B. 二   C. 三   D. 四

11. 正常情况下，在重整末反应中一般不进行（   ）反应。

A. 六元环烷烃脱氢   B. 直链烷烃异构化

C. 直链烷烃脱氢环化   D. 加氢裂化

12. 预加氢精制油中硫含量的控制指标为（   ）。

A. $\leqslant 5 \times 10^{-9}$ B. $\leqslant 0.5 \times 10^{-9}$ C. $\leqslant 0.5 \times 10^{-6}$ D. $\leqslant 5 \times 10^{-6}$

13. （   ）中毒是重整催化剂的永久性中毒。

A. 砷   B. 硫   C. 氮   D. 一氧化碳

14. 重整催化剂烧焦的目的是（   ）。

A. 使催化剂金属颗粒分散   B. 烧去催化剂的硫

C. 烧去催化剂的重金属   D. 烧去催化剂的积炭

15. 催化剂的选择性越好，促进主反应的能力（   ），促进副反应的能力（   ）。

A. 越差，越好   B. 越好，越差   C. 越好，越差   D. 越差，越好

16. 重整催化剂再生烧焦是从（   ）阶段开始的。

A. 低温、高氧   B. 高温、高氧   C. 低温、低氧   D. 高温、低氧

17. 关于预加氢催化剂装填的做法，下列操作正确的是（   ）。

A. 催化剂开盖后直接倒入反应器   B. 洒落的催化剂应回收并装入反应器

C. 所有规格瓷球填完毕后再耙平   D. 催化剂床层每上升 1m 耙平一次

18. 催化重整原料油溴价高，说明催化重整原料油中含（   ）多。

A. 不饱和烯烃   B. 芳香烃   C. 环烷烃   D. 烷烃

19. 关于预分馏塔作用的说法，下列表述正确的是（   ）。

A. 脱硫、氮、氯   B. 脱砷   C. 脱水   D. 拔头

20. 二甲基二硫醚在催化重整装置中的作用，主要是（   ）。

A. 重整催化剂硫化剂   B. 重整催化剂双功能调节剂

C. 预加氢阻垢剂   D. 预加氢缓蚀剂

21. 预加氢系统注入缓蚀剂的作用是（   ）。

A. 对设备表面形成保护膜来起到防腐作用

B. 降低设备内介质的 pH 值

C. 清除设备的污垢

D. 与原料油中的有机氯、有机硫发生反应，以降低对设备的腐蚀

22. 连续再生式重整的操作压力（　　　）半再生式重整的操作压力。

A. 远高 　　　　　　　　B. 高于 　　　　　　　C. 等于 　　　　　　　D. 低于

23. 连续重整装置中提升氢的作用是（　　　）。

A. 吹除催化剂粉末 　　　　　　　　　　　　B. 输送催化剂

C. 改善催化剂的再生性能 　　　　　　　　　D. 改善催化剂的选择性

24. 催化重整汽油稳定塔的作用是（　　　）。

A. 脱砷 　　　　　　　　　　　　　　　　　B. 脱除重油生成油中的轻烃

C. 拔头、切尾 　　　　　　　　　　　　　　D. 脱硫、氮、氯

25. 关于重整反应系统降低压力操作的说法，下列表述错误的是（　　　）。

A. 降低压力操作有利于芳构化反应

B. 降低压力操作可提高催化重整液收

C. 降低压力操作会导致汽油辛烷值下降

D. 降低压力操作会导致催化剂积炭速率增加

26. WAIT 是指重整反应的（　　　）。

A. 加权平均床层温度 　　　　　　　　　　　B. 加权平均入口温度

C. 反应入口温度 　　　　　　　　　　　　　D. 反应出口温度

27. 液液抽提与抽提蒸馏工艺，最根本的区别在于（　　　）。

A. 两者使用的溶剂不同

B. 前者根据沸点的差异，后者根据溶解度的不同

C. 两者操作温度不同

D. 前者根据混合物组分的溶解度的差异，后者根据混合物组分的挥发度的不同

28. 下列选项中，不可能影响抽提油质量的是（　　　）。

A. 汽提塔压力 　　　　　　　　　　　　　　B. 抽提塔温度

C. 汽提塔进料量 　　　　　　　　　　　　　D. 抽提塔进料位置

29. 抽提蒸馏装置开工进行溶剂循环的目的是（　　　）。

A. 进行装置油运 　　　　　　　　　　　　　B. 进行装置气密

C. 建立塔底开工循环 　　　　　　　　　　　D. 进行设备热紧

30. 溶剂再生在减压条件下进行，主要目的是（　　　）。

A. 防止溶剂分解 　　　　B. 方便操作 　　　　C. 降低成本 　　　　D. 使溶剂纯度高

二、判断题

1. 在世界范围内，催化重整的总加工能力仅次于催化裂化和加氢处理。　　　　（　　　）

2. 当今催化重整工艺技术发展的主要方向是发展连续重整技术。　　　　　　（　　　）

3. 催化重整装置临氢系统气密试漏时，常用肥皂水进行检验。　　　　　　　（　　　）

4. 催化重整已成为石油催化加工的主要过程之一，目前在工业上应用的有固定床、移动床、组合床等形式。　　　　　　　　　　　　　　　　　　　　　　　　（　　　）

5. 芳烃精馏的目的是将混合芳烃分离成单体烃。　　　　　　　　　　　　　（　　　）

6. 重整原料预处理包括原料脱水。　　　　　　　　　　　　　　　　　　　（　　　）

7. 直链烷烃的脱氢环化反应是催化重整反应中最难进行的反应之一。　　　　（　　　）

8. 催化重整装置是生产清洁汽油的主要装置，它的生产过程不产生有害物质。（　　　）

9. 重整反应温度下限的确定，是由化学平衡和反应速率决定的。 （　　）

10. 由于重整催化剂需要补氯，故对精制油的氯含量一般不做要求。 （　　）

11. 铂铼重整催化剂的酸性活性中心是助金属铼提供的。 （　　）

12. 无论从反应动力学还是从反应热力学的角度看，高温对芳构化反应都是有利的。

（　　）

13. 重整催化剂常用的添加助剂有铼、锡、铱、铜等。 （　　）

14. 在预加氢装置开工过程中，必须对新装填的催化剂进行干燥脱水处理，所以在催化剂运输、装填过程中不需要采取防水措施。 （　　）

15. 搞好水 - 氯平衡是保证重整催化剂保持良好的活性、选择性、稳定性的重要前提。

（　　）

16. 重整催化剂氯化氧化的作用是使铂晶粒聚集，以发挥更好的金属活性。 （　　）

17. 重整催化剂的使用性能指标包括活性、选择性、稳定性和使用寿命、再生性能、机械强度等。 （　　）

18. 重整催化剂再生后的旧剂，不需要预硫化即可直接进油。 （　　）

19. 重整催化剂的再生一般分为四步：烧焦、氧化、氯化、干燥。 （　　）

20. 催化重整原料的终馏点通常不宜超过 230℃。 （　　）

21. 重整循环氢可以改善反应器内温度分布，起到热载体作用。 （　　）

22. 反应深度随空速减小而降低。 （　　）

23. 重整氢油比过小，不利于环烷烃脱氢反应，过大则裂解反应加剧。 （　　）

24. 催化重整装置吹扫时，对管线的吹扫在原则上要顺流程走向，先主线，后副线。

（　　）

25. 由于四个重整反应器的操作压力和温度基本相同，因此可以将一反中多装些催化剂，以减少二、三反的负荷。 （　　）

26. 白土精制是一个物理化学过程。 （　　）

27. 在其他参数正常的条件下，若芳烃回收率降低，则应降低溶剂比，并降低回流比。

（　　）

28. 苯塔的作用是从抽提油中分离出苯产品。 （　　）

29. 甲苯塔塔底温度高，会造成甲苯带苯。 （　　）

30. 与三乙二醇醚相比，环丁砜对芳烃的溶解力高，但选择性不强。 （　　）

三、简答题

1. 何谓催化重整？

2. 简述催化重整装置中以生产芳烃为主的流程。

3. 催化重整发生的化学反应包括哪些？

4. 从热力学和动力学分析六元环烷烃的脱氢反应特点有哪些？

5. 从热力学角度分析，在催化重整反应条件下，为何烷烃异构化不会使产品辛烷值明显提高？

6. 影响重整反应过程的因素有哪些？这些因素如何影响最终产品的分布和收率？

7. 何谓双功能催化剂？重整催化剂为什么必须具备双功能作用？

8. 重整催化剂烧焦之后进行氯化更新的作用是什么？

9. 重整装置对原料的选择有哪些要求？

10. 何谓麦格纳重整？其特点是什么？

11. 简述连续重整特征。

12. 重整反应器为何要采用多个串联、中间加热的形式？

13. 芳烃抽提的工艺流程一般包括哪几部分？各部分作用如何？

14. 芳烃精馏的工艺流程有哪几种类型？

15. 重整反应中应如何选择适宜的反应压力？

第七章
产品精制工艺

 学习目标

知识目标

    1. 了解燃料油精制的目的和方法。

    2. 熟悉燃料油精制的生产原理和工艺流程。

    3. 理解产品精制的操作影响因素。

能力目标

    1. 能按不同燃料油对组成的要求，判断其中的理想组分和非理想组分，并能除去非理想组分。

    2. 能对影响燃料油精制过程的因素进行分析判断，进而对实际生产过程进行操作和控制。

素质目标

    1. 培养较强的质量意识和环保意识。

    2. 培养人文品质、石化特质、劳模潜质的行业工匠精神。

    石油经过一次加工、二次加工后得到各种石油产品，这些油品中常含有少量的杂质或非理想的成分，如硫、氮、氧等化合物，胶质，某些不饱和烃或芳香烃，尤其是加工含硫原油时，硫化物含量更高。这些杂质或非理想成分对气体的加工利用，对油品的颜色、气味、燃烧性能、低温性能、安定性、腐蚀性等使用性能有很大的影响，而且燃烧后放出的有害气体会污染大气、油品容易变质等，不能直接作为商品油使用。为了使油品质量能够满足使用要求，需要通过进一步处理，将这些杂质或非理想成分从油品中除去。

第一节　干气脱硫

    干气中主要含有 C_1、C_2 烷烃及少量氢气。干气中存在不同程度的非烃气体，如硫化氢、硫醇等。由于硫化氢等有害气体的存在，使得干气的使用和进一步加工受到限制。例如，干气作为轻烃蒸气转化制氢的原料或燃料时，会引起设备腐蚀、催化剂中毒，造成环境污染。另外，干气中分离的硫化氢也是制造硫黄和硫酸的原料，因此需要对干气进行脱硫处理。

一、干气脱硫方法

    干气脱硫方法基本上分为两大类。一类是干法脱硫，它是将干气通过固体吸附剂的床层来脱去硫化氢，常使用的固体吸附剂主要有氧化铁、氧化锌、活性炭、沸石和分子筛等，脱硫后的硫化氢含量可以降低到 $1\mu g/g$ 以下。这类方法适用于处理含微量硫化氢的气体，以及需要较高脱硫率的场合。另一类是湿法脱硫，它是利用液体吸附剂洗涤干气，以除去干气中的硫化氢。然后把吸收硫化氢的吸附剂加热，使硫化氢从中解吸出来，并进一步加工成硫黄，而回收的吸附剂又返回系统循环使用。湿法脱硫的精制效果不如干法脱硫好，但它具有连续操作、设备紧凑、处理量大、投资和操作费用低的特点，因而得到了广泛使用。

湿法脱硫按照吸收剂吸收硫化氢的特点又分为化学吸收法、物理吸收法、直接转化法和其他方法，而化学吸收法目前应用较广。

化学吸收法的特点是使用可以与硫化氢反应的碱性溶液进行化学吸收，溶液中的碱性化合物与硫化氢在常温下结合成络合盐，然后用升温或减压的方法分解络合盐，以释放出硫化氢气体。化学吸收法的共同特征之一是大部分吸收溶液呈碱性，吸收是以吸收溶液反应配合解离硫化氢的形式进行。

化学吸收法所用的吸收剂主要有两类：一类是醇胺类溶剂，如一乙醇胺、二乙醇胺、三乙醇胺、N-甲基二乙醇胺（MDEA）、二甘醇胺等；另一类是碱性盐溶液，如碳酸钾、碳酸钠、碳酸钾-乙醇胺、碳酸钠-三氧化二砷等。碱洗法工艺简单，投资少，但既不能回收碱液，又不能回收硫，且碱液难于处理。工业上一般使用乙醇胺，我国炼厂干气脱硫装置目前所用的吸收剂大多是 MDEA 类溶剂。

二、MDEA 干气脱硫工艺原理

MDEA 是 Fluor 公司最早开发的脱硫剂，在腐蚀性、溶解降解及发泡等方面有较强的优越性。MDEA 从本身结构来说是叔胺脱硫剂，而且碱性较弱，与 CO_2 的结合力较弱，在 CO_2 与 H_2S 共存时，可以对 H_2S 进行有选择地吸收，从而可以降低溶剂再生的负荷，降低装置能耗。

MDEA 吸收原理为：

$$(HOCH_2CH_2)_2NCH_3 + H_2S \longrightarrow (HOCH_2CH_2)_2NH^+CH_3 + HS^-(瞬间反应)$$

由于叔胺分子氮原子上没有氢原子，不能和 CO_2 直接反应，必须通过下列过程：

$$CO_2 + H_2O \Longrightarrow H^+ + HCO_3^-(慢反应)$$

$$H^+ + (HOCH_2CH_2)_2NCH_3 \longrightarrow (HOCH_2CH_2)_2NH^+CH_3(瞬间反应)$$

$$CO_2 + H_2O + (HOCH_2CH_2)_2NCH_3 \longrightarrow (HOCH_2CH_2)_2NH^+CH_3 + HCO_3^-$$

由于反应速率极慢，所以 MDEA 对 H_2S 具有较高的选择性。

三、MDEA 干气脱硫工艺流程

MDEA 干气脱硫工艺流程如图 7-1 所示，MDEA 醇胺法脱硫的工艺流程，包括吸收和溶剂再生两个部分。

1. 吸收部分

含硫气体经冷却至 40℃，并在气液分离器内分离除去水和杂质后，进入吸收塔的下部，与自塔上部引入的温度为 45℃左右的醇胺溶液（贫液）逆流接触，醇胺溶液吸收气体中的硫化氢等酸性气体，气体得到精制。净化后的气体自塔顶引出，进入净化气分离器，分出携带的胺液后出装置。

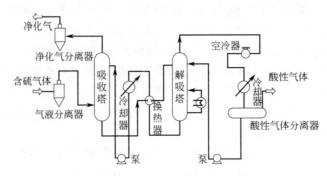

图 7-1　MEDA 干气脱硫工艺流程

2. 溶剂再生部分

吸收塔底的醇胺溶液（富液）借助吸收塔的压力从塔底压出，经调节阀减压、过滤和换热后进入解吸塔上部。在解吸塔内与下部上来的蒸汽（由塔底再沸器产生的二次蒸汽）直接接触，升温到 120℃左右，将乙醇胺溶液中吸收的硫化氢等酸性气体及存在于气体中的少量烃类大部分解吸出来，从塔顶排出，解吸塔顶部出来的酸性气体经空气冷却器和后冷却器冷却至 40℃以下，进入酸性气体分离器，分离出的液体送回解吸塔作为塔顶回流，分离出的气体经干燥后送往硫黄回收装置。再生后的醇胺溶液从解吸塔底引出，部分进入再沸器的壳程，被管程的水蒸气加热汽化后返回解吸塔，部分经换热、冷却后送到吸收塔上部循环使用。气体脱硫装置所用的吸收塔和解吸塔多为填料塔。

第二节　液化气脱硫醇

液化气经醇胺脱除 H_2S 后，硫醇硫含量仍然较高。硫醇硫含量占到全部有机硫的 90%以上，而羰基硫和甲硫醚等总共不过 10%。液化气中的硫醇不仅具有恶臭味和弱酸性，而且在一定条件下对设备产生腐蚀和加速腐蚀，燃烧时会引起环境污染。此外，从液化气中分离出来的 C_3、C_4 烯烃组分作为化工原料时，其中的硫醇易使下游工艺中的催化剂失活。因此，液化气脱硫醇精制势在必行。

一、脱硫醇的方法

工业上常用的脱硫醇的方法有以下几种。

① 氧化法　采用亚铅酸钠、次氯酸钠、氯化铜等作氧化剂，把硫醇氧化为二硫化物。

② 催化氧化法　利用含催化剂的碱液抽提，然后在催化剂的作用下，通入空气将硫醇氧化为二硫化物。该法具有投资少、操作简单、运转费用少、脱除硫醇率高、精制油品质量好等优点，受到广泛应用。

③ 抽提法　利用化学药剂从油品中抽提出硫醇，主要有加助溶剂法（用氢氧化钠和甲醇抽提汽油中的硫醇和氮化物）、亚铁氰化物法（利用含亚铁氰化物的碱液抽提硫醇）等。

④ 吸附法　利用分子筛的吸附性脱除硫醇，同时还可起到脱水的作用。

二、催化氧化脱硫醇方法

该法是利用一种催化剂，使油品中的硫醇在强碱液（氢氧化钠溶液）及空气存在的条件下氧化成二硫化物，其化学反应式为：

$$2RSH+ \frac{1}{2}O_2 \xrightarrow[\text{碱液}]{\text{催化剂}} RSSR+ H_2O$$

该法最常用的催化剂是磺化酞菁钴或聚酞菁钴等金属酞菁化合物，按工艺方法的不同可分为梅洛克斯法（Merox process）、纤维液膜法等。

1. 梅洛克斯法

梅洛克斯法脱硫醇包括抽提和脱臭两部分。根据原料油的沸点范围和所含硫醇分子量的不同，可以单独使用抽提和脱臭中的一部分，或将两部分结合起来。例如：精制液化石油气时可只用抽提部分；对于硫醇含量较低的汽油馏分，只用脱臭部分就能满足要求；对硫醇含量较高的汽油，通常先经抽提部分除去大部分硫醇，然后再进行脱臭部分；精制煤油时，通常只用脱臭部分。当只采用氧化脱臭部分时，油品中的硫醇只是转化成二硫化物，并不从油品中除去。因此，精制后油品的含硫量并没有减少。

抽提是用含有催化剂的强碱液把硫醇以硫醇钠的形式从油品中抽提出来，因此产品的总含硫量下降。抽提后碱液送去再生，在再生过程中碱液中的硫醇钠被氧化成二硫化物，不溶于碱，它与碱液分层以后，碱即可循环使用。

脱臭是将含硫醇的油品与空气及含催化剂的碱液一起通过反应器后，硫醇被氧化为二硫化物，而碱液则循环利用。在工艺上，脱臭有两种类型：一种是将催化剂溶于 NaOH 溶液中，即液相床法；另一种是将催化剂载于固体载体（如活性炭）上，即固定床法。

抽提液-液脱臭法催化氧化脱硫醇工艺流程如图 7-2 所示，其工艺过程包括预碱洗、催化抽提、碱液氧化再生和催化氧化。

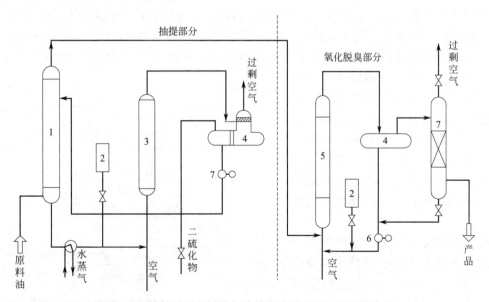

图 7-2　抽提液－液脱臭法催化氧化脱硫醇工艺流程

1—硫醇抽提塔；2—催化剂罐；3—氧化塔；4—分离罐；5—转化塔；6—碱液泵；7—砂滤塔

① 预碱洗　原料油中含有的硫化氢、酚类和环烷酸等会降低脱硫醇的效果，并缩短催化剂的寿命，所以在脱硫醇之前需用 5% ～ 10% 浓度的氢氧化钠溶液进行预碱洗，以除去这些酸性杂质。

② 催化抽提　预碱洗后的原料油进入硫醇抽提塔，与自塔上部流下含有催化剂的碱液逆流接触，其中的硫醇与碱液反应，生成硫醇钠盐，并溶于碱液从塔底排出。

③ 碱液氧化再生　自硫醇抽提塔下部排出的含硫醇钠盐的碱液（含催化剂）经加热至 40℃ 左右，与空气混合后进入氧化塔，在氧化塔中硫醇钠盐氧化为二硫化物，然后进入二硫化物分离罐。在分离罐中由于二硫化物不溶于水，积聚在上层而由分离罐上部分出。同时，过剩的空气亦分出。由分离罐下部出来的是含催化剂的碱液，送回硫醇抽提塔循环使用。

④ 催化氧化　由硫醇抽提塔顶出来的是脱去部分硫醇的油品，再与空气、含催化剂的碱液混合后进入转化塔，在转化塔内油品中残存的硫醇氧化成二硫化物而脱臭，然后进入静置分离器，其上层油品（二硫化物仍留在油中）送至砂滤塔内除去残留的碱液，即为精制的产品，由分离罐下层分出的含催化剂的碱液循环到转化塔重复使用。

该法的工艺和操作简单，投资和操作费用低，而脱硫醇的效果好，对液化石油气中的硫醇脱除率可达 100%，对汽油也可达 80% 以上。

2. 纤维液膜法

纤维液膜传质技术是当前国内外石化行业逐渐广泛应用的新颖技术。该技术利用表面张力和重力场原理，使碱液在特殊亲水纤维上延展，形成 3 ～ 5μm 厚的液膜，液化气在相邻的纤维碱液液膜间通过，碱液与液化气接触面积大幅增加，相内传质距离大大缩短，液化气接触面积是同体积传统填料塔的 100 ～ 1000 倍，传质效率提高 50 倍左右，大幅提高了硫醇脱除率。

液化气纤维液膜脱硫醇反应器工艺原理如图 7-3 所示。碱液（水相）首先从纤维液膜反应器侧面进入反应器，在反应器内的纤维丝束上先形成碱液相液膜。液化气原料（烃相）从纤维液膜反应器顶部进入反应器。碱液在反应器内沿纤维丝表面向下流动的过程中和液化气原料接触反应，烃相的杂质（硫化氢、硫醇）与碱液液膜在同向流动过程中不断发生反应，在达到反应器内筒末端时，烃相和碱液相之间存在的密度差使水相和烃相在沉降分离罐中快速实现自动分离，完成液化气原料的脱硫过程。水相和烃相之间的这种非弥散的分离方式能使精制处理后的烃相最大限度减少夹带水相，水相中也不会含有烃相。烃相在分离罐的另一端流至下游设备，分离罐底的碱液则由碱液循环泵送到反应器顶部循环使用。

纤维液膜反应器之所以能做到烃相和水相非弥散态的质量传递，使烃相的杂质去除，并能大大提高质量传递的速率，可用以下的传质方程来解释：

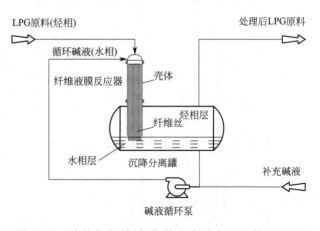

图 7-3　液化气纤维液膜脱硫醇反应器工艺原理图

$$M=KA\Delta C$$

式中　　M——传质反应速率；

　　　　K——烃水相体系的传质常数；

　　　　A——烃水两相接触的有效面积；

　　　ΔC——杂质从烃相转移到水相的浓度差推动力。

　　式中，K 与温度有关，大小随烃相和水相性质的不同而略有差异。从中可以看出，K 和 ΔC 的变化都不大，但纤维液膜反应器中的大量纤维丝使得烃水两相的有效接触面积 A 大大增加，因此传质速率也随之增大。

　　液化气中的硫化物主要为硫化氢、各类硫醇和少量的其他有机硫（如二硫化物、硫醚、羰基硫等），其中绝大部分硫化氢可通过上游装置的溶剂（胺液）脱除，剩余的硫化氢和硫醇可通过该工艺的碱液脱除。其他有机硫则很难通过碱液（氢氧化钠）脱除。

　　在该工艺过程中，液化气原料中硫化氢在纤维液膜反应器中发生的脱除反应如下：

$$H_2S+2NaOH \longrightarrow Na_2S+2H_2O$$

液化气原料中的硫醇碱抽提反应如下：

$$RSH+NaOH \longrightarrow NaRS+H_2O$$

硫醇钠的氧化和碱液的再生反应如下：

$$4NaRS+O_2+2H_2O \xrightarrow{\text{催化剂}} 2RSSR+4NaOH$$

$$2Na_2S+2O_2+H_2O \xrightarrow{\text{催化剂}} Na_2S_2O_3+2NaOH$$

第三节　油品精制

一、油品精制方法

1. 化学精制

　　使用化学药剂（如硫酸、氢氧化钠等）与油品中的一些杂质（如含硫化合物、含氮化合物、胶质、沥青质、烯烃和二烯烃等）发生化学反应，并将这些杂质除去，以改善油品的颜色、气味、安定性，降低硫、氮的含量等。本章叙述的酸碱精制和氧化法脱硫醇过程即属于化学精制过程。

2. 溶剂精制

　　溶剂精制是利用某些溶剂对油品的理想组分和非理想组分（或杂质）的溶解度不同，选择性地从油品中除掉某些非理想组分，从而改善油品的一些性质。例如，用二氧化硫或糠醛作为溶剂，可使芳香烃含量较高的催化裂化循环油中的芳香烃含量降低，从而生产出合格的成品柴油，有效改善了柴油的燃烧性能，并使含硫量大为降低，但溶剂精制在燃料生产中的应用并不多。这主要是由于溶剂的成本较高、来源有限，且溶剂回收和提纯的工艺比较复杂。

3. 吸附精制

　　吸附精制利用一些固体吸附剂（如白土等）对极性化合物有很强的吸附作用，脱除油品的颜色、气味，除掉油品中的水分、悬浮杂质、胶质、沥青质等极性物质。吸附精制主要包括白土精制和分子筛脱蜡精制。

（1）白土精制

白土精制就是用活性白土在一定温度下处理油料，降低油品的残炭值及酸值（或酸度），改善油品的颜色及安定性。白土是一种结晶或无定形物质，它具有许多微孔，形成很大的表面积。白土有天然的和活化的两种。天然白土就是风化的长石。活性白土是将白土用8%～15%的稀硫酸活化、水洗、干燥、粉碎而得，它的活性比天然白土大4～10倍，工业上多采用活性白土。在白土精制条件下，白土对胶质和沥青质有很好的吸附作用，胶质和沥青质的分子量越大，越易被吸附，氧化物和硫酸酯也容易被吸附。一般来说，白土精制的脱硫能力较差，但脱氮能力较强，精制油凝点回升较小，光安定性比加氢精制油好。白土精制的缺点是要使用固体物、劳动条件不好、劳动生产率低、废白土污染环境和不好处理。目前，尽管加氢精制发展很快，但是白土精制还未被完全替代，某些特殊油品还必须采用白土精制。

（2）分子筛脱蜡精制

还有一种吸附精制过程是目前在炼油厂应用的分子筛脱蜡精制。分子筛是一种具有直径一定的均匀孔隙结构的结晶的碱金属硅铝酸盐，是一种高选择性的吸附剂。分子筛脱蜡过程所使用的 5A 分子筛孔腔窗口的直径为 0.5～0.55nm，它可以选择性地吸附分子直径小于0.49nm 的正构烷烃，而不能吸附分子直径大于 0.56nm 的异构烷烃和分子直径在 0.6nm 以上的芳香烃和环烷烃。利用 5A 分子筛将汽油、煤油和轻柴油馏分中的正构烷烃吸附后脱除，可以提高汽油的辛烷值，降低喷气燃料的冰点和轻柴油的凝点。分子筛吸附正构烷烃后，用1MPa 压力的水蒸气或戊烷进行脱附，分子筛可以在吸附脱附交替操作中循环使用。由于分子筛在高温下长期与烃类接触，其表面会逐渐积炭而使活性下降，所以需定期采用水蒸气 - 空气混合烧焦，以恢复其活性，供循环使用。

4. 加氢精制

加氢精制是在催化剂存在下，用氢气处理油品的一种催化精制方法。其目的是除掉油品中的硫、氮、氧杂原子及金属杂质，有时还对部分芳烃进行加氢，改善油品的使用性能。加氢精制的原料有重整原料、汽油、煤油、各种中间馏分油、重油及渣油。由于高压氢气和催化剂的存在，油品非烃化合物中的硫、氮、氧等可转化成硫化氢、氨、水从油品中脱除，而烃基仍保留在油品中，油品中烯烃和二烯烃等不饱和烃可以得到饱和，使产品质量得到很大的改善，产品产率高。因此，加氢精制是燃料油生产中最先进的精制方法，目前加氢精制已逐渐代替其他的精制过程。

5. 柴油冷榨脱蜡

柴油冷榨脱蜡是用冷冻的方法，使柴油中含有的蜡结晶出来，以降低柴油的凝点，同时又可获得商品石蜡。

6. 吸收法气体脱硫

吸收法气体脱硫是以液体吸收剂洗涤气体，除去气体中的硫化氢。根据所使用的吸收剂不同，吸收过程可以是化学吸收，也可以是物理吸收。

二、酸碱精制

原油蒸馏得到的直馏汽油、喷气燃料、煤油、柴油，以及二次加工过程，特别是热裂化、焦化、催化裂化过程得到的汽油和柴油，均不同程度地含有硫化物、氮化物、有机酸、酚、胶质和烯烃等，因此造成油品性质不安定、质量差，需要进行精制，将这些物质不同程度地从燃料中除去。在我国炼厂中采用的电化学精制是将酸碱精制与高压电场加速沉降分离相结合的方法。

（一）酸碱精制的原理

酸碱精制过程包括碱精制、酸精制和静电混合分离。

1. 碱洗

碱洗（碱精制）过程中用质量分数为 10% ～ 30% 的氢氧化钠水溶液与油品混合，碱液与油品中烃类几乎不起作用，它只与酸性的非烃类化合物起反应，生成相应的盐类，这些盐类大部分溶于碱液而从油品中除去。因此，碱洗可以除去油品中的含氧化合物（如环烷酸、酚类等）和某些含硫化合物（如硫化氢、低分子硫醇等）以及中和酸洗之后的残余酸性产物（如磺酸、硫酸酯等）。

由于碱液的作用仅能除去硫化氢及大部分环烷酸、酚类和硫醇，所以碱洗过程有时不单独应用，而是与硫酸洗涤联合应用，统称为"酸碱精制"。在硫酸精制之前的碱洗称为预碱洗，主要是除去硫化氢。在硫酸精制之后的碱洗，其目的是除去酸洗后油品中残余的酸渣。

碱精制过程发生的主要反应如下。

① 硫化氢与碱反应生成硫化钠或硫氢化钠：

$$H_2S+2NaOH \Longrightarrow Na_2S+2H_2O \text{（碱用量大时）}$$
$$H_2S+NaOH \Longrightarrow NaSH+H_2O \text{（碱用量小时）}$$
$$H_2S+Na_2S \Longrightarrow 2NaSH$$

② 石油酸和酚类与碱生成相应的钠盐：

$$RCOOH+NaOH \Longrightarrow RCOONa+H_2O$$
$$C_6H_5OH+NaOH \Longrightarrow C_6H_5ONa+H_2O$$

此类反应属于可逆反应，生成的盐类可在很大程度上发生水解反应。随着它们的分子量的增大，其盐类的水解程度也加大，使它们在油品中的溶解度相对增大，而在水中的溶解度则相对减小。因此用碱洗的办法，并不能将它们完全从油品中清洗除去。

③ 低分子硫醇与碱生成硫醇钠：

$$RSH+NaOH \longrightarrow RSNa+H_2O$$

硫醇的酸性随其碳链的增长而减弱，因此较大分子的硫醇是难以与碱起反应的。另外，生成的硫醇钠随着其分子量的增大，其水解程度加大，它在油品中的溶解度增大，而在水中的溶解度下降。可见，碱洗也不能将硫醇完全从油品中清洗除去。

④ 中性硫酸酯与碱的作用生成相应的醇：

$$(RO)_2SO_2+2NaOH \longrightarrow 2ROH+Na_2SO_4$$

碱洗条件的确定可从两个方面加以考虑：一方面，较低的温度和较高的碱浓度会使那些在可逆反应中所生成的盐的水解程度降低；另一方面，这些钠盐属于表面活性剂，较低的温度和较高的碱浓度有利于使油品和碱液形成较牢固的水包油型乳状液。可见，在碱洗时只有采用较低的操作温度和较高的碱液浓度，才能较彻底地除去油品中的石油酸及硫醇等非烃化合物。

碱洗后的碱渣不能随便排放，其中所含的石油酸可用酸化方法析出并加以利用。

2. 硫酸洗涤

酸洗所用酸为硫酸，在精制条件下浓硫酸对油品起到化学试剂、溶剂和催化剂的作用。浓硫酸可以与油品中的某些烃类、非烃类化合物进行化学反应，或者以催化剂的形式参与化学反应，而且对各种烃类和非烃类化合物均有不同的溶解能力。这些非烃化合物包括含氧化合物、碱性氮化物、含硫化合物、胶质等。

（1）硫酸对烃类的作用

在一般的硫酸精制条件下，硫酸对各种烃类除可微量溶解外，对正构烷烃、环烷烃等主要组分基本上不起化学作用，即使与发烟硫酸长时间接触也很少起变化。但与异构烷烃、芳香烃，尤其是烯烃则有不同程度的化学反应。

硫酸可与异构烷烃和芳香烃进行一定程度的磺化反应，生成物溶于酸渣而被除去。例如，芳烃与浓硫酸在升高温度的情况下，发生磺化反应而生成能溶于硫酸的磺酸，其反应如下：

$$C_6H_6+H_2SO_4 \longrightarrow C_6H_5SO_2OH+H_2O$$

可见，在汽油精制时，应控制好条件，否则会由于芳烃损失而降低辛烷值。

硫酸与烯烃主要发生酯化反应和叠合反应。

① 酯化反应　当硫酸用量多，温度低于30℃时，生成酸性的单烷基硫酸酯：

$$R-CH=CH_2+H_2SO_4 \longrightarrow R-CH \begin{matrix} CH_3 \\ \\ OSO_3H \end{matrix}$$

酸性酯大部分溶于酸渣而被除去。

当温度高于30℃，硫酸用量少时，生成中性酯：

$$2R-CH=CH_2+H_2SO_4 \longrightarrow R-CH-O \quad SO_2 \quad O \quad CH \quad R$$
$$CH_3 \qquad\qquad CH_3$$

酸性硫酸酯大部分溶于酸渣中，残存在精制油中的酸性酯可用补充碱洗的方法除去。中性硫酸酯仍留在精制油中，这会影响产品质量。因此，硫酸精制的温度要控制得低一些。

② 叠合反应　烯烃的叠合是在较高的温度及较高的酸浓度下发生的，所生成的二分子或多分子叠合物大部分溶于油中，使油品终沸点升高，产品质量变坏，叠合物需用再蒸馏法除去。二烯烃的叠合反应能剧烈地进行，反应产物胶质溶于酸渣中。

（2）硫酸对非烃化合物的作用

硫酸对非烃化合物的溶解度较大，与它们的作用可分为化学反应、物理溶解和无作用三种情况。这些非烃化合物包括含硫化合物、碱性氮化物、胶质、环烷酸及酚类等。

① 硫酸对含硫化合物的作用　硫酸对大多数硫化物可借化学反应及物理溶解作用而将其除去。其中，硫化氢在硫酸的作用下氧化成硫仍溶解于油中。所以在油品中含有相当数量的硫化氢时，需用预碱洗法先除去硫化氢。硫酸与硫醇反应生成二硫醚。

② 浓硫酸与噻吩反应生成噻吩磺酸　油品中的二硫醚、硫醚与硫酸不反应，但易溶于硫酸。

③ 硫酸对碱性含氮化合物的作用　碱性含氮化合物，如吡啶等，与硫酸也能发生反应，生成的硫酸盐进入酸渣。

④ 硫酸对胶质的作用　胶质与硫酸有三部分作用：第一部分溶于硫酸中；第二部分缩合

成沥青质，沥青质与硫酸反应亦溶于酸中；第三部分磺化后也溶于酸中。总之，胶质都能进入酸渣而被除掉。

⑤ 硫酸对环烷酸及酚类的作用　环烷酸及酚类可部分地溶解于浓硫酸中，也能与硫酸起磺化反应，磺化产物也溶于硫酸中，因而基本上能被脱除。

总之，硫酸精制可以很好地除去胶质、碱性含氮化合物，大部分环烷酸、硫化物等非烃类化合物，以及烯烃和二烯烃，但也除去了一部分异构烷烃和芳香烃等有用组分。

硫酸精制的缺点是油品损失大和酸渣不易处理。

3. 高压电场沉降分离

纯净的油是不导电的，但在酸碱精制过程中生成的酸渣和碱渣能够导电。电场的作用，一是促进反应，二是加速聚集和沉降分离。

酸和碱在油品中分散成适当直径的微粒，在高电压（15000～25000V）的直流（或交流）电场的作用下，加速了导电微粒在油品中的运动，强化了油品中的不饱和烃、硫化合物、氮化合物等与酸碱的反应。同时，加速了反应产物颗粒间的相互碰撞，促进了酸、碱渣的聚集和沉降作用，从而达到快速分离的目的。

（二）酸碱精制工艺流程

酸碱精制工业流程一般有预碱洗 - 酸洗 - 水洗 - 碱洗 - 水洗等步骤，以需精制的油品的种类、杂质的含量和精制产品的质量要求，决定每一步骤是否必需。例如：酸洗前的预碱洗并非都需要，只有当原料中含有很多的硫化氢时才进行预碱洗。酸洗后的水洗则是为了除去一部分酸洗后未沉降完全的酸渣，减少后面碱洗时的用碱量。对直馏汽油和催化裂化汽油及柴油，通常只采用碱洗。图 7-4 为酸碱精制 - 电沉降分离的工艺流程。

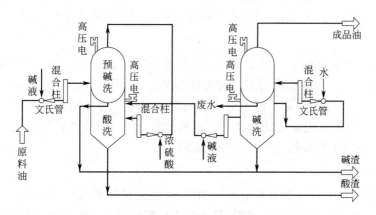

图 7-4　酸碱精制 – 电沉降分离的工艺流程

原料（需精制的油品）经原料泵首先与碱液在文氏管和混合柱中进行混合、反应，混合物进入电分离器，电分离器通入 $2 \times 10^4 V$ 左右的高压交流电或直流电，碱渣在高压电场下进行凝聚、分离，一般电场梯度为 1.6～3.0kV/cm。经碱洗后的油品自顶部流出，与硫酸在第二套文氏管和混合柱中进行混合反应，然后进入酸洗电分离器，酸洗后油品自顶部排出，与碱液在第三套文氏管和混合柱中进行混合、反应，然后进入碱洗电分离器，碱渣自电分离器底部排出，碱洗后油品自顶部排出，在第四套文氏管和混合柱中与水混合，然后进入水洗沉降罐，除去碱和钠盐的水溶液，顶部流出精制油品，废水自水洗沉降罐底排出。碱渣和酸渣均从电分离器的底部排出。

　　酸碱精制过程具有设备投资少、技术简单和容易建设等特点。但酸碱精制需要消耗大量的酸碱，产生的酸碱废渣不易处理和严重污染环境，且精制损失大、产品收率低等，所以酸碱精制正在被其他精制方法，特别是加氢精制所代替。

（三）酸碱精制操作条件

　　酸碱精制，特别是硫酸精制，一方面能除去轻质油品中的有害物质，另一方面也会和油品中的有用组分反应造成精制损失，甚至会影响油品的某些性质。因此，必须正确合理地选择精制条件，才能既保证产品的质量，又提高产品的收率。

　　硫酸精制的损失包括叠合损失和酸渣损失。叠合损失的数量为精制产品与再蒸馏后得到的和原料终沸点相同的产品数量之差。酸渣损失的数量为酸渣量与消耗的硫酸用量之差。

　　影响精制的因素有：精制温度、硫酸浓度与用量、碱的浓度与用量、接触时间和电场梯度等。

1. 精制温度

　　采用较低的精制温度，有利于脱除硫化物；采用较高的精制温度，有利于除去芳香烃、不饱和烃以及胶质，但是叠合损失较大，导致产品收率降低。因此，硫酸精制通常在 $20 \sim 35℃$ 的常温下进行。

2. 硫酸浓度与用量

　　硫酸浓度增大，会引起酸渣损失和叠合损失增大。在精制含硫量较大的油品时，为保证产品含硫量合格，必须在低温下使用浓硫酸（98%），并尽量缩短接触时间。这样的条件不仅提高了脱硫的效率，同时由于降低温度后，硫酸与烃类的作用减缓，使硫酸溶解更多的硫化物，更有利于脱硫的进行。一般硫酸浓度为 93% ～ 98%。

　　硫酸用量一般为原料的 1%，当原料含硫量高时，可适当增大硫酸用量。

3. 接触时间

　　油品与酸渣接触时间过短，反应不完全，达不到精制的目的，同时也降低了硫酸的利用率。接触时间过长，会使副反应增多，增大叠合损失，引起精制油收率降低，也会使油品颜色和安定性变坏，一般在油品与硫酸混合后到进入电场前的接触时间为几秒到几分钟（反应），适当地延长油品在电场中的停留时间有利于酸渣的沉降分离，从而保证产品的精制效果，油品在电场内停留时间约为十几分钟（沉降）。

4. 碱的浓度和用量

　　在碱洗过程中，一般采用质量分数为 10% ～ 30% 的低浓度碱液（为了增加液体体积，提高混合程度和减少钠离子带出）。碱用量一般为原料质量的 0.02% ～ 0.2%。

5. 电场梯度

　　高压电场沉降分离常与酸碱洗涤相结合。洗涤后的酸和碱在油品中分散成适当直径的微粒，在 $15000 \sim 25000V$ 高电压（直流或交流）电场的作用下破乳，导电微粒在油品中的运动加速，强化油品中的硫化合物、氮化合物及不饱和烃等与酸碱的反应，同时使反应产物颗粒间相互碰撞，加速石油馏分中的分散相（水、酸、碱等）微粒由于偶极聚结作用和电泳作用而聚结，并在重力作用下从分散介质中分离出来。

　　可见，电场的作用是促进反应和加速微粒聚集和沉降分离。电场梯度过低，起不到均匀及快速分离的作用，但过高则不利于酸渣的沉聚。一般电场梯度为 1600 ~ 3000V/cm。

第四节 S-Zorb 催化汽油吸附脱硫技术

S-Zorb 技术是美国康菲公司针对 FCC 汽油馏分开发的吸附脱硫技术，它将流化床反应器和连续再生技术相结合，使汽油与具有特殊结构的吸附剂充分接触，将汽油中的硫醇、二硫化物、硫醚和噻吩类硫化物吸附至吸附剂上，从而降低汽油中的硫含量，然后对吸附剂再生，使其变为二氧化硫进入再生烟气中，烟气再去硫黄或碱洗。与传统加氢脱硫技术相比，S-Zorb 技术具有辛烷值损失小、抗爆指数损失小（≤ 0.5）、氢耗低、液体收率高（C_5 以上液体组分的收率＞ 99.2%）、脱硫率高及产品硫含量低（＜ 10μg/g）等优点，完全能够满足生产欧Ⅳ及以上标准汽油的要求，在清洁汽油生产中凸显了技术优势。

一、S-Zorb 催化汽油吸附脱硫原理

在 S-Zorb 过程中有五步主要的化学反应：硫的吸附、烯烃加氢饱和、烯烃加氢异构化、吸附剂氧化、吸附剂还原。

1. 硫的吸附

硫的吸附反应是 S-Zorb 的主反应，该反应发生在反应器中，通过对硫的吸附可以将汽油中的硫降低到所希望的范围内。利用吸附剂在有氢气存在的情况下，将汽油中硫原子"吸"出来暂时保留在吸附剂上，吸附剂有镍及氧化锌两种主要活性成分，在脱硫过程中先后发挥作用。氧化锌与硫原子的结合能力大于镍，因此镍将汽油中的硫原子"吸"出来后，硫原子即与镍周围的氧化锌发生反应，生成硫化锌。自由的镍原子再从汽油中吸附出其他硫原子。其反应过程如下：

$$R—S+Ni+H_2 \longrightarrow R—2H+NiS$$
$$NiS(s)+ZnO(s)+H_2 \longrightarrow Ni(s)+ZnS(s)+H_2O$$

注意：该反应需在气态氢存在的条件下进行。

2. 烯烃加氢饱和

烯烃加氢饱和反应是不希望在脱硫反应器内发生的副反应，烯烃加氢饱和后会降低汽油产品的辛烷值。

烯烃来自原料汽油，它们是含有双键的烃类化合物，化学式为 C—C—C—C＝C 烯烃通常分布在汽油馏分的初始部分（轻组分）中，主要是 C_5、C_6 和 C_7。典型的烯烃加氢饱和反应可表示如下：

$$C—C—C—C＝C+H_2 \longrightarrow C—C—C—C—C$$

烯烃加氢饱和反应之所以使产品的辛烷值降低，是由于烷烃的辛烷值通常低于烯烃的辛烷值，如戊烷的辛烷值是 61.8（RON），而 1- 戊烯的辛烷值是 90.9（RON）。烯烃加氢饱和反应是强放热反应，若反应器内发生大量的加氢反应，将会使反应器内温度急剧升高，而且烯烃加氢饱和反应越多，氢气损耗越大。而反应温度的升高又反过来会抑制烯烃加氢反应的进行，因此这是一个自行调节的过程。

3. 烯烃加氢异构化

烯烃的异构化反应是希望在反应器内发生的副反应，它可以使汽油产品的辛烷值提高。烯烃通常在汽油馏分的开始部分，主要是 C_5、C_6 和 C_7。典型的异构化反应如下：

$$C=C-C-C-C-C+H_2 \longrightarrow C-C=C-C-C-C+H_2$$
$$C=C-C-C-C-C+H_2 \longrightarrow C-C-C=C-C-C+H_2$$

烯烃加氢异构化反应之所以使辛烷值提高，是由于双键在内部（二位、三位烯烃）的烯烃的辛烷值高于双键在边上（一位烯烃）的烯烃的辛烷值，如1-己烯的辛烷值为76.4（RON），而2-己烯和3-己烯的辛烷值分别为92.7（RON）和94.0（RON）。这类反应有助于弥补由于烯烃加氢反应而造成的辛烷值损失，有时还可以使总的辛烷值有所增加。因为烯烃的加氢异构化反应是微放热反应，而且在汽油组分中发生异构化的烯烃所占比例不高，所以不会使反应器的温度产生显著的变化。

4. 吸附剂氧化

再生器中主要发生了吸附剂上硫化物以及少量焦炭的氧化反应，氧化反应发生在再生器内。氧化反应可以脱除吸附剂上的硫，同时使吸附剂上的镍和锌转变成氧化物的形式。氧化反应也可以称为燃烧，这类似于 FCC 再生器内所发生的过程。吸附剂的氧化过程中共有以下六种反应，第一种和第二种是硫和锌的氧化反应，第三种、第四种、第五种是碳和氢的氧化反应，第六种是镍的氧化反应。以下六种反应均为放热反应：

第一种　　　　　$ZnS(s)+1.5O_2 \longrightarrow ZnO(s)+SO_2$

第二种　　　　　$3ZnS9(s)+5.5O_2 \longrightarrow Zn_3O(SO_4)_2(s)+SO_2$

第三种　　　　　$C+O_2 \longrightarrow CO_2$

第四种　　　　　$C+0.5O_2 \longrightarrow CO$

第五种　　　　　$2H_2+0.5O_2 \longrightarrow H_2O$

第六种　　　　　$Ni(s)+0.5O_2 \longrightarrow NiO（s）$

其中，为了避免吸附剂发生过氧化和结块现象造成损失，第二种和第五种反应是所不希望发生的。通过调节控制再生器的供风量以及转送吸附剂的烃含量，可以达到避免此两种反应的效果。通过以上的反应，可知再生烟气中主要是 SO_2 和 CO_2 以及少量的水蒸气，另外还有少许 CO。

5. 吸附剂还原

还原反应主要发生在还原反应器内，其目的是使氧化了的吸附剂回到还原状态以保持其活性，所谓"还原"就是使金属氧化物中的金属回到单质状态。吸附剂的活性组分金属镍在再生时氧化成为氧化镍，要恢复吸附剂的活性就需要将氧化镍还原成为金属镍。镍的还原反应如下：

$$NiO(s)+H_2 \longrightarrow Ni(s)+H_2O$$

除了镍的还原反应外，还有锌的硫氧化物（再生器中第二步反应所产生的含锌化合物）在还原器内的转变，生成水、氧化锌和硫化锌：

$$Zn_3O(SO_4)_2+8H_2 \longrightarrow 2ZnS(s)+ZnO(s)+8H_2O$$

这些反应都是吸热反应，因此还原反应器内温升很小。

注意：水是反应产物之一，这些水被循环气体携带至反应器内，聚集到产品分离器和稳定塔顶部的回流罐内。

二、S-Zorb 催化剂

S-Zorb 吸附剂是催化-吸附双功能吸附剂,其主要组成为氧化锌、促进剂以及一些硅铝组分。在吸附脱硫反应过程中,促进剂(主要组分是镍,并以金属的形式存在)主要起到活化含硫化合物的作用,而氧化锌主要起到硫吸收和存储功能。随着装置运行时间的增长,吸附剂中的氧化锌转化为不具备硫存储能力的硫化锌,因此当吸附剂中的硫含量达到一定值时,需要经过闭锁料斗到再生器中氧化再生,重新转化为氧化锌。

三、S-Zorb 催化汽油吸附脱硫工艺流程

S-Zorb 装置流程主要包括进料与脱硫反应、吸附剂再生、吸附剂循环和产品稳定四个部分,其工艺流程如图 7-5 所示。

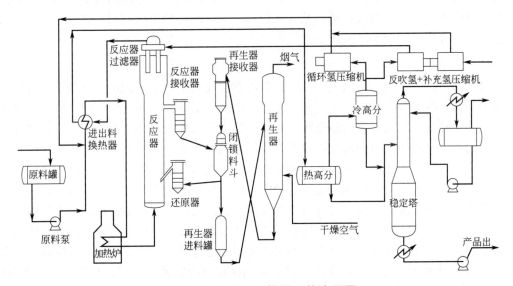

图 7-5　S-Zorb 装置工艺流程图

1. 脱硫反应部分

由催化装置来的含硫汽油进入原料缓冲罐,经吸附反应进料泵升压并与循环氢混合后与脱硫反应器顶部产物进行换热,换热后的混氢原料去进料加热炉进行加热,达到预定的温度后进入脱硫反应器底部并在反应器中进行吸附脱硫反应,脱硫反应器内装有吸附剂,混氢原料在反应器内部自下而上流动使反应器内呈流化床状态,原料经吸附剂作用后将其中的有机硫化物脱除,为了防止吸附剂带入到后续系统,在反应器顶部设有过滤器和反吹设施,用于分离产物中携带的吸附剂粉尘和在线清洗过滤器。

自脱硫反应器顶部出来的热反应产物,少部分与反吹氢混合作为过滤器混氢原料换热后至热产物气液分离罐,热产物气液分离罐底部的液体与稳定塔底物料换热后进入稳定塔,罐顶气相部分则经空冷、水冷后直接去冷产物气液分离罐。冷产物气液分离罐底部液体至稳定塔上部,其顶部气体与外来的新氢混合后经循环氢压缩机升压后,绝大部分返回到反应系统中循环使用,少部分气体经进料加热炉对流室和电加热器加热后用于闭锁料斗升压、吸附剂

还原等操作，冷产物气液分离罐顶部少部分气体经反吹氢压缩机升压、与反应产物换热后去反吹气体聚集器，用于反应器过滤器的反吹。

2. 吸附剂再生部分

为了维持吸附剂的活性，使装置能够连续操作，装置设有吸附剂连续再生系统。再生过程是以空气作为氧化剂的氧化反应，自系统管网来的空气，依次经过再生空气预热器和再生气体电加热器加热后送入再生器底部，与再生器进料罐来的待生吸附剂发生氧化再生反应。再生器内的吸附剂为流化床，再生后的吸附剂用氮气提升到再生器接收器送至闭锁料斗。再生器内部装有二级旋风分离器，再生生成的烟气经旋风分离器与吸附剂分离后自再生器顶部排出。再生烟气主要成分为氮气、二氧化碳和二氧化硫，先经再生烟气冷却器并与来自冷凝水罐顶部的蒸汽换热，再经再生烟气过滤器除去烟气中夹带的吸附剂粉尘后送到就近的硫黄装置进行后处理。再生器和再生器接收器内设有冷却盘管，为了降低再生器内床层的温度，装置设有一套热水循环系统，用于取出再生过程中释放的热量，并预热再生空气。吸附剂循环和输送过程中磨损生成的细粉最终被收集到再生粉尘罐定期排出装置。装置中设有吸附剂进料罐，用于装置开工和正常操作中的吸附剂的补充。

3. 吸附剂循环部分

吸附剂循环部分目的是将已吸附了硫的吸附剂自反应部分输送到再生部分，同时将再生后的吸附剂自再生部分送回到反应系统，并可以控制吸附剂的循环速率。以上过程通过闭锁料斗的步序自动控制实现，失活的吸附剂自反应器上部的反应器接收器压送到闭锁料斗，然后降压并通过氮气置换其中的氢气，置换合格后通过压差和重力送到再生器进料罐。此时闭锁料斗处于等待时间，然后，再生器进料罐的吸附剂则通过氮气提升到再生器内进行再生反应。再生器进料罐的吸附剂输送线上装有滑阀，用于控制吸附剂循环速率。再生器内已完成再生的吸附剂也通过滑阀和氮气提升到再生器接收器，通过压差和重力送到闭锁料斗，先用氮气置换闭锁料斗中的氧气，置换合格后用氢气升压，最后通过压差和重力送到反应器接收器，还原后返回到反应系统中。再生与待生的吸附剂通过闭锁料斗实现反应系统和再生系统的相互输送和氢氧环境的隔离，步序和操作由闭锁料斗控制系统完成，按设计的再生规模，每小时完成三次循环。

4. 产品稳定部分

稳定塔用于处理脱硫后的汽油产品，使其稳定。稳定塔顶部的气体经空冷器、水冷器冷却后进入稳定塔顶回流罐。罐顶燃料气部分用于原料缓冲罐气封，多余的送至燃料气系统，罐底液体回流至稳定塔顶部。塔底稳定的精制汽油产品先经稳定塔进料换热器，与自热产物气液分离罐的稳定塔进料换热，再经空冷和水冷后直接送出装置。

四、工艺操作过程影响因素分析

（一）原料性质及组成的影响

通常催化汽油中主要的硫化物种类有：硫醇、硫醚、噻吩、烷基取代噻吩、苯并噻吩、甲基苯并噻吩等。不同类型硫化物在 S-Zorb 工艺中的脱除机理不同，反应速率也不同。研究表明，硫化物在 S-Zorb 吸附剂上的脱除从难到易的顺序为：C_3- 噻吩和 C_4- 噻吩 < C_2- 噻吩 < C_1- 噻吩 < C_1- 苯并噻吩 < 噻吩 < 硫醇和硫醚 < 苯并噻吩和其他类型硫化物（包括二甲

基二硫醚、四氢噻吩等）。烷基噻吩是汽油中较难脱除的硫化物，尤其是当取代基位于噻吩环的 2- 位和 / 或 5- 位时，会大幅降低 S-Zorb 吸附剂对硫化物的脱除活性。烷基取代噻吩中取代基碳数越高，脱硫率越低。

（二）反应过程操作参数的影响

1. 吸附剂的载硫量

S-Zorb 吸附脱硫过程是硫在吸附剂上不断累积的过程。吸附剂的载硫量是由进料中硫的含量、产品中硫的含量、汽油的进料速率以及吸附剂的循环速率共同决定的。通常，吸附剂上的硫越少，其活性越高，而且能够从汽油中脱除更多的硫。而吸附剂上的硫越多，其能脱除的硫就越少。

注意：降低吸附剂上的硫含量会导致辛烷值的损失。

2. 反应压力

反应压力的变化对硫的吸附速率和烯烃加氢反应均有影响，在氢油比不变的情况下，提高反应器压力使氢分压提高，且停留时间延长，均有利于脱硫率的提高，但同时也将增加烯烃的加氢饱和。烯烃加氢反应是不希望发生的，而烯烃加氢在反应器内和还原器内都会发生，烯烃加氢反应会降低汽油产品的辛烷值。反之，降低反应压力会导致脱硫率降低，烯烃加氢饱和反应减少。

在反应操作压力不变的情况下，提高氢油比会增加氢分压，在一定的氢油比改变范围内，反应脱硫率会随着氢油比的增加而上升。在反应压力不变的情况下，通过废氢排放、新氢质量控制等方式提高循环氢的浓度，有利于氢分压的提高，从而促进反应脱硫。

3. 反应温度

受反应动力学控制，提高反应器的温度到 426℃，脱硫反应速率也相应增大，超过 426℃后，脱硫率将会减小。在正常操作温度（399 ～ 438℃）下，烯烃加氢反应及辛烷值的降低会随温度的升高而减少。由于烯烃加氢反应是放热反应，若反应器内发生大量的加氢反应，将会使反应器内温度升高且氢耗增大，而反应温度的升高又反过来会抑制烯烃反应的进行。

注意：随着温度的升高，气体产量将增加，尤其是超过 427℃后，当气体量大幅度超过设计值时，将会影响到分馏塔的操作。

4. 质量空速

质量空速是含有高硫汽油进料的质量流率与反应器内吸附剂的质量的比值。通过增加反应器内的吸附剂的藏量可以降低质量空速，从而提高脱硫率。但是降低质量空速将使烯烃加氢反应速率增大，导致辛烷值的损失加大，但质量空速对烯烃加氢反应的影响小于对流转化的影响。

（三）催化剂还原过程影响因素

1. 还原温度

还原反应是吸热反应，由吸附剂和循环气体的温度为反应提供热量。如果温度太低（低于 371℃）就会发生不完全反应，使进入反应器的吸附剂活性降低，导致反应器内吸附剂的脱硫效率降低。还原反应器的温度不能超过 454℃，超过这一温度，吸附剂里的锌就会汽化消失，这将影响吸附剂对硫的吸附能力而大大降低脱硫效果。

2. 氢气的浓度

如果循环氢中氢气的浓度太低，还原反应的速率就会降低，从而影响反应器中吸附剂的活性。

3. 还原器内的停留时间

在一定的温度条件下，吸附剂在富氢环境中的停留时间会影响吸附剂的还原程度。吸附剂在还原器内的停留时间在反应器设计时就根据还原器的容积予以确定，如果操作过程中吸附剂的循环速率大幅度超出正常的设计范围，会使吸附剂在还原器内的停留时间太短而活性得不到充分的恢复。反应器内的吸附剂在一定程度上也可以发生吸附剂的还原反应，还原器内的富氢环境对于再生吸附剂恢复其脱硫活性更具效果。

（四）吸附剂再生过程影响因素

1. 再生器内氧浓度

当再生器出口烟气氧浓度保持最低水平时，即为再生器最适宜的操作条件。要完成氧化反应必须有足够的氧气，但过量的氧气会促使不希望的反应发生，比如锌的硫氧化物的形成。

此外，再生空气同时也是流化介质，再生空气量过低，影响吸附剂正常流化，所以当需要降低再生器出口烟气氧含量的浓度，但再生空气再降低要影响吸附剂流化时，可以适当向再生器内通入氮气并降低同体积的再生空气量，既可以控制吸附剂生成过氧化物，又可以保证再生器内的正常流化。

2. 再生温度

通常，再生温度越高，氧化反应的速率也越大，但一般再生器温度的操作范围较窄（510～530℃），这就限制了对该操作条件的利用。当再生温度低于510℃时，将会发生不完全再生，从而使未得到再生的吸附剂进入反应器。这也同样会促使不希望的锌的硫氧化物的生成，导致再生吸附剂的硫含量增加。当再生温度超过530℃时，吸附剂即可得到完全再生。但当操作温度超过正常范围时，已接近了再生器钢材能够承受的设计极限。

3. 再生器内水蒸气分压

进入再生器的空气中含有水分，同时氧气的燃烧也会产生水蒸气，水分不会直接影响吸附剂的氧化反应，但再生器内过多的水蒸气会使吸附剂发生不可逆的化学反应，而降低其在反应器中捕捉硫的能力。由于氢气的燃烧使再生器中水分的生成不可避免，目前用来降低水蒸气分压的方法是在空压机上使用水汽冷凝器和挡板式气液分离罐。水汽冷凝器和挡板式气液分离罐需手工操作，以便使再生器底部的水蒸气分压不超过6.89kPa。

五、工艺参数及产品质量控制方法

1. 反应器入口温度的控制

反应进料加热炉出口温度是控制反应器入口温度的重要手段。炉出口温度的变化直接影响反应器入口温度和反应器床层温度，因此生产中必须精心调节，保证炉出口温度的稳定。

反应器入口温度的影响因素及调节方法见表7-1。

表 7-1　反应器入口温度影响因素及调节方法

影响因素	调节方法
燃料气压力、流量、组分的变化或带液	联系调度询问瓦斯情况；加强瓦斯罐检查与脱油脱水；改自动操作为手动，采取相应措施，调节平稳之后改回自动控制
进料流量、性质的变化或者带水	检查反应进料泵出口压力和反应进料调节阀，做相应的调整；加强原料油缓冲罐的脱水（联系罐区加强原料油罐的脱水）
循环氢的流量或者纯度发生变化	了解供氢情况，加强循环氢排放，氢气采样分析；检查氢压机运转是否正常
反应进料加热炉燃烧情况不好	检查进料加热炉燃烧情况，及时调节
反应进料加热炉原料出口选择温控仪表出现故障	根据情况改为手动或者副线操作，并及时联系仪表修理

2. 反应器床层温度的控制

反应器床层温度是判断反应温度是否分布均匀、反应是否正常及反应深度变化的主要标志。反应器床层温升大小表明了反应的激烈程度和反应深度的大小。严格控制好反应器的温升，防止反应器温升太快或者剧烈升温，以免损坏吸附剂或损坏设备。床层温度可以通过调节反应器入口温度并合理调节冷氢注量来调节。当床层温度出现不稳定时，首先应该保持炉出口温度不变，若温度仍然有上升趋势，则应当先降低炉出口温度，再增大冷氢注量。

反应器床层温度影响因素及调节方法见表 7-2。

表 7-2　反应器床层温度影响因素及调节方法

影响因素	调节方法
反应器入口温度变化	分析原因，稳定炉出口温度
原料油性质变化（烯烃含量、硫含量、含水量等）	根据情况适当调整反应器入口温度，或采取改变注氢量、微调反应器压力、适当调节空速等其他相应措施；加强原料切水
系统压力波动	分析原因，保持系统压力平稳
床层温度显示仪表或热电偶有误差	联系仪表校正

3. 反应压力的控制

反应器压力的控制是保证产品质量的重要手段。反应系统的压力以冷高分压力控制为准，因此必须严格控制冷高分的压力平稳，使其符合工艺指标要求。反应系统压力靠冷分罐顶压控阀和新氢补充量进行控制。正常操作时，反应压力不作为调节参数，要求控制平稳，事故状态下可由紧急放空阀向火炬线泄压。

反应压力的影响因素及调节方法见表 7-3。

表 7-3　反应压力的影响因素及调节方法

影响因素	调节方法
新氢或者循环氢流量变化	检查循环氢压缩机以及补充氢压缩机的出口压力、流量等参数，检查供氢是否正常
原料性质、进料量、反应温度的变化引起的耗氢量的变化	检查进料泵出口压力、流量是否正常，检查原料性质、反应温度是否变化，并做相应调整
系统压力控制出现故障（循环氢副线控制阀、补充氢副线控制阀、冷分罐压控制阀等）	改副线调节，联系仪表维修
热高分液控阀故障	迅速改为副线控制并降量处理，根据现场液面计调节液面，尽快联系仪表修理

4. 再生器温度控制

再生器正常操作温度在 510℃左右，控制好再生器温度有利于吸附剂的活性恢复。再生温度的频繁波动，温度过高会导致再生吸附剂活性过高，不利于反应部分的温度控制。另外，还会对设备造成损害。温度过低，会导致吸附剂再生不完全，影响吸附剂活性。

再生器温度影响因素及调节方法见表 7-4。

表 7-4　再生器温度影响因素及调节方法

影响因素	调节方法
待生的吸附剂上有太多的硫和焦炭	a. 减少吸附剂的硫吸附，降低反应强度； b. 降低再生器入口温度； c. 降低再生空气流速，并应保持足够高的气体流速（以氮气补充），以保证良好的流态化； d. 降低再生进吸附剂量，减缓进料速度； e. 分析汽油进料的质量，以确定进料中硫含量是否反常得高，如有需要应降低
吸附剂再生程度高于设计值	减少风量，降低吸附剂的再生速度，使吸附剂循环减慢，降低再生流速
再生气加热器设定值太高	相应降低再生器加热器的设定值
再生通气量不足，热量积聚，带出不畅	精确检查再生仪表和氧分析器。如果是气量不足，补充进气量（包括再生风、氮气），同时注意控制烟气氧含量；如果是仪表问题，尽快联系仪表修理
再生器堆积密度一定的情况下，料位较高	控制进料量，通过控制出料将再生器的料位控制在正常位置；同时适当开大取热盘管的进水量，取走多余热量

 拓展阅读

绿水青山就是金山银山

"绿水青山就是金山银山"，是时任浙江省委书记习近平于 2005 年 8 月在浙江湖州安吉考察时提出的科学论断。

2013 年 9 月 7 日，国家主席习近平在哈萨克斯坦纳扎尔巴耶夫大学发表题为《弘扬人民友谊 共创美好未来》的重要演讲。后回答学生提问时说，"我们绝不能以牺牲生态环境为代价换取经济的一时发展"。他用直白的话语剖析了发展经济和保护环境之间的关系：既要金山银山，又要绿水青山。宁可要绿水青山，不要金山银山，因为绿水青山就是金山银山。

"绿水青山就是金山银山"这一科学论断，成为树立生态文明观、引领中国走向绿色发展之路的理论之基。

2017 年 10 月 18 日，习近平在党的十九大报告中指出，坚持人与自然和谐共生，必须树立和践行绿水青山就是金山银山的理念，坚持节约资源和保护环境的基本国策。

2021 年 10 月 12 日，习近平在《生物多样性公约》第十五次缔约方大会领导人峰会视频讲话中提出："绿水青山就是金山银山。良好生态环境既是自然财富，也是经济财富，关系经济社会发展潜力和后劲。我们要加快形成绿色发展方式，促进经济发展和环境保护双赢，构建经济与环境协同共进的地球家园。"

习题

一、选择题

1. 以下物质（　　）是 S-Zorb 专用吸附剂的成分。

A. 铁　　　　　　　　　　B. 钠　　　　　　　C. 镁　　　　　　　D. 镍

2. 在装置的运行过程中，原料中不易脱除的物质是（　　）。

A. 硫醇　　　　　　　　　B. 硫醚　　　　　　C. 硫化氢　　　　　D. 噻吩

3. 再生器的作用是（　　）。

A. 为脱除吸附剂上的硫和炭提供场所

B. 为闭锁料斗循环提供足够的吸附剂

C. 为反应系统提供新鲜吸附剂

D. 将吸附剂的炭进行氧化脱除，恢复吸附剂的活性

4. 稳定塔顶的轻组分为（　　）。

A. 塔顶产品部分打回流，部分送至汽油罐区

B. 塔顶产品全部打回流

C. 塔顶产品不用打回流，全部送至汽油罐区

D. 塔顶产品与塔底汽油混合送出

5. 催化汽油中的烯烃含量高，对操作的影响为（　　）。

A. 产品辛烷值降低　　　　　　　　　B. 反应器温升增加

C. 吸附剂永久失活　　　　　　　　　D. 加热炉负荷增加

6. 反应器过滤器的作用是（　　）。

A. 回收油气中的吸附剂　　　　　　　B. 分离汽油和氢气

C. 防止杂质带至换热器　　　　　　　D. 有利于流化

7. 催化剂选择性指（　　）。

A. 在能发生一种反应的反应系统中，同一催化剂促进不同反应的程度的比较

B. 在能发生多种反应的反应系统中，同一催化剂促进不同反应的程度的比较

C. 在能发生多种反应的反应系统中，不同催化剂促进不同反应的程度的比较

D. 在能发生一种反应的反应系统中，不同催化剂促进不同反应的程度的比较

8. 导致吸附剂结块的条件有（　　）。

A. 操作压力高　　　　　　　　　　　B. 吸附剂中含水

C. 吸附剂稳定性差　　　　　　　　　D. 吸附剂活性差

9. S-Zorb 装置主要是降低汽油里的（　　）。

A. 烯烃含量　　　　　　B. 芳烃含量　　　　C. 硫含量　　　　　D. 氮含量

10. 新鲜吸附剂的补充量，是根据（　　）来向系统内补充。

A. 反应接收器料位　　　　　　　　　B. 再生器料位

C. 再生接收器料位　　　　　　　　　D. 系统藏量

11. 吸附剂在使用一段时间后会出现活性下降，降低吸附剂活性下降的手段有（　　）。

A. 提高还原器的温度　　　　　　　　B. 提高反应压力

C. 降低再生器内的水分压　　　　　　D. 采用非净化风

12. 稳定塔控制汽油蒸气压的主要方法是（　　）。

A. 控制塔底液位　　　　　　　　　　B. 控制进料量

C. 控制塔底温度   D. 控制产品出装置温度

13. 反应器入口压力可以通过（　　　）来控制。

A. 反应器氢分压   B. 稳定塔压力   C. 新氢压力   D. 冷高分压力

14. 再生器内温度主要是（　　　）提供的。

A. 硫的燃烧   B. 再生加热   C. 热吸附剂   D. 烯烃加成

15. 再生器中的旋风分离器的主要作用是（　　　）。

A. 提供再生气   B. 分离烟气中的吸附剂

C. 为再生器降温   D. 分离待生剂和再生剂

16. 溶剂的再生质量不受（　　　）的影响。

A. 再生塔的压力波动   B. 再生塔的塔底温度波动

C. 进料的温度波动   D. 吸收塔的温度

二、判断题

1. 汽油吸附脱硫装置的混氢点位于加热炉前，属于炉前混氢。 （　　　）

2. 再生器中再生后的吸附剂通过重力作用进入再生器接收器。 （　　　）

3. 稳定塔底的再沸器采用加热炉进行加热。 （　　　）

4. 汽油辛烷值越大，说明汽油的安定性越好。 （　　　）

5. 装置开工时，向原料汽油中注入 DMDS 的作用是防止吸附剂上积聚过多的炭。控制反应系统升、降温速度，通过缓慢升温和降温可使氢气有充分时间从金属内扩散出来，同时也避免热胀冷缩引起的设备法兰面的泄漏。 （　　　）

6. 增加反应器中的氢油比，可以增大脱硫的效率，同时也可能导致辛烷值的损失增大。

（　　　）

7. S-Zorb 汽油吸附脱硫技术采用了移动吸附反应床，反应物料自反应器底部进入。（　　　）

8. 稳定塔塔釜温度过高，会造成稳定塔顶气相负荷过大，产品液收降高且产品的初馏点偏低。 （　　　）

9. 用吸附剂循环量来控制反应温度。 （　　　）

10. 为了降低装置处理硫的负荷，采用催化碱洗后的汽油作原料。 （　　　）

11. 因为 NaOH 和 RSH 的反应是可逆反应，所以循环碱液中的 NaSR 不会积累。（　　　）

12. 湿法脱硫对硫的脱除能力比干法脱硫强。 （　　　）

13. 碱液再生过程中，风是起氧化作用的。 （　　　）

三、简答题

1. 简述 S-Zorb 吸附脱硫的原理，该工艺流程分为哪几个部分？

2. S-Zorb 工艺过程中都有哪些反应及反应方程式？

3. 在操作中反应温度对产品质量的影响有哪些？生产过程中如何控制？

4. 原料油的性质对操作的影响有哪些？

5. 在正常生产中，对辛烷值有影响的因素有哪些？

6. 再生温度对吸附剂活性的影响有哪些？

7. 防止吸附剂活性下降的方法有哪些？

8. 氢分压对脱硫率的影响有哪些？在操作中如何提高氢分压？

9. 简述醇胺法气体脱硫工艺原理。

10. 简述纤维膜脱硫醇工艺原理。

第八章
高辛烷值组分生产工艺

 学习目标

知识目标

  1. 了解 MTBE 工艺的加工原理和工艺流程。

  2. 了解烷基化工艺的加工原理和工艺流程。

  3. 了解异构化工艺的加工原理和工艺流程。

  4. 掌握 MTBE、烷基化油、异构化油的特点。

技能目标

  1. 能描述车用汽油辛烷值的概念。

  2. 能分析辛烷值高低对点燃式发动机的不同影响。

  3. 能描述炼厂整体车用汽油加工流程

  4. 能分析各个生产环节所控制的重要质量指标。

素质目标

  1. 培养严谨、认真、探索、创新的职业精神。

  2. 培养爱岗敬业、精益求精的工匠精神。

  3. 培养换位思考、全面分析的人生态度。

  4. 培养勇于探索、不畏困难的勇气担当。

第一节　MTBE 工艺

从 20 世纪 70 年代末期国外的汽车技术大量引进国内开始，与汽车发动机匹配的汽油辛烷值一直在上升，为此国内各个炼厂相继上马催化裂化装置，适时地生产了适应市场需要的高辛烷值汽油。随着市场的继续扩大，高压缩比和操控性能良好的汽车技术更新换代越来越快，致使在 20 世纪 90 年代，中石油、中石化大量兴建催化重整装置，来提高汽油的功能性指标。但是进入 21 世纪以后，随着国家对汽油环保性指标的要求越来越严格，高辛烷值的芳烃和烯烃含量控制要求越来越严格。为此，其他高辛烷值组分的生产工艺越来越受到重视。

MTBE（methyl tert-butyl ether）为甲基叔丁基醚的英文缩写，是一种高辛烷值（研究法辛烷值115）汽油添加剂，化学含氧量较甲醇低得多，利于暖车和节约燃料，蒸发潜热低，对冷启动有利，常用于汽油的调和。MTBE的优点是它与汽油可以任意比例互溶而不发生分层现象，有较好的调和效应，调和辛烷值高于其净辛烷值。另外，MTBE含氧量相对较高，能够显著改善汽车排放的尾气。但如果加入的MTBE比例不加以控制，使理论当量空燃比超出闭环控制发动机电子控制单元自适应能力的调节范围，则会因富氧而干扰闭环控制，使三元催化转化器的转化效率下降。研究还发现，MTBE会污染地下水源，因此美国加州等地已经准备禁用MTBE。日本的一家研究机构的研究也表明，汽油中的MTBE的含量超过7%，汽车排放物中的氮氧化物会增加。因此，日本的高级无铅汽油中，MTBE的加入量不超过7%。MTBE也可以重新裂解为异丁烯，作为橡胶及其他化工产品的原料。

一、MTBE工艺原理

1. MTBE反应过程

异丁烯与甲醇在强酸阳离子交换树脂的作用下，于1.2MPa、45℃条件下发生加成反应，生成甲基叔丁基醚——MTBE。

$$\mathrm{CH_3-C(CH_3)=CH_2 + CH_3OH \xrightarrow[1.15MPa\ 45℃]{酸性阳离子树脂} CH_3-C(CH_3)_2-O-CH_3} \quad (MTBE)$$

同时还发生如下副反应：

$$\mathrm{CH_3-C(CH_3)=CH_2 + CH_3-C(CH_3)=CH_2 \longrightarrow [-CH_2-CH(CH_3)-CH_2-]_2} \quad (DIB)$$

$$\mathrm{CH_3OH + CH_3OH \xrightarrow[1.2MPa,45℃]{酸性阳离子树脂} CH_3-O-CH_3 + H_2O} \quad (DME)$$

$$\mathrm{CH_3-C(CH_3)=CH_2 + H_2O \xrightarrow[1.2MPa,45℃]{酸性阳离子树脂} CH_3-C(CH_3)_2-OH} \quad (TBA)$$

以上几种杂质中，DIB、TBA本身的辛烷值较高，留在MTBE产品中不影响其使用性能。二甲醚的形成取决于温度、空速和甲醇浓度，其选择性很低，由于它的沸点很低，所以最终也可以与MTBE分离。其余C_4组分与甲醇均不发生反应，可视为在工艺条件下的惰性物质。MTBE装置采用筒式外循环醚化反应器，它的构型就是一个普通的固定床反应器。C_4与甲醇经过混合并控制醇烯比（摩尔比）在1.05～1.1之间，进入到催化剂床层后，在1.15MPa、45℃的条件下发生醚化反应。产生的热量引起床层物料升温，而物料温度升高，会加速反应进行，放出更多热量。如此循环，即使反应初始温度较低，也会因反应热的释放而很快使床层温度升高。但是段间循环返回的物料主要是C_4和MTBE的混合物（异丁烯含量很低），这部分物料能吸收部分反应热，使整个床层温度降低。反应物料从反应器顶部进入，反应后物料从反应器底部排出，排出反应器后进入催化精馏塔，使异丁烯与甲醇继续反应。

2. 催化精馏原理

催化精馏塔反应段设在精馏段和提馏段之间。在催化精馏塔的反应段内，反应物料在催化剂的作用下生成 MTBE，反应物料从床层底部流至床层下的塔盘上，由于塔盘具有分离功能，将 MTBE 重组分和未反应完全的 C_4 组分离开，重组分向下流动，轻组分以气相状态向上流动，而上升的 C_4 组分已将生成的 MTBE 脱除。轻组分 C_4 中含有的异丁烯在上一层塔盘的相平衡作用下，再一次进入催化剂床层进行醚化反应，因而在反应时没有（或减小了）MTBE 逆向反应的推动力，使合成 MTBE 反应近似于不可逆反应进行下去，使合成 MTBE 的反应能突破平衡转化率的限制，达到深度转化的目的。

3. 甲醇回收原理

从催化精馏上塔塔顶流出的未反应 C_4 与甲醇形成的共沸物，经冷凝器冷却后，进入甲醇萃取塔。选择萃取的方法回收其中的甲醇，以水作为萃取剂（水与 C_4 不互溶，却能与甲醇完全互溶）。水从塔的上部进入，未反应 C_4 与甲醇的共沸物从底部进入，水为连续相，未反应 C_4 为分散相，二者逆相流动，在筛板塔盘的作用下，两相充分接触并完成传质萃取过程，使醚后 C_4 中的甲醇进入水相，形成甲醇水溶液。未反应 C_4 相经水洗塔顶扩大段的减速沉降，脱除其中的游离水后排出装置。水洗塔底排出的甲醇水溶液预热后进入甲醇回收塔。甲醇回收塔采用常规蒸馏的方法，根据水和甲醇的沸点（挥发度）不同达到分离甲醇和水的目的。塔顶得到纯度 ≥ 95.0% 的甲醇循环利用，塔釜排水中含甲醇小于 5%。

二、MTBE 工艺流程

1. 醚化反应与催化精馏系统

如图 8-1 所示，来自界区的混合 C_4 与甲醇分别进入 C_4 原料罐（V-1）和甲醇原料罐（V-2），经 C_4 原料泵（P-1）和甲醇原料泵（P-2）加压，通过在线色谱仪与比值调节系统调节醇烯比，经预热器 E-1（预热器由低压蒸汽加热）加热后，从反应器 R-1 顶部进入。反应器共三段，进入反应器的物料通过反应器内的催化剂床层，大部分异丁烯与甲醇反应转化为 MTBE。催化精馏塔由两段组成，上段为 T-1，下段为 T-2。从反应器 R-1 底排出物料经催化精馏塔进料与产品换热器 E-2（T-1 塔釜来的 MTBE 产品）换热后进入 T-1，经反应精馏后在塔釜得到纯度约为 88% 的 MTBE 产品。MTBE 产品从塔釜排出，经 E-2 与进料换热，再经产品冷却器 E-4 冷却后，利用自压输送至 MTBE 成品储罐 V-3。T-1 顶部物料进入 T-2 底部，并与甲醇反应，反应后 T-2 塔釜物料通过反应塔中间泵 P-5 送入 T-1，作为 T-1 的回流。C_4 组分从塔顶馏出，由 T-2 塔顶冷凝器 E-5 冷凝后，进入回流罐 V-4，冷凝液由反应塔回流泵 P-6 一部分打回流，另一部分经 C_4 冷却器 E-6 冷却后进入水洗塔 T-3。反应器段间有物料引出，返回到反应器进口，此循环流程既能调节反应床层温度，又有利于达成较好的反应深度。

2. C_4 水洗与甲醇回收系统

如图 8-2 所示，T-2 塔顶引出的反应剩余甲醇与未反应 C_4，经甲醇萃取塔进料冷却器 E-6 冷却至 40℃ 后进入甲醇萃取塔 T-3 下部。萃取水由泵 P-8 送入，经萃取水冷却器 E-9 冷却后从 T-3 上部打入。在 T-3 塔中，甲醇与未反应 C_4 的混合物为分散相，萃取水为连续相，两相连续逆流接触，用水将甲醇从共沸物馏分中萃取出来，萃余液即不含甲醇的未反应 C_4，借助塔的压力送至 V-5，然后经 P-7 送出装置。萃取液为甲醇水溶液，从 T-3 塔底排出。T-3 塔底排出的甲醇水溶液与 T-4 塔釜的出料在换热器 E-8 换热后进入甲醇回收塔 T-4，在 T-4 中将甲醇与水分离开。T-4 顶馏出物是甲醇、微量 C_4 和 DME 的混合物，经甲醇回收塔冷凝器 E-10

冷凝后进入甲醇回收塔回流罐 V-6。甲醇回收塔回流泵 P-8 从 V-6 中抽出回收甲醇，其中大部分作为回流送入 T-4 顶部，少部分作为回收的甲醇送入甲醇原料罐 V-2，循环使用。T-4 底部排出的含微量甲醇的水，经换热器 E-8 进入萃取水泵 P-8，再经萃取水冷却器 E-9 将萃取用水送入 T-3 上部。

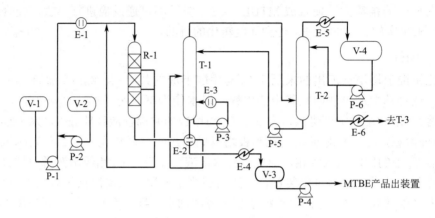

图 8-1　醚化反应与精馏系统流程图

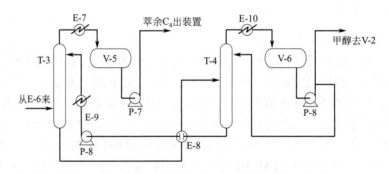

图 8-2　C_4 水洗与甲醇回收系统流程图

三、主要操控点

1. 醚化反应器的操作

醚化反应是将混合 C_4 原料中的异丁烯组分同工业甲醇以一定比例充分混合，调节醇烯比在 1.05 ～ 1.1 范围内，以强酸性阳离子交换树脂为催化剂，在一定的温度、压力下，在反应器 R-1 内使异丁烯合成 MTBE 的转化率达 90% 以上，然后进入催化精馏塔继续反应。控制反应器 R-1 进料中的醇烯比是该岗位操作的关键。科学、合理的醇烯比既可以节能降耗、保证产品质量，又可以使催化剂长周期安全运行。甲醇与异丁烯的流量为串级调节，在正常生产中只需调节混合 C_4 进料量，调节器会自动调整甲醇进料量，保证醇烯比在 1.05 ～ 1.1 之间。在正常生产中，甲醇决定着异丁醇量，异丁醇在原料中的比例又决定着原料总量，甲醇与 C_4 混合物摩尔比又与 T-1 压力有相应关系，综合各个变量的关系，是搞好整体装置正常运行的前提。

调节反应器 R-1 入口温度，25℃≤ R-1 入口温度≤ 50℃，稳定反应床层温度（65±5）℃。控制反应不致太激烈，从而控制异丁烯转化率。控制好反应床层温度的关键在于预热器 E-1

出口处原料与段间回流之间的热量汇合终温，而原料的预热温度还与甲醇进装置温度、混合 C_4 进装置温度、预热器供热量有关。段间回流流量在调节床层温度的同时，还要兼顾反应完全程度。C_4 原料和甲醇带水会使副产物叔丁醇增多，因此无论是开工前还是正常生产中都要做好原料分析和 C_4 原料罐切水工作。

2. 催化精馏塔的操作

回流比的大小直接影响 T-1 操作。在 T-1 塔顶馏分中难挥发物含量增多时，采用加大回流量的方法，增大塔内下降液体流量，使上升气体中难挥发组分冷凝的可能性加大，从而提高塔顶产品质量。当回流比过大，其他条件不变时，塔顶组分变轻，顶温降低，甲醇和 C_4 不能形成共沸物，甲醇蒸发困难，沉入塔底，影响 MTBE 产品质量。若进料一定，过大的回流比易产生液泛。回流比过小，塔顶组分变重，使 MTBE 等重组分蒸到塔顶，影响正常生产。

根据 T-1 塔底和 T-2 塔顶化验分析结果，调节 T-1 塔底再沸器蒸汽量，保证 T-1 塔底 MTBE 产品纯度 ≥ 88.0%，T-2 塔顶异丁烯含量 ≤ 0.1%，维持两塔塔底液面在 30% ～ 70% 范围内，使塔底产品排出量保持相应的稳定。

3. C_4 水洗和甲醇回收的操作

T-3 主要完成的是 C_4 组分和甲醇的分离任务，要做好水量和甲醇量的配比，以及萃取温度和压力的稳定。水分在 T-3 和 T-4 循环过程中，会有一定程度的损失，所以应定期或适时地补充水量。尤其在装置处理量发生变化时，根据萃余 C_4 组分中甲醇含量变化程度及时调节 T-3 的进水量。T-4 塔底液位的高度变化，是平衡两塔水量循环的第一参考依据。

虽然搞好 T-3 水分对甲醇的萃取操作是最主要的任务，但是稳定好 T-3 塔顶温度和压力也是完成 C_4 组分和甲醇分离操作任务的重要因素，在控制好 T-3 上升气速的前提下，要保证 C_4 组分在塔顶全部以气相采出，因为 T-3 塔顶没有回流流程，稳定塔顶温度和压力，需要操作经验的长期积累。T-3 塔顶的温度和压力影响因素有塔底进料与 E-6 的换热程度、水分与 E-9 分冷却程度、T-3 内萃取量等。

T-4 完成甲醇和水的分离任务，并且塔顶设置了回流流程，所以 T-4 精馏过程操作相对简单些，依据甲醇的沸点及装置的处理量，控制好塔顶的温度和压力即可。

甲醇有毒，摄入和吸入会引起中毒，误作食用酒精饮入，严重者能致眼失明和死亡。甲醇极易燃，闪点 12.2℃，爆炸下限 6.0%（体积分数），蒸气很容易与空气形成爆炸性混合物。甲醇易被氧化或脱氢而成甲醛、甲酸，最后生成 CO_2。甲醇在空气中的容许浓度，我国卫生标准规定为 $50mg/m^3$。

甲基叔丁基醚易燃，闪点 -10℃，爆炸下限 1.6%（体积分数），其蒸气很容易与空气形成爆炸性混合物。MTBE 具有一定的毒性，其主要经过呼吸道吸收，也可以经皮肤和消化道吸收，对人体的影响主要表现在上呼吸道、眼睛黏膜的刺激反应，长期接触可使皮肤干燥。

因为甲醇和 MTBE 都有危险性和毒性，所以在生产活动中严格遵守安全管理规定。在输送过程中做好密闭操作，塔顶罐的正常排放要控制好量，反应器 R-1 和催化蒸馏塔 T-1 所排废渣为失活催化剂，要深埋处理。在重大事故处理过程中，首先要做到不慌、不乱。严禁用铁器敲击阀门管线、设备，严禁穿钉子鞋进入装置现场，严禁穿化纤衣服，避免产生火花、静电而引起爆炸和火灾事故的发生。在处理甲醇泄漏的过程中，用水冲洗泄漏的甲醇，不要让甲醇溅到皮肤上，同时必须戴上防护目镜、橡胶手套。

中石油某炼厂 MTBE 装置主要操作条件见表 8-1。

表 8-1　中石油某炼厂 MTBE 装置主要操作条件

项　目	单　位	指　标
醇烯比		1.05 ～ 1.1
原料预热温度	℃	25 ～ 50
R-1 底温度	℃	65±5
R-1 底压力	MPa（G）	0.60 ～ 0.95
T-1 底温度	℃	115 ～ 135
T-1 压力	MPa（G）	0.50 ～ 0.75
T-1 顶温度	℃	55 ～ 70
T-2 顶温度	℃	≤ 70
T-2 压力	MPa（G）	0.50 ～ 0.75
T-3 顶压力	MPa（G）	0.40 ～ 0.55
T-4 顶压力	MPa	0.07 ～ 0.15
T-4 顶温度	℃	80 ～ 90
T-4 底温度	℃	100 ～ 115

第二节　烷基化工艺

国内乃至国际车用汽油的发展趋势，主要有两个方向，一是对功能性指标（如辛烷值）要求越来越高；二是对环保性指标越来越严格，如水溶性酸碱、腐蚀物质、烯烃、芳烃含量等。叠合汽油因烯烃含量过高（国六标准的车用汽油规定烯烃含量不超过18%），几乎不视其为高辛烷值汽油的调和组分，甲基叔丁基醚既影响燃料的热值，又会对地下水造成不可逆的污染，也不是理想的汽油调和组分。故在保证车用汽油的启动性和热值要求的前提下，高度分支的异构烷烃才是理想的车用汽油调和组分。车用汽油国家标准辛烷值，烯烃含量近几年的变化见表 8-2。

表 8-2　车用汽油国家标准辛烷值、烯烃含量近几年的变化

项目	国Ⅲ标准	国Ⅳ标准	国Ⅴ标准	国Ⅵ标准
车用汽油标号	93	93	92	92
烯烃含量（不大于）/%	35	30	28	18

烷基化汽油全部是异构烷烃，其研究法和马达法辛烷值均很高，比较适合于炼厂中催化裂化装置规模较大、催化裂化汽油中烯烃含量较高且难以平衡的境况，尤其适用于调和饱和蒸气压高、终馏点高的车用汽油。

一、工艺原理和工艺流程

烷基化工艺是烯烃（如丙烯、丁烯或戊烯）和异丁烷在强酸催化剂存在的情况下，通过加成反应生产出汽油馏程产品的工艺生产过程。在烷烃和烯烃的化学加成反应中，烷烃分子

的活泼氢原子的位置被烯烃分子所取代，由于异构烷烃的叔碳原子上的氢原子比正构烷烃中的伯碳原子上的氢原子活泼得多，因而在烷基化反应时，必须要用异构烷烃作为原料。丙烯在 HF 催化剂作用下与异丁烷反应，主要生成 2,3- 二甲基戊烷（RON 为 91）。1- 丁烯与异丁烷烷基化反应时，在 HF 作用下首先异构化生成 2- 丁烯，然后再与异构烷反应，生成高辛烷值的 2,2,4- 三甲基戊烷、2,3,4- 三甲基戊烷、2,3,3- 三甲基戊烷，RON 可高达 $100 \sim 106$。使用戊烯烷基化，生成了几乎是等量的三甲基戊烷和三甲基己烷。HF 对异构烷烃与乙烯的烷基化反应没有催化作用。

各种丁烯异构体相互转化且速度很快，其中异丁烯是最稳定的，这也有利于生成高质量的烷基化油。各种烯烃原料所产生的烷基化油辛烷值的排列顺序是：

2- 丁烯＞ 1- 丁烯＞异丁烯＞戊烯＞丙烯

一般烷基化工艺的催化剂除了氢氟酸外，还有浓硫酸、三氧化铝等，其中 HF 作为烷基化催化剂，产品的收率和质量均要高于其他催化剂，加之副反应较少，所以近年来的烷基化装置均使用氢氟酸催化工艺。工业使用的氢氟酸纯度为 99%，含水量低时不利于烷基化的加成反应，但水含量超过 2% 时则加快设备的腐蚀，一般在反应器之前必须要设置原料的干燥工艺，如图 8-3 所示。

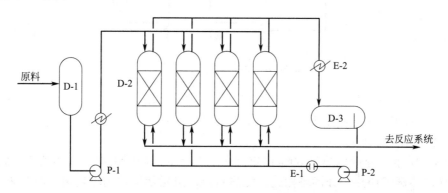

图 8-3　原料干燥系统工艺流程

新鲜烯烃原料进入缓冲罐 D-1，然后经装置进料泵 P-1 加压后进入原料干燥器 D-2。原料干燥器采用四个干燥器两两并联交替使用，连续干燥，间歇再生。干燥是液相常温吸附，再生是气相热脱附。采用 $4 \sim 8$ 目活性氧化铝为干燥剂将原料中的水含量脱至 10×10^{-6} 以下。加压后的原料在进入干燥器之前进行冷却，由顶部进入干燥器，器内紧密填装的干燥剂和进口分布器的平铺作用使原料在垂直经过干燥床层的过程中经历的干燥强度同步而均匀，干燥器底部引出含水量不大于 10×10^{-6} 的原料进入后序的反应系统。再生剂是循环使用的新鲜原料，在 D-3 分水罐沉降分水后的原料经过 P-2 加压后，通过 E-1 加热汽化后由底部进入吸收饱和的干燥器，将其内活性氧化铝吸收的水分带走，吸水的原料从干燥器顶部引出经过 E-2 冷却后进入沉降分水罐 D-3，分水后的再生剂用再生循环泵 P-2 升压循环使用。

如图 8-4 所示，干燥后的原料与来自分馏塔 T-1 的 63 层塔板抽出的循环异丁烷、丙烷、正丁烷等通过三通混合器 M-1 混合，然后再经过几十个高效雾化喷嘴和循环酸混合一起进入提升管反应器。HF 烷基化反应是在垂直的管道中进行，反应物通过高效混合喷嘴均匀分布在酸相中，然后呈平推流（柱塞流）通过管道，无返混现象。酸烃接触面积较大，反应速率快，反应时间约为 20s，反应产品与循环酸及未反应物料都进入沉降器，酸和烃类在此处分离，酸由沉降器进入酸冷却器 E-3 冷却并返至反应器进口，构成酸循环。循环推动力是由较高密度的酸腿（重腿）和较低密度的提升管（轻腿）之间的密度差提供的。反应是放热的，反应热由 E-1 中循环水取走。烷基化反应绝大部分在提升管内进行，反应温度一般在 27 ~ 43℃，温度高会造成产品终馏点升高，ASO（酸溶性油，即二烯烃与氢氟酸发生反应生成的有机氟化物，并与氢氟酸的互溶物）量增加。反应压力一般维持在 0.5 ~ 0.8MPa。沉降器中的烷基化油以及未反应的烃类由分馏塔进料泵 P-3 送至酸再接触器、混合器 M-2。该混合器将再接触器中的氢氟酸与沉降器流出物进行混合。混合后的酸与烃在再接触器 D-5 中分离。酸相通过泵 P-4 和混合器 M-2 循环继续进行烷基化反应，烃相中溶有少量的氢氟酸，经过换热升温约 74℃的条件下进入分馏塔 T-1 的第 57 层塔盘。

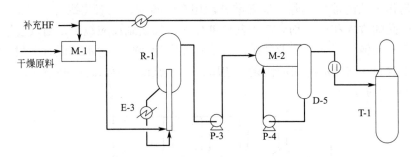

图 8-4　反应系统工艺流程

　　烷基化产品的分离与一般的精馏塔相似，但是由于其塔盘结构的特殊性，产品侧线抽出以及进料中含有 1% ~ 3% 的 HF，而且 HF 易与各种抽出物形成共沸物，因此分馏塔的操作要比一般精馏塔的操作复杂。

　　如图 8-5 所示，分馏塔热量 60% 由重沸炉 F-1 提供，40% 由中间加热器 E-3 提供，E-3 用 0.6MPa 过热蒸汽加热。分馏塔如此分配热负荷，虽然使塔结构更复杂，但改变了塔内的气液相负荷，可达成良好的精馏效果，实现馏分的良好切割，操作弹性较大。

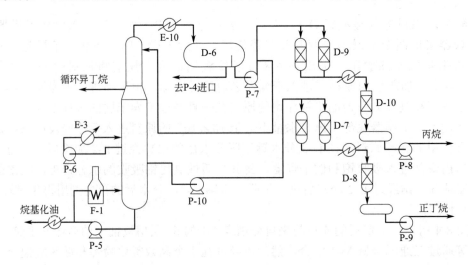

图 8-5　分馏系统工艺流程

分馏塔底烷基化油绝大部分经 P-5 烷基化油循环泵抽出后 [(232±2)℃]，经加热炉 F-1 加热至 245℃左右汽化后返回分馏塔底，并逐层上升与板间的液相内回流逆层传热传质，经过逐次汽化和逐次冷凝，使重组分优先冷凝而轻组分优先汽化得到分离。烷基化油的一小部分经冷却至 (40±2)℃后作为产品送出装置。中间加热器自 30 层抽出，温度为 123℃，返回温度为 125℃左右。

烷基化装置的主要产品是烷基化油，是异构烷烃的混合物，它的组成及辛烷值随不同的烯烃原料而变化。原料中若有少量的丙烷和正丁烷，在分馏系统中丙烷和正丁烷馏分可作为装置的副产品。

正丁烷从 13 层塔盘抽出，控制好这个量，对提高循环异丁烷和减少烷基化油的损失很重要，外送量若很大，则循环异丁烷在正丁烷中的浓度高，但烷基化油损失较大。抽出的正丁烷经换热冷却到 (185±2)℃，进入填充活性氧化铝的脱氟器 D-7。烃介质与氧化铝接触时，烃中的有机氟化物被分解成烃和氢氟酸，然后氢氟酸与三氧化铝反应，生成氟化铝和水。脱氟后的正丁烷经冷却到 (40±2)℃进入氢氧化钾处理器 D-8 以除去微量的酸，精制后的正丁烷去罐区。

循环异丁烷自 63 层塔盘上方集油箱抽出，为保证烷烯比，循环异丁烷量很大，一般工艺均大于 80%。由于循环异丁烷中含有少量 HF，因此循环异丁烷与原料混合的三通混合器的位置应接近反应器，可以减少氟化物的生成。抽出的异丁烷冷却至 (37±2)℃后与新鲜原料混合进入反应系统。

分馏塔顶产物丙烷馏分（含有少量的异丁烷和酸）在 E-10 中冷凝，并在回流罐 D-6 中生成两个液相：酸相和烃相。氢氟酸返回至泵 P-4 的入口。烃类经 P-7 泵抽出部分作为分馏塔的回流，一部分经换热升温至 177℃进入丙烷脱氟器 D-9。脱氟后的丙烷被水冷却到 (40±2)℃进入丙烷氢氧化钾中和器 D-10 脱除微量的氢氟酸，经氢氧化钾处理后的丙烷经机泵加压送往球罐。

二、烷基化工艺主要操控点

烷基化油产品的组成与原料的纯度有关，纯度越高，其馏程范围越窄。异构烯烃、1- 烯烃、2- 烯烃等原料是理想原料，产物的辛烷值会在 100 以上，一般原料很难达到高纯度，所以烷基化油馏程范围也很宽，对原料的要求主要受目标产物辛烷值的影响。

依据产品组成与比例可以看出，原料一般没有达到较高的纯度，另外在烷基化反应的过程中，也有较多的副反应发生，如：裂解、聚合和解聚、叠合、歧化、过程产物自身烷基化等反应。烷基化油的辛烷值是最重要的考核点，它必须要达到工艺要求，否则就需要提高原料纯度和反应条件的苛刻度。中石油某烷基化装置烷基化油组分见表 8-3。

表 8-3 中石油某烷基化装置烷基化油组分

品名	戊烷	己烷	庚烷	辛烷	壬烷	癸烷	非癸烷	重组分
比例	7.5	6.0	6.5	65	2.0	5.0	7.0	1.0

1. 反应温度

反应温度（一般控制在 27 ~ 43℃）升高、反应速率加快、反应深度加深，但大于 C_8 的聚合物和重组分增多，因此，反应温度过高，会造成汽油终馏点上升，辛烷值下降，ASO产量增加。反应温度过低，如低于15℃，则有机氟化物大量增多，酸耗增加。

影响反应温度的因素有很多：重腿冷却器 E-3 冷却水变化造成反应温度波动，或冷却水入口温度升高；酸烃比小，循环酸携带热量少，反应后产生热量增加，引起反应温度变化；反应器进料量发生变化；循环异丁烷温度变化；酸纯度降低或酸中水含量升高等。

2. 分馏塔

分馏塔的操作较为重要的有：搞好丙烷和循环异丁烷、异丁烷和正丁烷的分离，既要保证烷基化油的最大产量，同时也要兼顾好产品的辛烷值符合工艺卡片要求；要控制好塔内上升气速和塔底再沸回流、中段回流的温升程度，达成良好的热平衡和馏分切割，以减少烷基化油中 HF、正丁烷的含量。

3. 烷烯比

烷烯比高则烯烃本身碰撞机会减少，烯烃与烷基化反应中间产物碰撞的机会减少，发生聚合、叠合及过程产物自身烷基化反应的机会减少，有利于烷基化反应。但烷烯比过高则能耗多，一般控制在 (12.5 ～ 15)：1。

4. HF 酸

HF 酸含水量低，则 HF 电离度低，酸性低，不利于生成正离子，但含水超过 2%，则加快设备的腐蚀，一般折中控制酸中水含量在 1.5% ～ 2%。HF 浓度一般控制在 86% ～ 95%，浓度过高会使烷基化产物质量下降，HF 浓度过低对设备腐蚀严重，显著增加烯烃叠合反应比例，造成烷基化油终馏点升高和辛烷值的下降。

5. 酸烃比

为了酸烃充分接触，在烃类完全雾化（雾化喷嘴）的情况下，还要维持酸的连续相，酸烃比一般控制在 5.2：1，否则烷基化油质量下降，副产物增多。

国内很多烷基化装置使用最初的原料是混合 C_4，将其中的丁二烯加氢变为 1-丁烯和少量的正丁烷，同时不影响单烯烃的收率，原料中 1-丁烯发生异构化反应生成顺反 2-丁烯，这对氢氟酸烷基化是非常有利的，利用二甲醚与混合 C_4 组分的相对挥发度的差异，用蒸馏的方法脱除混合 C_4 中的二甲醚，同时可将加氢反应剩余的氢气脱除。C_4 加氢操作的重点是要控制好反应深度以及丁烷的产量，由此才能稳定好烷基化过程的烷烯比和酸烃比。

氢氟酸（HF）在相当低的温度下是一种发烟的腐蚀性的液体，但在炼厂使用时的温度往往超过它的沸点（20℃），在常压和高于 20℃ 条件下其迅速蒸发，生成白色的像蒸汽一样的气体。它具有独特的刺激性，如处理不当，液体和气体都有极大的危险，液体 HF 将与接触的皮肤立即起反应，引起严重烧伤，其蒸气对眼睛和黏膜有很大的刺激性。因此，烷基化装置的安全管理比其他炼油装置更为严格，员工在上岗前必须要进行 HF 安全教育，学习和掌握 HF 烧伤急救方法，工作中按规定穿戴防护服作业，经常洗手、洗脸，禁止员工在操作室外进食，凡有 HF 暴露时，禁止员工在下风侧通过，禁止员工从正在拆卸的涉酸设备下面停留等。

第三节 异构化工艺

提高汽油辛烷值，增加发动机的压缩比对汽车工业的节能和提高汽车性能具有重大意义。

为适应汽车工业对高辛烷值汽油的要求，通常利用催化重整汽油和催化裂化汽油等高辛烷值组分作为生产汽油的主要来源。另外，采用在汽油中加入高辛烷值调和组分（如：含铅的四乙基铅、MTBE 等醚类）来提高产品汽油辛烷值。然而从汽车尾气中排放的铅严重污染环境，铅进入人体血液后会干扰血红蛋白的形成，导致贫血，对人的视觉、听觉、触觉及思维能力均有不良影响，国内已经禁止使用含铅汽油。MTBE 会降低汽油的热值，对人体的神经系统有麻痹作用，而且它会对地下水资源造成不可逆的污染，国内汽油中 MTBE 的调和量也在逐渐减少。异构化汽油组分既能提高汽油的辛烷值，又能改善汽车发动机的启动性能和加速性能，且异构化油具有无芳烃、无烯烃、超低硫的特点，所以在保证饱和蒸气压合格的前提下将异构化油调入成品汽油，可以有效地降低汽油产品中的烯烃、苯、芳烃、硫含量和成品汽油的密度。

一、异构化工艺原理及工艺流程

异构化工艺是通过将轻质石脑油中的 C_5、C_6 正构烷烃转化为相应的异构烷烃，从而提高成品汽油的前端辛烷值，使成品汽油具有均匀的抗爆性能。异构化装置主要包括原料预处理、异构化反应、异构化产品分馏三个工艺系统。

原料预处理单元的任务是剔除液态烃和异戊烷组分，减少异构化反应部分处理量，同时增加正构烷烃的反应转化率。如图 8-6 所示，催化重整装置原料预处理工艺的拔头油经过苯分离后的抽余油，先进入 C_3、C_4 提轻塔 T-1，塔顶引出 C_3、C_4 组分，经冷却进入塔顶回流罐 D-1，罐顶产出干气作为副产品出装置，液相由塔顶回流泵 P-1 加压后部分回流返回塔顶，以稳定塔顶的温度和压力，部分作为液态氢产品出装置。T-1 底部引出 C_5、C_6 组分经塔底泵 P-2 加压后经过再沸升温，部分返回提轻塔底部，部分进入脱异戊烷塔 T-2。T-2 顶部引出异戊烷，经冷却进入塔顶回流罐 D-2，罐底引出液相由塔顶回流泵 P-3 加压后部分回流返回塔顶，以稳定塔顶的温度和压力，部分直接引入装置异构化产品罐。T-2 底部引出脱异戊烷组分经过塔底泵 P-4 加压后再沸升温，部分返回 T-2 底部，部分进入异构化反应单元。

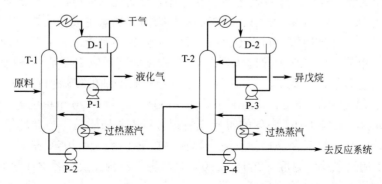

图 8-6 原料处理系统工艺流程

经过原料预处理后的 C_5、C_6 组分，其中直链烷烃占了较大的部分，直链烷烃辛烷值较低，带支链的异构烷烃辛烷值较高，C_5、C_6 各同分异构体的沸点和辛烷值见表 8-4。

表 8-4　C_5、C_6 各同分异构体的沸点和辛烷值

项　　目	沸点 /℃	RON	MON
正戊烷	36	62.6	61.7
异戊烷	28	92.3	90.3
正己烷	69	24.8	26
2,2- 二甲基丁烷	50	91.8	93.4
2,3- 二甲基丁烷	58	94.6	94.3
2- 甲基戊烷	60	73.4	73.5
3- 甲基戊烷	63	74.5	75.3

异构化反应过程均采用具有加氢脱氢中心和酸中心的双功能催化剂，金属催化剂通常采用 Pt、Pd 等贵金属，提供加氢脱氢活性，载体提供酸性中心。以正戊烷异构化为例，其反应过程如下：

$$CH_3-CH_2-CH_2-CH_2-CH_3 \xrightarrow{Pd} CH_2\!=\!CH-CH_2-CH_2-CH_3 + H_2 \qquad (8\text{-}1)$$

$$CH_2\!=\!CH-CH_2-CH_2-CH_3 + [H^+M^-] \longrightarrow CH_3-\overset{+}{C}H-CH_2-CH_2-CH_3 + M^- \qquad (8\text{-}2)$$

$$CH_3-\overset{+}{C}H-CH_2-CH_2-CH_3 \longrightarrow CH_3-\overset{+}{\underset{\underset{CH_3}{|}}{C}}-CH_2-CH_3 \qquad (8\text{-}3)$$

$$CH_3-\overset{+}{\underset{\underset{CH_3}{|}}{C}}-CH_2-CH_3 + M^- \longrightarrow CH_3-\underset{\underset{CH_3}{|}}{C}\!=\!CH-CH_3 + [H^+M^-] \qquad (8\text{-}4)$$

$$CH_3-\underset{\underset{CH_3}{|}}{C}\!=\!CH-CH_3 + H_2 \xrightarrow{Pd} CH_3-\underset{\underset{CH_3}{|}}{C}H-CH_2-CH_3 \qquad (8\text{-}5)$$

正戊烷首先在金属 Pd 上脱氢生成正戊烯（8-1），正戊烯转移到附近的酸性中心上，接受质子产生碳正离子（8-2），然后碳正离子发生骨架异构化（8-3），并失去质子生成异戊烯（8-4），异戊烯解吸转移至金属 Pd 中心，在那里被吸附并加氢生成异戊烷（8-5）。C_5 烷烃异构化只生成异戊烷一种异构体。对于 C_6 烷烃可以生成 2- 甲基戊烷、3- 甲基戊烷、2,2- 二甲基丁烷及 2,3- 二甲基丁烷等几种异构体。C_5/C_6 异构化的副反应主要是裂解反应，特别是 C_6 烷烃比较容易发生裂解，生成 C_3、C_4 烷烃。通常轻质石脑油的辛烷值在 60～75 之间，通过 C_5/C_6 异构化工艺技术，轻质石脑油的辛烷值（RON）可提高 20 个单位。

如图 8-7 所示，来自 T-102 底部的脱异戊烷组分经 P-4 加压后，与循环氢压缩机 K-1 增压后的含氢气体混合，经混合物料与反应产物换热器 E-1 换热至 205℃左右，经异构化反应进料加热炉 F-1 加热至反应温度（260～280℃）后进入异构化反应器 R-1 进行异构化反应，同时伴随部分烷烃加氢裂化等副反应，使催化剂床层产生一定温升。产物经与进料换热后，

再经异构化产物冷却器 E-2 冷却至 40℃后至异构化产物分离罐 D-3 进行气液分离，罐顶分离出的循环氢气经干燥器 D-5 干燥后进入异构化循环氢压缩机入口缓冲分液罐 D-4，罐顶气进入异构化循环氢压缩机 K-1 升压后循环使用。异构化产物分离罐 D-3 罐底液体（异构化油）送往异构化产品分馏系统。为了保证循环氢的纯度，需要在循环氢气液分离罐顶部引出的气体中排出部分废氢，而在循环氢压缩机出口处补入等量的新氢，这样就不会因为氢油比的变化而影响异构化反应深度。

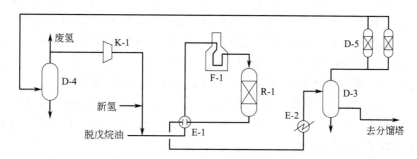

图 8-7 反应系统工艺流程

分馏系统的主要任务是保证异构化汽油的饱和蒸气压合格。如图 8-8 所示，由反应气液分离罐来的异构化产物进入分馏塔 T-3，塔顶引出反应过程中裂解生成的少量 C₃、C₄ 组分，经冷却进入塔顶回流罐 D-6，罐顶产出微量干气低压回收，与原料预处理提轻塔顶的干气汇合。液相由塔顶回流泵 P-5 加压后部分回流返回塔顶，以稳定塔顶的温度和压力，部分作为液态氢产品与原料预处理单元产出的液态烃汇合出装置。分馏塔 30 层液相引出异戊烷油经再沸提轻后，由 P-6 加压引出冷却后进入异构化产品罐。分馏塔 22 层液相引出未反应的正戊烷油经再沸提轻后，由 P-7 加压引出返回 P-4 出口回炼。分馏塔 12 层液相引出 2,2- 二甲基丁烷、2,3- 二甲基丁烷组分经再沸提轻后，由 P-8 加压引出冷却后进入异构化产品罐，分馏塔底引出 2- 甲基戊烷、3- 甲基戊烷组分，部分再沸回流返塔，部分返回 P-4 出口回炼。如果对异构化产品的辛烷值要求不是很高，可以将分馏塔简化（省略侧线流程），即剔除塔顶液态烃组分后，余下的异构化反应产物合并均从分馏塔底引出，作为异构化汽油的最终产品。

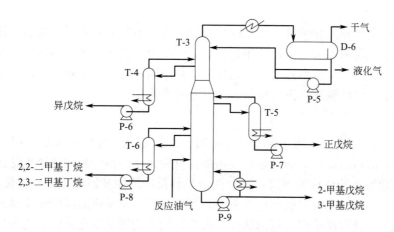

图 8-8 分馏系统工艺流程

二、异构化工艺主要操控点

1. 原料油性质

双功能异构化催化剂具有一定的抗有害杂质能力，但过量的有害杂质及重组分将影响催化剂的活性、寿命及产品液体收率，必须严格限制在一定范围内。此外，原料中过多的轻馏分（$C_1 \sim C_4$）将会影响脱异戊烷塔的操作及最终异构化油的饱和蒸气压，所以加设液态烃提轻塔是很有必要的，一般要求脱异戊烷塔进料中 C_4 以下烃类含量不超过 1.5%。

① 砷（As）　砷是异构化催化剂中危害性最大的物质，砷和催化剂上的贵金属有很强的亲和力，与铂形成砷化铂，使铂永久失去活性。此外，砷可与氯合成二氯化砷（$AsCl_2$），从而减弱了酸性组分，破坏了催化剂双功能作用。金属杂质，如铅、铜、汞、铁等和砷一样，都是永久性危害物，而催化剂的永久性中毒是不能通过再生恢复其活性的。

② 硫（S）　由于硫被吸附在催化剂表面上，而抑制了催化剂的活性，所以对于催化剂也是危害物。硫也可以与铂生成化合物——硫化铂而失去活性。通过再生的办法可以使硫中毒的催化剂全部或部分恢复活性。

③ 氮（N）　氮的危害性主要在于氮化物中的氮元素能与氢气化合成氨（HN_3），氨显碱性，它与酸性组分中和，因此破坏了催化剂的金属功能和酸性功能之间的平衡关系。

④ 水（H_2O）　原料中含水高会造成反应器内气中水增大。在反应温度高、含水量大的情况下，催化剂的铂晶粒会增大，从而减小了铂的分散度，影响了催化剂活性和使用寿命。

2. 反应温度

异构化反应器入口温度是调节反应的主要操作参数。在一定的温度范围内，提高反应温度，反应速率加快，异构化率提高，但温度过高会促进裂解反应，导致催化剂积炭，液收降低，故在保证较高的异构化率的前提下，反应温度不可过高。但是反应温度必须要足够高，使得进入反应器的物料 100% 汽化，以保证物料在催化剂床层的均匀分布。为了延长催化剂寿命，反应器入口温度应尽量低。随着异构化反应的进行，催化剂表面积炭增多，催化活性降低，所以可根据催化剂活性降低的情况逐步提高反应温度，尽量避免升温超过 300℃ 而使催化剂热失活。异构化温度调节的原则：提量提温时应"先提量后提温"，降温降量时应"先降温后降量"。

3. 反应压力

异构化过程主要是烃分子进行分子内重排的过程，不发生碳分子个数的变化，所以压力变化对异构化反应影响不大，但是低压会促进结焦反应，装置生产周期缩短，因此异构化应维持一定的反应压力，但压力升高，裂化反应将会加剧而使液收下降，操作费用上升。压力的选择由催化剂的活性确定，正常操作中不作为调节手段。

4. 空速

空速反映了反应物流在催化剂上的停留时间。空速高，异构化率低，产品的辛烷值降低。降低空速，原料与催化剂的接触时间增加，反应深度提高，异构化率也随之增加，但过低的空速不仅使装置的处理量下降，而且由于裂解反应增加使液收下降，催化剂积炭增加，使用周期缩短。空速过高或过低都将带来不利影响，异构化反应的温度和空速为互补调节因素，空速的确定主要取决于催化剂的活性，在空速较大的情况下允许较高的操作温度，正常操作中空速不作为调节手段。

5. 氢油比

氢油比的变化意味着氢分压的变化，提高氢油比有利于抑制烃类的裂解及催化剂上的积炭，延长催化剂寿命，起到保护催化剂的作用，同时又能带出反应热，控制床层反应温度。但氢油比过高，会抑制异构化反应中正构烷烃脱氢反应而影响总体异构化反应深度，也增加装置的加工成本。正常操作中，氢油比不作为调节参数。

车用汽油燃料有两个发展趋势，一是提高辛烷值，二是加强环保性指标的控制。异构化汽油工艺可提高车用汽油前段组分的辛烷值约 20 单位以上，加上异构化汽油又具有超低硫、无杂质组分的特点，所以异构化产品对车用汽油的两个发展趋势要求都有一定的贡献。但是在调和成品汽油的过程中要监控调和比例，避免成品车用汽油因轻组分过多形成气阻而影响汽油发动机的正常工作。一般只要搞好原料提轻塔和产品分馏塔顶液态烃的馏分切割，完全可以保证车用汽油饱和蒸气压合格。

 拓展阅读

24 年奋斗裂解一线——张恒珍

张恒珍，现任中国石化集团公司茂名分公司化工分部裂解车间班长，茂名石化首席技师，党的十八大、十九大代表。

几十年来，她严细实恒、勤奋刻苦，时刻以党员的标准严格要求自己，由一个只有中专学历的普通女技工成长为关键时候能"一锤定音"解决生产技术难题的操作大师，为茂名石化乙烯创造多项国内纪录、达到国际先进水平立下了汗马功劳，成为茂名石化乙烯首期工程顺利投产并创造运行周期达 79 个月的得力女干将、二期工程建成设备国产化率达 87.8% 的全国首座百万吨级乙烯生产基地的巾帼功臣，是茂名百万吨乙烯各项指标不断提升，大检修开停车"零排放"顺利实施的操作"优化王"。

1994 年，张恒珍在兰州化工学校毕业后分配到裂解车间工作。从参加工作的第一天起，她就立志发挥所长，为石化事业多做贡献。为实现目标，她埋头钻研乙烯技术，《乙烯装置技术与管理》《乙烯生产技术》等十几本技术资料被她一一啃下。很快，她成长为主操，并在车间的公开竞聘班长中，成为唯一女班长。

张恒珍善于总结并在实践中不断探索，她把自己多年的操作心得和经验融入分离系统操作法中，有效优化工艺操作参数，并创出了一套独具茂名特色的"1# 裂解装置分离系统张恒珍操作法"。2013 年 5 月，张恒珍作为中国石化选派的开工专家，参加了武汉 80 万 t 乙烯 / 年的开工建设，提出整改建议 32 条，确保了中国石化首座大型设备 100% 国产化乙烯装置高标准开车。几十年来，张恒珍一直保持着操作"零差错"的纪录。

作为一名女党员，张恒珍在工作中敢于担当、不怕苦累，自觉践行"责任在我"精神，经常不分日夜"泡"在装置现场。在全国首座百万吨乙烯装置建设过程中，张恒珍及早介入，用心尽力，充分发挥党员先锋模范带头作用，带领车间技术人员认真抓实设计审查、开停车方案编写和中控操作系统（DCS）组态调试，先后发现并解决了 37 多项工程基础设计问题，查出制约装置长周期安全生产的瓶颈问题 105 项和仪表问题 556 个，为百万吨乙烯顺利建成投产做出了突出贡献。

敢于创新是张恒珍的习惯。她负责的分离系统被喻为裂解装置的"肠胃""消化系统"，

其操作好坏直接影响到乙烯收率和产量。因此她常年扎根一线，不断完善和赋予裂解装置分离系统的"操作指南"新的内容。在她和同事们的共同努力下，2015年裂解装置损失率为0.11%，高附燃动能耗为280.42千克标油/吨，分别连读七年、八年名列集团公司同类装置竞赛第一名，助推茂名石化连续三年获得"全国石油石化能耗领跑者标杆企业"称号。

 习题

一、判断题

1. MTBE 调和汽油后辛烷值大大升高，可以加大量使用。　　　（　　）

2. 异构化油调和车用汽油后可以提高产品的终馏点。　　　（　　）

3. 异构化油调和车用汽油后，基本不会影响汽油产品的饱和蒸气压。　　　（　　）

4. 烷基化装置的烷烯比升高，有利于烷基化反应的进行。　　　（　　）

5. 异构化油调加到车用汽油中后，有利于控制芳烃和烯烃的含量。　　　（　　）

二、简答题

1. MTBE 的缺点是什么？

2. 为什么要控制烷基化汽油的调和量？

3. 目前炼厂车用汽油的主要组分是哪个装置的汽油？

4. 烷基化装置为什么对氢氟酸管理很严格？

5. 异构化油调和车用汽油会有何影响？

第九章
原油及油品调和工艺

 学习目标

知识目标

1. 了解原油调和的必要性和原油调和的基本过程。
2. 掌握车用汽油的重要质量指标及其影响因素。
3. 掌握车用柴油的重要质量指标及其影响因素。
4. 了解车用汽油、车用柴油调和的基本过程。

技能目标

1. 能独立完成仿真软件有关液位控制和比例、分程控制的操作任务。
2. 能利用油品性质指标具有加和性的特点，完成基本的调和计算过程。

素质目标

1. 培养善于沟通、团结合作的职业素养。
2. 培养以人为本、注意安全的意识。
3. 提高耐挫能力，增强自信心。
4. 培养爱国、爱岗、无私奉献的家国情怀。

对于生产装置较多且加工量较大的炼厂来说，原油调和是非常有必要的。国内炼厂所加工的原油，多是若干个油田提供的混合原油，即便是同一采油厂的原油，各个采油队的原油性质也不尽相同，而炼厂需要组成和性质均一、稳定的原油，因为炼厂的原油加工流程很复杂，原油性质有微小的变化，都会引起后续生产加工装置运行的波动。

如图 9-1 所示，常减压蒸馏装置是炼油厂的龙头装置，是炼厂原油加工的第一道工艺，其他装置的原料都来源于常减压蒸馏装置的产品，有些油分还要经过三四个装置的再加工，如果原油的性质不能保证稳定，那么在最末尾加工装置的运行状况就会出现很大的波动，既影响炼厂产品的产率和质量，又容易使生产加工装置发生安全事故。

原油经过常减压蒸馏装置和其他二次加工装置生产加工的各种石油组分，只有少数可直接作为商品出厂，而多数都不能满足商品质量的要求。因此，这些油品常常称为半成品油或基础油料。随着我国经济和社会的快速发展，汽油、柴油、润滑油的质量与需求在逐渐升级。炼油厂为了降低成本、节约能源、提高效率、优化工艺，需要在半成品油中加入一种或

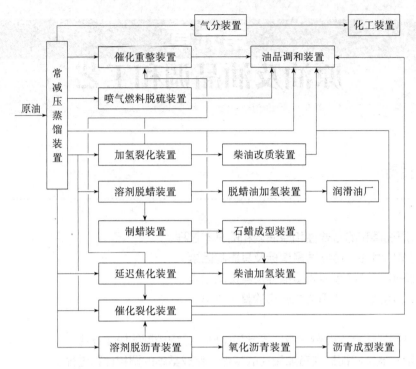

图 9-1　燃料油－润滑油－化工型炼油厂加工流程

多种添加剂，或通过双组分、多组分的半成品油按照不同比例进行调和，综合不同组分油的物化性质，发挥各自的优良性能，相互取长补短，以达到产品的质量要求。这样可以最大限度地将生产过程中产生的各种组分，如汽油、柴油及其他基础油按照一定的配方进行调和，而生产出成本低、质量合格的高品质汽油、柴油及润滑油。所以，油品调和是石油产品出厂前的最后一道工序，它要求严格，技术性强，涉及知识面广，集油品物性知识、计算机应用知识、仪表自动控制等知识于一体，并要求从业者要具备质量意识、成本意识以及拥有丰富的操作经验。

　　原油调和是为炼厂的安全生产和平稳运行创造前提条件，油品调和的目标就是以较短的时间调和出完全合乎产品质量要求的油品，减少炼厂回炼成本，提高成品罐一次调和合格率，从而创造出最大的经济效益和社会效益。

第一节　原油调和工艺

　　原油中能够影响后序加工装置平稳运行的指标见表 9-1，这些对后序加工有影响的原油指标，一定要稳定在一定的范围内，或者说不怕杂质存在，但是一定要使它们在允许的很小的数值范围内波动，而且这个波动范围越小越好。在原油调和装置中，主要是把各个原油的不均一的性质按比例混合，调和成性质稳定的原油。炼厂各个装置的平稳运行率是炼厂加工水平的主要标志。

表 9-1 原油重要性质指标

指标名称	对后续加工过程的影响
密度	影响常减压蒸馏装置直馏产品的收率，进而影响二次加工装置的物料平衡
盐含量	加快装置的腐蚀，缩短装置的运行周期
水含量	影响常减压蒸馏装置初馏塔的平稳运行
砷含量	可使重整装置催化剂中毒
钠、钒含量	可使催化裂化装置催化剂中毒

一、密度

不同油田的原油，密度差异很大，轻者在 $0.8g/cm^3$ 以下，重者可达到 $0.98g/cm^3$ 以上。即便在同一个油田，各个采油队的原油密度也可能会有很大的差异。如果在炼制的过程中，原油密度出现很大的差异，会直接影响装置与装置间的物料平衡，表现为塔底液位上涨、侧线馏出量减少等。所以，通过对原油的性质分析，了解原油密度变化，也就掌握了原油轻重变化趋势，可以提前调节各个参数，减少原油品质变化对整个装置的冲击。稳定的原油密度，有利于常减压蒸馏装置各个侧线及塔顶、塔底产品的收率稳定，即二次加工装置的原料量和性质稳定，进而有利于二次加工装置及全厂装置的平稳运行。

原油重质化的变化趋势，使得原油密度在逐年上升，对于常减压蒸馏装置来说，提高总拔、控制减压渣油的收率是炼厂减少加工成本的关键，但随着原油密度的提高，减压渣油的产率也是在逐年上升，平衡减压渣油物料是炼厂每年都要面对的棘手任务，需要做好延迟焦化装置、催化裂化装置、丙烷脱沥青装置的物料平衡。

二、盐含量

原油的盐含量，主要是无机盐的含量。常减压蒸馏装置的腐蚀主要有三类：盐类腐蚀、硫腐蚀、环烷酸腐蚀。无机盐类的腐蚀主要是水解出来的 Cl^- 与金属反应而造成管线厚度减薄，主要表现形式为 "$HCl\text{-}H_2S\text{-}H_2O$" 腐蚀。这种腐蚀主要发生在初馏塔、常压塔和减压塔 $\leqslant 150℃$ 顶循环以上的塔板塔壁、塔顶油气线和冷凝系统中的低温部位。随着原油劣质化的变化趋势，盐分对装置的腐蚀影响越来越限制装置的运行周期。装置的运行周期长，单位加工成本才会低，炼厂的效益才会好。盐含量的稳定均一，有利于常减压蒸馏装置电脱盐系统盐分脱除过程操作的进行。

三、硫含量

硫腐蚀是常减压蒸馏装置主要的腐蚀类型，原油中的硫是常减压蒸馏装置生产周期的主要影响因素，温度 $\geqslant 250℃$，硫腐蚀速率明显加快，温度 $\geqslant 350℃$，硫腐蚀最为激烈。所以，这类腐蚀多发生在常压塔底、减压塔底、加热炉管、转油线、重油管线、重油机泵等高温部位。常减压蒸馏装置的"跑、冒、滴、漏"现象基本都是硫腐蚀作用的结果。原油按硫含量可分为：低硫原油（硫含量 < 0.5%）；含硫原油（硫含量 0.5% ~ 2.0%）；高硫原油（硫含量 > 2.0%）。

如图 9-2 所示，在炼油厂的原油调和罐区，每个采油厂或者采油队输转过来的原油，都设有专用油罐，根据各个采油厂原油来量的多少，专用罐的大小和数量都是设计好的，完整的专用罐应该设置三个，一个罐在进，一个满罐分析，一个罐出调。每次转油前，油罐必须计量，测好温度，输转结束后，也要计量、测温。这一交接过程都是采油厂和炼油厂双方员工共同完成的，并且要认真填写原油交接凭证。每次在外矿转油的过程中，每隔一定的时间（通常为 15min 左右），就要取少许管道油样作为油样。这样在整个转油过程中，共可获得至少 2000mL 的油样以分析原油性质，这样做的目的是测出实际输转过来的原油的真实性质，为后面的原油调和工艺做好数据上的准备。

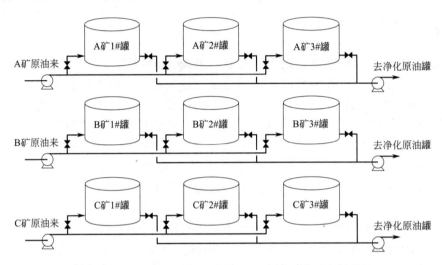

图 9-2　采油矿区原油进炼厂原油罐区流程示意图

从采油矿区输转到炼油厂的原油，经过采油厂和炼油厂双方交接以后，就可以作为净化原油的调和组分罐。如图 9-3 所示，以炼油厂有三种原油来源为例：A 矿原油、B 矿原油、C 矿原油，这些原油是不能直接作为原料输入到常减压蒸馏装置进行加工的，必须经过严格的原油调和过程，即每个矿区原油按照预先算出的比例，分批转进净化原油罐内。这些比例根据每个矿区供应的原油量而定，以 1000 万 t/a 规模的炼厂为例，各个采油矿区的原油调和比例计算见表 9-2。

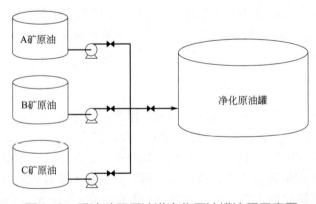

图 9-3　采油矿区原油进净化原油罐流程示意图

表 9-2 矿区原油调和比例计算

矿区	A 矿	B 矿	C 矿
原油供应量 / (万 t/a)	200	300	500
调和比例 /%	20	30	50
每 $1 \times 10^4 m^3$ 净化油罐调油量 /m^3	2000	3000	5000

A 矿原油、B 矿原油、C 矿原油按照 2：3：5 的比例，分批转进净化原油罐，进行充分的混合后，要静置至少 4h，然后进行沉降脱水，水中含有饱和的无机盐，脱水是为了脱除原油中的盐分，备用净化原油罐沉降脱水流程见图 9-4。

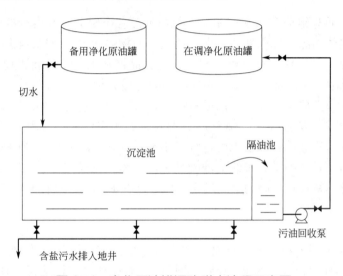

图 9-4 净化原油罐沉降脱水流程示意图

按照比例调和好的净化原油罐，必须静置至少 4h，当然时间越长油水分层效果越好，油水的密度差异使水层在下面，在罐侧面底部有切水阀门，打开后，饱和的无机盐水会直接放进沉淀池中，沉淀池具有容量很大的空间，它为净化原油罐排出来的污水提供足够的停留时间和空间，使油水得到更加充分的分离，沉淀池中的油水界位是要严格监控的，当水位超高时，污水要通过沉淀池底部的阀门排出，如果净化原油罐是连续调和的，那么沉淀池底部阀门要长期处于开放状态，以保持稳定的油水界面。沉淀池的旁边有隔油池，沉淀池与隔油池之间有隔油墙，沉淀池中的油位慢慢长高后，会超过隔油墙的高度，从而漫过的油会进入到隔油池中，隔油池的空间容量不是很大，它只是回收净化原油罐切水过程中随着水带出的原油。在隔油池的底部设有回收油泵，可以间歇启运，把隔油池中回收的原油重新打回到在调净化原油罐中，由于回收的污油量很小，所以一般回收原油量在计算原油掺炼比例时，可以忽略不计。另外在我国北方的炼厂，为了更彻底地切除原油罐中的无机盐和水分，在原油罐底部设有蒸汽盘管，可以在气候寒冷的时候给罐加热。

切水后的净化原油罐是常减压蒸馏装置的原料罐，切水后要通知化验分析中心取三级罐样分析净化原油的水含量、盐含量及密度，原油调和岗位将这些数据报送到常减压蒸馏装置的主控室，主操会根据这些数据进行操作参数的调节和控制，以保证装置的平稳运行。

第二节 油品调和工艺

油品调和就是将性质相近的两种或两种以上的石油组分按照依据各调和组分的物化性质而预先计算出的比例，通过规定的方法和设备进行均匀地混合，使目的产品的各项质量、指标合格的生产加工过程。有时在此过程中还需要加入一种或多种添加剂，以改善油品的特定性能。

油品的物化性质与组分含量密切相关，组成油品各个组分有其自身的物化性质的表现，组分含量越大，整体油品就倾向性地表现为该组分的物化性质。所以，油品的物化性质全部都具有加和性，充分利用这一特点可实现并优化油品调和工艺，既能达到油品的使用要求，又大大地降低了炼油厂生产加工成本，实现经济效益最大化。

目前，油品调和主要包括液体石油燃料调和、润滑油调和两大类。液体石油燃料调和主要包括车用汽油调和、柴油调和、喷气燃料调和、船舶用燃料调和等。润滑油调和类型很多，主要是根据各自产品的特殊要求而进行。本节重点介绍汽油和柴油调和过程。目前常用的油品调和方法有两种：间歇、离线的油罐调和，连续、在线的管道调和。由于这两种调和方法都具有其独有的特点和不同的适用场合，所以现在油品调和过程两种方法共存。

一、汽油调和

生产各种牌号车用无铅汽油的常规调和组分主要是催化汽油和重整汽油，但是如果只有以上两种组分调和汽油，会导致成品汽油烯烃、芳烃含量难以达标。依据催化裂化、重整汽油的特点，各个炼厂会有选择性地建有烷基化、MTBE、异构化等装置，即便是相同装置，因为原料性质不同，其装置产品也会不同。因此，国内各个炼厂的汽油调和方案均不相同。

催化裂化装置是以直馏减压侧线油、焦化蜡油、溶剂脱沥青的轻重脱油、溶剂脱蜡的蜡下油等馏分为主要原料，掺炼小部分减压渣油，在无氢、高温下催化裂化生成汽油，因为催化剂选择异构化反应强于芳构化反应，所以催化裂化汽油中烯烃含量较多的同时，异构烷烃和异构烯烃均较多。随着催化剂的升级换代和对氢转移反应选择性的加强，催化裂化汽油的烯烃含量也在逐渐下降，但是由于装置采用无氢无机手段脱硫，致使相对于催化重整汽油，催化裂化汽油中硫含量偏高。

催化重整工艺是在高压氢气存在的条件下，进行高温精制和结构重整（芳构化反应居多）。因此催化重整汽油的特点是杂质含量最低，无烯烃，抗氧化安定性好，但是芳烃含量高。随着芳烃抽提装置的普及，重整汽油的产量逐渐下降，成品汽油的热值也随之下降，因此做好减压渣油的物料平衡，提高直馏汽油和焦化汽油的产量，是增加重整汽油产量的唯一手段。

MTBE对提高汽油辛烷值的贡献较大，效果也最明显，唯有不足的是氧元素的存在会降低汽油的热值，且甲基叔丁基醚会伤害人体、污染环境，我国总体对MTBE使用量将会越来越少。烷基化油和异构化油，主要是$C_5 \sim C_9$的异构烷烃，是汽油的理想组分，但是它们的调和量要适当，尤其是异构化油的组分较轻，会影响到成品汽油的饱和蒸气压指标。MTBE、烷基化油和异构化油是炼厂成品汽油的辅助调和组分，提高催化裂化和催化重整工艺操作水平，生产出合格的组分，是提高成品车用汽油质量和产量的主要途径。

　　图 9-5、图 9-6 是炼厂汽油罐式调和工艺流程图，由催化裂化装置生产加工的催化裂化汽油输送至油库催化裂化汽油专用罐，一般设三个专用罐，一个为在进罐，一个为进满后的静置罐，一个为调和成品汽油的在调罐。专用罐进满以后，需要静止切水，然后取三级样分析催化裂化汽油相关指标，如辛烷值、馏程、蒸气压、硫含量、硫醇硫含量、酸度、铜片腐蚀、机械杂质水分、苯含量、芳烃含量、烯烃含量、实际胶质、诱导期等。催化重整汽油与催化裂化汽油一样，直输至油库的专用罐，并取样分析相关质量指标。依据催化裂化汽油和催化重整汽油指标数据，计算出各自的调和比例，根据调和比例计算出各组分的调油量，各组分分批泵送至成品罐，进满后依靠机械搅拌或循环泵喷嘴搅拌达成混合均匀。因为催化裂化汽油和催化重整汽油在专用罐中已完成切水任务，故汽油成品罐无须切水，进满后三级取样分析汽油的全部指标，合格后出厂。

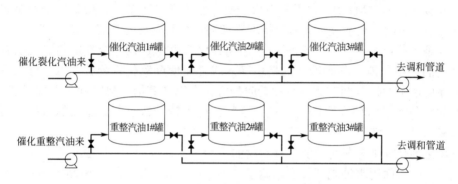

图 9-5　油库罐区各汽油调和组分进罐流程示意图

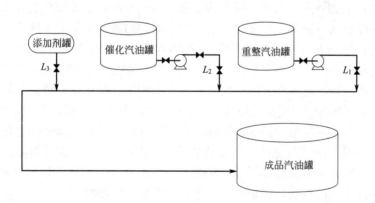

图 9-6　油库汽油罐式调和流程示意图

（L_1、L_2、L_3 为调和比例）

　　在调和过程中所添加的汽油添加剂是一种具有清净、分散、抗氧化和防锈性能的高效复合添加剂，可改善汽油品质，既能抑制燃油系统内部沉积物的生成，又能将已生成的氧化沉积物迅速分解，从而提高燃烧效率，减少尾气污染物的排放，具有除积炭、恢复动力、节省燃油、清洁环保和防腐防蚀的效果。常用汽油添加剂见表 9-3。

表 9-3　常用汽油添加剂

添加剂类型	代表性化合物	主　要　作　用
抗爆剂	甲基叔丁基醚（MTBE）、甲基叔戊基醚、叔丁醇、甲醇、乙醇	提高汽油的辛烷值，防止气缸中的爆震现象发生，减少能耗，提高功率
抗氧剂	N,N'-二仲丁基对苯二胺、2,6-二叔丁基酚、2,6-二叔丁基对甲酚	延缓油品氧化，防止胶质生成而造成油路堵塞，防止进气门黏结导致功率降低等
金属钝化剂	N,N'-二水杨基丙二胺、N,N'-二水杨基乙二胺	抑制金属催化氧化作用，与抗氧化剂复合后有明显协同作用
防冻剂	乙二醇甲醚、乙二醇乙醚	能与油中水形成低冰点溶液，也能溶解一定量冰晶，使低温使用条件下不析冰晶
抗静电剂	有机铬盐与钙盐和有机含氮共聚物三组分复合剂	提高油品的电导率，防止电荷聚集引起火灾
抗磨防锈剂	环烷酸、二聚酸与磷酸酯	减少燃料泵塞头磨损，防止油管、油缸锈蚀与腐蚀

抗爆剂的作用机理是抑制或消除汽油在发动机内燃烧时产生的过氧化物。常用的抗爆剂主要有甲基叔丁基醚（MTBE）、甲基叔戊基醚、叔丁醇、甲醇、乙醇等。采用抗爆剂是提高车用汽油辛烷值的重要手段，无公害抗爆添加剂是今后发展的方向。

抗氧剂是一些能够抑制或者延缓高聚物和其他有机化合物在空气中热氧化的有机化合物。抗氧剂的作用是消除刚刚产生的自由基，或者促使过氧化物分解，阻止链式反应的进行。能消除自由基的抗氧剂有芳香胺和受阻酚等化合物及其衍生物，称为主抗氧剂；能分解过氧化物的抗氧剂有含磷和含硫的有机化合物，称为辅助抗氧剂。重要的芳香胺类抗氧剂有：二苯胺、对苯二胺和二氢喹啉等化合物及其衍生物或聚合物。

金属钝化剂是抑制金属对油的各种影响的添加剂。在炼油工业方面，金属钝化剂有两个方面的应用：一方面用来抑制活性金属离子（铜、铁、镍、锰等）对油品氧化的催化作用的物质，常与抗氧剂复合使用于汽油、喷气燃料、柴油等轻质燃料中，可提高油品的安定性，延长储存期，常用的如 N,N'-二亚水杨基丙二胺；另一方面在重油催化裂化中，用来抑制油中所含重金属（镍、钒、铜等）对催化剂活性的影响的物质，常用的为锑的化合物。

防冻剂是能在低温下防止物料中水分结冰的物质。分冰点降低型和表面活性剂型两类。冰点降低型有低碳醇类、二元醇及酰胺类等。表面活性剂型能使物料在表面形成疏水性吸收膜，如酸性磷酸酯胺盐、烷基胺、脂肪酸酰胺、有机酸酯、烷基丁二酰亚胺等。

抗静电剂一般都具有表面活性剂的特征，结构上极性基团和非极性基团兼而有之。常用的极性基团（即亲水基）有羧酸、磺酸、硫酸、磷酸的阴离子、胺盐和季铵盐的阳离子、—OH 和—O—等基团；常用的非极性基团（即亲油基或疏水基）有烷基、烷芳基等。

抗磨防锈剂一般是含有极性基团的有机物，可吸附在摩擦部件的表面，从而改善燃料的润滑性能。国内外主要的抗磨防锈剂有环烷酸、二聚酸与磷酸酯等。

汽油罐式调和操作简单，不受催化裂化装置和催化重整装置汽油组分馏出口质量波动的影响，但是这种调和方法需要数量较多的组分罐，调和时间长，易氧化，调和过程复杂，油品损耗人，调和作业必须分批进行，调和比不精确，经常出现质量指标过剩或欠缺的现象。而管道调和更适合大处理量的炼厂，该调和过程减少了中间分析环节，节省了人力、物力和时间，如果生产装置组分馏出口质量指标合格，可实行卡边操作，避免质量指标过剩，且管道调和的全过程实现密闭操作，这样就减少了蒸发损耗，也较少出现油品氧化现象。油库汽油管道调和流程见图 9-7。

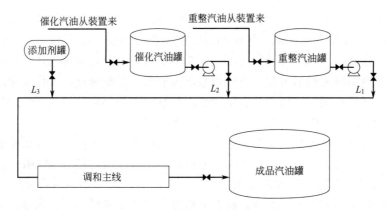

图 9-7　油库汽油管道调和流程示意图

（L_1、L_2、L_3 为调和比例）

从催化裂化装置来的催化裂化汽油直输至油库专用催化裂化汽油专用组分罐，在进罐前的管线中取样分析管道样，分析辛烷值、馏程、蒸气压、硫含量、硫醇硫含量、酸度、铜片腐蚀、机械杂质水分、苯含量、芳烃含量、烯烃含量、实际胶质、诱导期等指标，为后面的添加剂及辅助调和组分调和比例计算提供数据依据。油库的催化裂化汽油专用罐是边进边出，进入调和主线。同样，催化重整汽油也是直输至油库专用重整汽油罐，取样分析，边进边出，进入调和主线。催化裂化汽油、催化重整汽油、添加剂及辅助调和组分是同时泵送至调和主线，调和主线内设有一组或多组静态混合器，以达到均匀混合的目的。调和主线末端进入炼厂汽油的成品罐，进满后切水、分析取样，合格后出厂。

汽油调和组分的生产加工装置的运行是动态的加工过程，馏出口产品的质量不会是一条直线那么稳定，因此汽油在调和过程中，很容易出现质量指标不合格的现象，遇到问题要及时发现和解决，否则会造成产品染罐的质量事故发生。一般汽油调和会出现以下问题：

① 辛烷值偏低　以 92# 汽油辛烷值的调和为例，调和汽油罐辛烷值在 90～92.3 之间波动视为正常，高于 92.3 时辛烷值过剩，增加炼厂的汽油加工成本。因此，一般质量过剩罐将作为高辛烷值组分继续调和，以增加效益。辛烷值偏低的原因有很多：一种原因是高辛烷值组分的调和比例偏低，这种整改比较简单，只需及时恢复或提高高辛烷值组分的调和量即可。另一种原因较为复杂，就是各个调和组分的辛烷值均下降，这主要与催化裂化和催化重整装置的操作有关。此时应及时汇报厂调度，安排催化裂化和催化重整装置及时分析汽油辛烷值下降的原因，适当增加反应深度。

② 硫含量偏高　催化裂化装置汽油脱臭工艺属无机脱硫手段，其比不上催化重整装置的加氢精制效果。异构化装置的原料多是来源于苯抽提的抽余油，所以其硫含量也较小。烷基化装置原料很多来源于催化裂化装置，虽然它有自身的干燥工艺，但是化合物中的硫含量还是较高。所以，成品汽油中的硫含量超标，多是因为重整汽油和异构化汽油含量小，或者是催化裂化汽油和烷基化汽油含量高导致。

③ 烯烃含量偏高和诱导期偏短　烯烃的性质较为活泼，易发生氧化反应使得汽油诱导期缩短，所以国标规定汽油中烯烃含量不大于 18%。在各种汽油的调和组分中，催化裂化汽油的烯烃含量最高，其次是烷基化汽油。重整和异构化过程因为有氢气的存在，饱和度较高，所以成品汽油烯烃含量偏高。这主要是因为烷基化汽油和催化裂化汽油调和比例偏大，

或者是催化裂化装置氢转移反应力度不够。整改的手段主要是控制催化裂化汽油的调和比例。

④ 芳烃和实际胶质含量偏高 烯烃和芳烃的存在会增加成品汽油的实际胶质生成的倾向，所以国家标准规定汽油中芳烃含量不大于35%。催化重整反应是烷烃环化脱氢生成芳烃和环烷烃异构脱氢生成芳烃的过程，所以重整汽油的芳烃含量最高，催化裂化对异构化反应的选择性比芳构化反应强，所以芳烃含量较少，烷基化油和异构化油的芳烃含量最低。成品汽油的芳烃含量偏高，主要是重整汽油调和量偏高所致。

成品汽油中的氧含量偏高，也会在一定程度上降低汽油的热值，所以国家要求成品汽油中控制氧含量不大于2.7%，相当于MTBE调和量不超过15%，随着MTBE调和量的下降，该项指标都会合格。在炼厂调和汽油的过程中，经常会出现多项质量指标同时不合格的现象，此时要根据各个调和组分的特点，综合分析并及时调整各组分的调和量，提高一次调和合格率，实现炼厂经济效益最大化。

二、柴油调和

柴油的罐式调和流程、管道调和流程与汽油罐式调和相似，如图9-8～图9-10所示，调和的工艺过程也相似，直馏柴油调和量的多少，取决于加氢柴油的质量过剩度。常减压蒸馏装置的直馏柴油包括常二线、常三线和减一线，如果终馏点超标，可甩出一部分常三线、减一线作为重柴调和原料，或者作为柴油加氢装置原料。

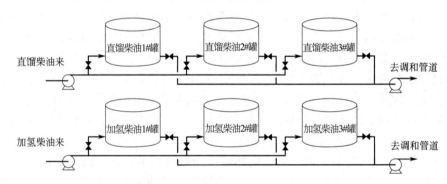

图 9-8 油库罐区各柴油调和组分进罐流程示意图

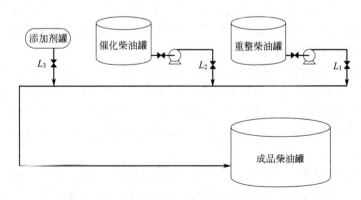

图 9-9 油库柴油罐式调和罐流程示意图

（L_1、L_2、L_3 为调和比例）

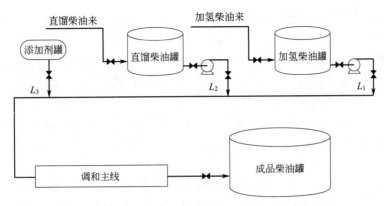

图 9-10　油库柴油管道调和罐流程示意图

（L_1、L_2、L_3 为调和比例）

在调和过程中柴油取样主要分析硫含量、10% 蒸余物残炭、铜片腐蚀、运动黏度、凝点、冷滤点、闪点、十六烷值、馏程等指标。根据这些柴油组分的数据，计算出各组分及添加剂的调和比例。柴油添加剂主要有流动改进剂、十六烷值改进剂、清净分散剂、多效添加剂、助燃剂等，见表 9-4。

表 9-4　常用柴油添加剂

添加剂类型	代表性化合物	主 要 作 用
流动改进剂	聚乙烯 - 乙酸乙烯酯、乙烯 - 丙烯酸酯类	降低柴油冷滤点及凝点，改善低温流动性能
十六烷值改进剂	硝酸异戊酯、混合烷基硝酸酯	提高柴油十六烷值，缩短滞燃期，改善柴油着火性能
清净分散剂	烷基磷酸胺、烯基丁二酰亚胺、烷基酰胺	防止汽化器及进气阀门污染与沉积，减少油路沉渣
多效添加剂	含有抗氧、分散及钝化剂的稳定性复合剂	解决燃料系统部件的清净及防腐问题，使柴油安定性得到改善
助燃剂	磺酸盐（钡盐、镁盐）等	促进柴油充分燃烧，减少排气中烟尘

低温流动性改进剂是目前柴油生产中一种常用的添加剂。柴油低温流动性改进剂又称柴油降凝剂，柴油中加入降凝剂后，当温度降低，蜡晶刚一形成时，降凝剂就会起到成核剂的作用，与蜡晶共同析出并吸附在蜡晶表面上，阻止了蜡晶间的相互粘接，防止生成连续的结晶网，这样就使得蜡晶颗粒更加细微，能很好地通过滤网。降凝剂这种破坏或改变蜡结晶的功能，就可降低柴油的冷滤点和凝点。

降凝剂的加入，可以改变蜡的结晶形态或蜡晶的大小，但并不能阻止蜡晶的析出及减少析蜡量。因此，在降凝剂的作用下，当柴油温度降低到接近冷滤点时，柴油中会出现数量较多的细微蜡晶颗粒，使油品外观变得浑油，但这并不影响柴油顺利通过滤网（或滤清器）。

十六烷值改进剂可提高柴油的十六烷值，有效地改善柴油的燃烧性能，提高机动车的动力，节油效果十分明显。根据现有的原油加工工艺，直馏柴油的十六烷值一般都大于 50，能满足高速柴油机对燃烧性能的需要。为了提高柴油的产量，就需要使用催化裂化柴油作为柴油加氢装置的原料，而催化裂化柴油的十六烷值较低，一般在 30 ～ 40，燃烧性能差，所以就需要柴油加氢装置提高十六烷值的反应条件变得苛刻。石油炼制企业为提高柴油的品质，需采用合理的加工工艺和调和比例以提高柴油的十六烷值，或者采用添加柴油十六烷值改进剂的方法。

柴油在柴油机内燃烧的过程是短促而复杂的物理化学过程，分为滞燃期、速燃期、缓燃期和补燃期四个过程，而缩短滞燃期可提高柴油的燃烧性能。十六烷值改进剂作用机理就是缩短柴油的滞燃期。十六烷值改进剂在柴油燃烧过程中提供自由基化合物，这些自由基化合物参与柴油的氧化、分解反应。以自由基为中心引发氧化链式反应，大大地降低柴油的自燃活化能，缩短柴油的滞燃期，提高柴油在柴油机中燃烧时的自燃性，改善发动机的冷启动性能，降低燃烧噪声及柴油机的污染排放。

清净分散剂包括清净剂和分散剂两类。其主要作用是使发动机内部保持清洁，使生成的不溶性物质呈胶体悬浮状态，不至于进一步形成积炭、漆膜或油泥。具体来说，其作用可分为酸中和、增溶、分散和洗涤四方面。清净分散剂的结构，基本上是由亲油、极性和亲水三个基团组成，由于结构的不同，导致清净分散剂的性能有所不同。一般来说，有灰添加剂的清净性较好，无灰添加剂的分散性突出。清净分散剂的典型代表有石油磺酸盐、烷基酚盐、水杨酸盐、丁二酰亚胺、丁二酸酯和聚合物。前三种称有灰清净分散剂，后三种称无灰清净分散剂。

燃油助燃剂是在柴油燃烧过程中能起到促进燃烧作用的物质，燃料完全燃烧的好处就是降低燃料的消耗、减少废气排放、减少残渣在引擎表面的沉积和提升机动车动力性能。燃油助燃剂能尽量使燃油的燃烧在同一时间完成，有效地提高发动机的效率。

一般柴油的调和容易出现以下几个问题。

（1）闪点偏低

成品柴油闪点偏低，说明其轻组分含量偏高，直馏柴油因为其含有减顶油馏分，所以相对于加氢柴油，直馏柴油闪点要偏低些。如果成品柴油闪点不合格，可以考虑调和重柴油来提高最终柴油闪点。但是由于重柴油的杂质含量和腐蚀指标不像轻柴油那么严格，所以在调和时，应注意重柴油调油量，避免闪点合格而其他指标不合格。如果50%、90%和95%馏出温度接近上限，只有在生产加工装置采取相应措施，如提高延迟焦化装置粗汽油终馏点、常减压蒸馏装置常一线终馏点来获得闪点较高的原料，或者优化柴油加氢装置分馏塔的操作，来获得偏重的调和组分。

（2）柴油十六烷值偏低

烃类分子结构越简单，直链越长，十六烷值就越高。柴油馏分中碳数越高，芳烃的含量越高，十六烷值就越低。车用柴油十六烷值需控制在47～51以上。直馏柴油的十六烷值因加工的原油不同而波动较大，加之直馏柴油调和比例较大，所以成品柴油的十六烷值主要受直馏柴油的影响。如果直馏柴油十六烷值本身能够达到47～51以上，柴油加氢装置可以不设改质反应器，或只需要较小改质反应深度；如果成品柴油十六烷值低于47～51，应考虑增加直馏柴油加氢的比例。由于原油杂质含量较高，直馏柴油需全部进柴油加氢装置，而常减压蒸馏装置直馏喷气燃料应提高终馏点，防止50%、90%和95%馏出温度过低。但在加大柴油加氢进料的同时，要预测到成品柴油终馏点的上升幅度，毕竟在柴油改质过程中，结构的简单化会使碳数相同的烃分子沸点下降，碳氢比越大的原料，改制后的柴油终馏点下降幅度越大。因此，在改变加工方案的同时，应适当增大加氢柴油的取样分析频次，依据数据变化及时调整直馏柴油、焦化柴油、催化裂化柴油的馏程，以防止成品柴油的终馏点偏低。

（3）硫含量和10%蒸余物残炭

柴油中硫含量和10%蒸余物残炭的变化趋势是同步的，馏分越重，硫含量越高，芳烃和胶质的含量也会越高。因此，如果原油的硫含量偏高，或者直馏混合柴油的50%、90%和95%馏出温度偏高，需要增加加氢柴油的调和比例或者增加直馏柴油进加氢工艺的比例。

油品调和是影响炼厂效益最直接的人为因素，员工的岗位责任心和职业道德培养日趋重要。此外，也必须建立严格的岗位工作制度来规范和约束员工工作行为，以确保油品调和工艺的正常运行：

① 油品调和必须严格按照调和工艺卡片进行，必须填写油品调和记录，调和记录包括罐底油质量、油位高度、比例和组分油量、罐号和组分半成品质量记录、各组分进入时间及进入量、添加剂名称及加入量；

② 参加调和的各组分都应符合组分（半成品）质量要求，预先依据各组分的性质计算出调和比例，或由小样试验得出调和比例，按此比例严格控制各组分的调和量，调和过程中检尺方法应正确无误，确定好调油先后次序，要以先重后轻的顺序进行，油品的收入量以调和罐计量为准；

③ 加入油品中的添加剂品种、质量标准和比例应经试验鉴定，按要求补加入添加剂后，要及时搅拌，以免添加剂在罐内沉降分层，添加剂计量应准确；

④ 管道调和的静态混合，罐式调和的泵循环或机械搅拌混合，都应达到混合均匀的目的，各组分互相扩散 2h 后，再通知化验室取样分析；

⑤ 如组分油腐蚀指标不合格或因各种原因污染，造成油颜色变深不能调入成品时，必须经过化验分析、小样鉴定才能设计调和方案，调和量越小越好，留出指标恶化的空间；

⑥ 调和后应及时脱水，调和产品经化验分析合格后（有化验合格证）方可出厂。

车用汽油（ⅥA）质量指标和试验方法见表 9-5。车用柴油（Ⅵ）质量指标和试验方法见表 9-6。

表 9-5　车用汽油（ⅥA）质量指标和试验方法

项　目		质量指标			试验方法
		89 号	92 号	95 号	
抗爆性：					
研究法辛烷值（RON）	不小于	89	92	95	GB/T 5487
抗爆指数（RON+MON）/2	不小于	84	87	90	GB/T 503、GB/T 5487
铅含量[①]/（g/L）	不大于	0.005			GB/T 8020
馏程：					GB/T 6536
10% 蒸发温度 /℃	不高于	70			
50% 蒸发温度 /℃	不高于	110			
90% 蒸发温度 /℃	不高于	190			
终馏点 /℃	不高于	205			
残留量（体积分数）/%	不大于	2			
蒸汽压[②]/kPa：					GB/T 8017
11 月 1 日～4 月 30 日		45～85			
5 月 1 日～10 月 31 日		40～65[③]			
胶质含量 /（mg/100mL）：					GB/T 8019
未洗胶质含量（加入清净剂前）	不大于	30			
溶剂洗胶质含量	不大于	5			
诱导期 /min	不小于	480			GB/T 8018
硫含量[②]/（mg/kg）	不大于	10			SH/T 0689
硫醇（博士试验）		通过			NB/SH/T 0174
铜片腐蚀（50℃，3h）/级	不大于	1			GB/T 5096
水溶性酸或碱		无			GB/T 259

续表

项 目		质量指标			试验方法
		89 号	92 号	95 号	
机械杂质及水分			无		目测[⑤]
苯含量[⑥]（体积分数）/%	不大于		0.8		SH/T 0713
芳烃含量[⑦]（体积分数）/%	不大于		35		GB/T 30519
烯烃含量[⑦]（体积分数）/%	不大于		18		GB/T 30519
氧含量[⑧]（质量分数）/%	不大于		2.7		NB/SH/T 0663
甲醇含量[①]（质量分数）/%	不大于		0.3		NB/SH/T 0663
锰含量[①]/(g/L)	不大于		0.002		SH/T 0711
铁含量[①]/(g/L)	不大于		0.01		SH/T 0712
密度（20℃）[⑨]/(kg/m³)			720～775		GB/T 1884、GB/T 1885

① 车用汽油中，不得人为加入甲醇以及含铅、含铁和含锰的添加剂。

② 也可采用 SH/T 0794 进行测定，在有异议时，以 GB/T 8017 方法为准。换季时，加油站允许有 15d 的置换期。

③ 广东、海南全年执行此项要求。

④ 也可采用 GB/T 11140、SH/T 0253、ASTM D7039 进行测定，在有异议时，以 SH/T 0689 方法为准。

⑤ 将试样注入 100mL 玻璃量筒中观察，应当透明，没有悬浮和沉降的机械杂质和水分。在有异议时，以 GB/T 511 和 GB/T 260 方法为准。

⑥ 也可采用 GB/T 28768、GB/T 30519 和 SH/T 0693 进行测定，在有异议时，以 SH/T 0713 方法为准。

⑦ 也可采用 GB/T 11132、GB/T 28768 进行测定，在有异议时，以 GB/T 30519 方法为准。

⑧ 也可采用 SH/T 0720 进行测定，在有异议时，以 NB/SH/T 0663 方法为准。

⑨ 也可采用 SH/T 0604 进行测定，在有异议时，以 GB/T 1884、GB/T 1885 方法为准。

表 9-6　车用柴油（Ⅵ）质量指标和试验方法

项 目		质量指标						试验方法
		5 号	0 号	-10 号	-20 号	-35 号	-50 号	
氧化安定性（以总不溶物计）/(mg/100mL)	不大于			2.5				SH/T 0175
硫含量[①]/(mg/kg)	不大于			10				SH/T 0689
酸度（以 KOH 计）/(mg/100mL)	不大于			7				GB/T 258
10% 蒸余物残炭[②]（质量分数）/%	不大于			0.3				GB/T 17144
灰分（质量分数）/%	不大于			0.01				GB/T 508
铜片腐蚀（50℃，3h）/级	不大于			1				GB/T 5096
水含量[③]（体积分数）/%	不大于			痕迹				GB/T 260
润滑性：校正磨痕直径（60℃）/μm	不大于			460				SH/T 0765
多环芳烃含量[④]（质量分数）/%	不大于			7				SH/T 0806
总污染物含量 /(mg/kg)	不大于			24				GB/T 33400
运动黏度[⑤]（20℃）/(mm²/s)		3.0～8.0		2.5～8.0		1.8～7.0		GB/T 265
凝点 /℃	不高于	5	0	-10	-20	-35	-50	GB/T 510
冷滤点 /℃	不高于	8	4	-5	-14	-29	-44	SH/T 0248
闪点（闭口）/℃	不低于	60			50	45		GB/T 261
十六烷值	不小于	51			49	47		GB/T 386

续表

项　目		质量指标						试验方法
		5号	0号	-10号	-20号	-35号	-50号	
十六烷指数⑥	不小于	46		46		43		SH/T 0694
馏程： 50% 回收温度 /℃ 90% 回收温度 /℃ 95% 回收温度 /℃	不高于 不高于 不高于	300 355 365						GB/T 6536
密度⑦ (20℃)/(kg/m³)		810 ～ 845			790 ～ 840			GB/T 1884 GB/T 1885
脂肪酸甲酯含量⑧ (体积分数)/%	不大于	1.0						NB/SH/T 0916

　① 也可采用 GB/T 11140 和 ASTM D7039 进行测定，结果有异议时，以 SH/T 0689 方法为准。

　② 也可采用 GB/T 268 进行测定，结果有异议时，以 GB/T 17144 方法为准。若车用柴油中含有硝酸酯型十六烷值改进剂，10% 蒸余物残炭的测定应使用不加硝酸酯的基础燃料进行。车用柴油中是否含有硝酸酯型十六烷值改进剂的检验方法见附录 B。

　③ 可用目测法，即将试样注入 100mL 玻璃量筒中，在温室（20℃ ±5℃ ）下观察，应当透明，没有悬浮和沉降的水分。也可采用 GB/T 11133 和 SH/T 0246 测定，结果有异议时，以 GB/T 260 方法为准。

　④ 也可采用 SH/T 0606 进行测定，结果有异议时，以 SH/T 0806 方法为准。

　⑤ 也可采用 GB/T 30515 进行测定，结果有异议时，以 GB/T 265 方法为准。

　⑥ 十六烷指数的计算也可采用 GB/T 11139。结果有异议时，以 SH/T 0694 方法为准。

　⑦ 也可采用 SH/T 0604 进行测定，结果有异议时，以 GB/T 1884 和 GB/T 1885 方法为准。

　⑧ 脂肪酸甲酯可采用 GB/T 23801 进行测定，结果有异议时，以 NB/SH/T 0916 方法为准。

拓展阅读

新中国石油战线的铁人——王进喜

　王进喜，甘肃玉门人，是新中国第一批石油钻探工人，全国著名的劳动模范。

　1938 年，15 岁的王进喜进入玉门石油公司当工人，中华人民共和国成立后历任玉门石油管理局钻井队长、大庆油田 1205 钻井队队长、大庆油田钻井指挥部副指挥。1956 年加入中国共产党。

　他率领 1205 钻井队艰苦创业，打出了大庆第一口油井，并创造了年进尺 10 万米的世界钻井纪录，展现了大庆石油工人的气概，为我国石油事业立下了汗马功劳，成为中国工业战线一面火红的旗帜。

　王进喜以"宁可少活二十年，拼命也要拿下大油田"的顽强意志和冲天干劲，被誉为油田铁人。1959 年，王进喜在全国"群英会"上被授予全国先进生产者称号。

　王进喜干工作处处从国家利益着想，他重视调查研究，依靠群众加速油田建设，艰苦奋斗，勤俭办企业，有条件上，没有条件创造条件也要上，建立责任制，认真负责，严把油田质量关。他留下的"铁人精神"和"大庆经验"，成为我国进行社会主义建设的宝贵财富。

　王进喜身上体现出来的"铁人精神"，激励了一代代的石油工人。铁人不仅是工人阶级的先锋战士、共产党人的楷模，更是个为国家分忧解难、为民族争光争气、顶天立地的民族英雄。

习题

一、选择题

1. 油库成品汽油的辛烷值偏低，不可能是因为（　　）。

A. 催化裂化汽油辛烷值低　　　　　　　　B. 催化重整汽油辛烷值低

C. MTBE 调和量偏低　　　　　　　　　　D. 抗氧剂调和量低

2. 下面不是汽油高辛烷值的调和组分的是（　　）。

A. 异构化油　　　　　　B. 烷基化油　　　　　C. MTBE　　　　　　D. 金属防锈剂

3. 下面属于抗爆剂的是（　　）。

A. 抗氧化剂　　　　　　B. 抗静电剂　　　　　C. 烷基化油　　　　　D. 防冻剂

4. 下面可以不用切水而直接取样分析的是（　　）。

A. 罐式调和中的催化裂化汽油油库专用罐

B. 管道调和中的成品汽油罐

C. 罐式调和中的催化重整汽油油库专用罐

D. 罐式调和中的成品汽油罐

5. 油库成品硫含量超标，原因可能性最小的是（　　）。

A. 催化裂化汽油调和量增大

B. 烷基化油调和量增大

C. 催化重整装置原料中直馏汽油比例增大

D. 重整汽油调和量减小

6. 油库成品汽油的诱导期偏短，原因可能是（　　）。

A. 催化裂化汽油调和量偏小　　　　　　　B. 重整汽油调和量偏大

C. 烷基化油调和量偏大　　　　　　　　　D. 异构化油调和量偏大

7. 成品汽油的芳烃含量超标，原因可能是（　　）。

A. 催化裂化汽油调和量偏小　　　　　　　B. 重整汽油调和量偏大

C. 烷基化油调和量偏小　　　　　　　　　D. 异构化油调和量偏大

8. 成品车用柴油闪点偏低，原因可能是（　　）。

A. 加氢装置分馏塔顶温度偏高　　　　　　B. 直馏柴油中，减顶油调和量偏大

C. 加氢装置分馏塔顶压力偏低　　　　　　D. 延迟焦化柴油的初馏点偏高

9. 成品车用柴油终馏点偏低，原因可能是（　　）。

A. 直馏柴油加氢的比例偏小　　　　　　　B. 催化裂化柴油终馏点偏高

C. 延迟焦化柴油终馏点偏高　　　　　　　D. 柴油加氢装置分馏塔顶温度偏低

10. 成品车用柴油硫含量偏高，则需要（　　）。

A. 减少柴油加氢装置的处理量　　　　　　B. 增大直馏柴油调和成品柴油的比例

C. 减小柴油加氢装置精制反应深度　　　　D. 增加直馏柴油进柴油加氢装置的流量

二、判断题

1. 汽油的罐式调和方式中，静态混合器一般不只是一台。　　　　　　　　　（　　　）

2. 催化裂化柴油的杂质含量较高，如果催化裂化装置去除了柴油杂质，催化裂化柴油是可以直接输往油库调和柴油的。　　　　　　　　　　　　　　　　　　　　（　　　）

3.同一个反应器的产品中如果同时有汽油和柴油馏分，汽油的辛烷值越高，则柴油的十六烷值也越高。　　　　　　　　　　　　　　　　　　　　　　　　　　　（　　）

4.如果不考虑成本问题，成品车用汽油的辛烷值偏低，可以无限制地加大 MTBE 的调和量。　　　　　　　　　　　　　　　　　　　　　　　　　　　　　　（　　）

5.车用汽油的硫含量偏高，应加大催化裂化汽油的调和比例。　　　　　　（　　）

6.车用汽油的诱导期偏短，应加大催化裂化汽油的调和比例。　　　　　　（　　）

7.车用汽油的芳烃含量偏高，应增加催化重整汽油的调和比例。　　　　　（　　）

8.车用柴油的闪点偏低，应减少直馏减顶油的调和比例。　　　　　　　　（　　）

9.车用柴油的十六烷值偏低，应减少直馏柴油的调和比例。　　　　　　　（　　）

10.车用柴油的硫含量偏高，应增加直馏减一线或常三线的加氢比例。　　（　　）

三、简答题

1.油库成品汽油的辛烷值偏低，原因有哪些？

2.直馏柴油直接调和油库成品柴油的原则是什么？

3.成品车用柴油的十六烷值偏低，应如何调整？

4.车用汽油生焦的原因有哪些？

5.油库一成品汽油罐，测得它的辛烷值是 92.8，应如何处理？

6.成品车用柴油的终馏点偏高，应如何调整？

7.油库成品车用汽油饱和蒸气压偏高，原因有哪些？

8.车用柴油的黏度的重要性是什么？

9.低温流动改进剂的作用机理是什么？

10.汽油发动机与柴油发动机有什么不同？

参 考 文 献

[1] 林世雄 . 石油炼制工程 . 3 版 . 北京：石油工业出版社，2000.

[2] 陈长生 . 石油加工生产技术 . 2 版 . 北京：高等教育出版社，2007.

[3] 王兵 . 常减压蒸馏装置操作指南 . 北京：中国石化出版社，2006.

[4] 梁朝林，沈本贤 . 延迟焦化 . 北京：中国石化出版社，2007.

[5] 沈本贤编著 . 石油炼制工艺学 . 2 版 . 北京：中国石化出版社，2016.

[6] 徐春明，杨朝合 . 石油炼制工程 . 4 版 . 北京：石油工业出版社，2009.

[7] 付梅莉等 . 石油加工生产技术 . 北京：石油工业出版社，2009.

[8] 侯晓明，庄剑 . S-Zorb 催化汽油吸附脱硫装置技术手册（炼油装置技术手册丛书）（精）. 北京：中国石化出版社，2016.

[9] 刘淑蕃 . 石油非烃化学 . 北京：石油大学出版社，2007.

[10] 陈尧焕 . 汽油吸附脱硫（S-Zorb）装置技术问答 . 北京：中国石化出版社，2015.

[11] 朱云霞，徐惠 . S-Zorb 技术的完善及发展 . 炼油技术与工程，2009，39（8）：7-12.

[12] 王文寿，毛安国，刘宪龙，等 . 催化裂化汽油中硫化物的吸附脱除研究 . 石油炼制与化工，2012，43（6）：6-10.

[13] 吴德飞，庄剑，袁忠勋，等 . S-Zorb 技术国产化改进与应用 . 石油炼制与化工，2012，43（7）：76-79.

[14] 徐承恩 . 催化重整工艺与工程 . 北京：中国石化出版社，2006.

[15] 李成栋 . 催化重整装置技术问答 . 北京：中国石化出版社，2004.

[16] 中国石油化工集团公司职业技能鉴定指导中心 . 催化重整装置操作工 . 北京：中国石化出版社，2006.

[17] 张春兰 . 石油及其产品概论 . 北京：化学工业出版社，2021.

[18] 曾心华 . 石油炼制 . 2 版 . 北京：化学工业出版社，2021.

[19] 宋以常 . 燕山石化催化裂化汽油吸附脱硫技术的工业应用研究 . 北京：中国石油大学，2009.

[20] 王宝仁 . 油品分析 . 北京：高等教育出版社，2007.

[21] 甘黎明 . 石油产品分析 . 2 版 . 北京：化学工业出版社，2019.

[22] 何小英 . 石油化工生产技术 . 北京：化学工业出版社，2019.

[23] 丛玉凤 . 石油产品分析 . 北京：化学工业出版社，2017.